普通高等学校规划教材

给水排水计算机应用

（第二版）

王 彤 主 编

杨利伟 韩大鹏 高晓梅 杨东娟 副主编

杨玉思 高俊发 主 审

人民交通出版社股份有限公司

China Communications Press Co.,Ltd.

内 容 提 要

本书是根据全国高等学校给排水科学与工程专业指导委员会制定的城市水工程计算机应用课程教学基本要求和长安大学给水排水计算机应用课程教学大纲编写的给排水科学与工程专业本科教材，全书共分9章，主要内容为：给水排水常用计算方法、水力学计算程序设计、水泵与水泵站计算程序设计、水文学与水文地质学计算程序设计、投资决策指标计算、给水排水管网系统计算程序设计、建筑给排水计算程序设计、水质工程计算程序设计、停泵水锤防护计算程序设计。

本书除作为给排水工程和环境工程专业本科教材外，还可作为实用型人才培养的高职高专给排水工程技术专业教学用书，也可供给排水工程技术人员参考。

图书在版编目(CIP)数据

给水排水计算机应用 / 王彤主编. —2版. —北京：人民交通出版社股份有限公司，2016.10

ISBN 978-7-114-13376-3

Ⅰ.①给… Ⅱ.①王… Ⅲ.①计算机应用—给排水系统—高等学校—教材 Ⅳ.①TU991-39

中国版本图书馆CIP数据核字(2016)第238453号

普通高等学校规划教材

书　　名：给水排水计算机应用(第二版)
著 作 者：王　彤
责任编辑：郑蕉林　李　晴
出版发行：人民交通出版社股份有限公司
地　　址：(100011)北京市朝阳区安定门外外馆斜街3号
网　　址：http://www.ccpress.com.cn
销售电话：(010)59757973
总 经 销：人民交通出版社股份有限公司发行部
经　　销：各地新华书店
印　　刷：北京盈盛恒通印刷有限公司
开　　本：787×1092　1/16
印　　张：17.75
字　　数：428千
版　　次：2009年2月　第1版　2016年10月　第2版
印　　次：2016年10月　第2版　第1次印刷
书　　号：ISBN 978-7-114-13376-3
定　　价：36.00元

前　言

水是人类生存的生命线。在水的采集、加工、输送、回收处理与再生利用这一社会循环中，给排水科学与工程专业为保证水的良性循环和可持续发展发挥了重要的作用。计算机在给排水领域的应用极其广泛与深入。

为满足目前给排水科学与工程专业的教学需要，使学生初步掌握本专业应用程序设计的基本理论、基本方法及上机操作的基本技能，我们编写了这本宽口径的交叉课程教材《给水排水计算机应用》。本书在内容编排上注重从实际出发，针对教学需要和特点来编写，绝大部分计算机应用问题直接取自全国高校给排水科学与工程专业指导委员会推荐教材，与现行给排水专业各门课程中涉及程序设计（电算）的章节相吻合，难度适宜，与专业基础课和专业课教学相辅相成。所有程序全部采用 C++ 语言编写，突出实用性，培养学生实际编程能力，以提高学生在课程学习、课程设计、毕业设计（论文）等教学环节中的计算机应用水平。

长安大学高俊发教授、杨玉思教授分别审阅了全部书稿，提出了许多宝贵意见，在此深表谢意。

本教材是编者在第一版基础上修订编写的，更新、改进了部分程序，由长安大学资助出版。在教材编写过程中，得到了长安大学环境科学与工程学院、建筑工程学院、教务处的领导和老师给予的支持与帮助，长安大学环境科学与工程学院硕士研究生张春生、宋张驰、张玲、李沆、王栋鹏等同学参加了程序的编制与调试工作，人民交通出版社股份有限公司编辑为本教材的出版付出了辛勤的劳动，在此一并致谢。

计算机在给排水专业领域中的应用是极其广泛的，本教材只是一本为教学服务的入门书，不能涵盖计算机在本专业中所有的具体应用。由于编者水平有限，教材中不当之处，敬请读者批评指正。

编　者

2016 年 3 月于长安大学

目　　录

绪　论

0.1　计算机在给排水中的应用概述

计算机科学与技术突飞猛进的发展,成为新时代科技发展的动力,并强有力地促进了整个社会从工业化到信息化的过渡。计算机在给排水行业中的应用从无到有经历了一个漫长的发展过程,近年来,计算机在给排水专业领域的应用有了跨越式的发展,在给排水工程的科研、教学、设计、工程建设、运营管理中的应用越来越广。为保证水的良性循环和可持续发展,计算机越来越多地被用来辅助解决生产实践中的问题。

0.1.1　计算机辅助设计(CAD)与计算

计算机辅助设计从20世纪70年代开始,经历了40多年的不断发展,已经取得了显著的成绩,无论是在自然科学,还是在工程实际中,计算机都以高精度、高速度和高准确度确定了其在众多领域里的关键地位。CAD(computer aided design)在给排水专业中已经成为不可缺少的重要部分。CAD的应用使人们摆脱了对图板和笔的依赖,通过对二维图形直接进行描述,使得图形修改更方便、出图更灵活、图面质量更好。CAD软件也朝着标准化、集成化、网络化和智能化的方向发展。许多CAD二次开发软件如天正、鸿业、理正等给排水软件应运而生。通过Auto Lisp语言编写的一些CAD程序可以大大减少绘图人员的重复工作。运用C、C++、VB、VC等高级语言可以方便地处理管网水力计算与工况分析、管道技术经济计算、水锤防护分析等给排水专业的计算问题。

0.1.2　计算机控制与模拟

计算机自动化在给排水行业得到了广泛的应用,给排水领域的大型设备与自控装置已经密不可分,实现了包括净水厂与污水处理厂在内的生产过程的自动化、智能化。如自动投药系统,可以计算和施加最佳投药量,达到以最少的药剂消耗获得满意的出厂水水质的效果,取得了良好的经济效益与社会效益。计算机在给排水管网系统建模、优化监测调度、优化扩建改造、建立供水资料图文信息库、遥测遥信监测、数字化管理等方面也是不可替代的重要工具。给排水监控系统是智能楼宇建筑的一个重要系统,通过计算机控制及时地调整系统中水泵的运行台数,可以使供水量和需水量(或来水量和排水量)之间达到平衡,借助高效率、低能耗的优化控制,实现泵组的最佳运行。在实现建筑设备监控系统的功能方面,水池、水箱的水位监控,水泵的启停,水泵组故障报警,水箱高低水位的报警,消防安全保障,供水、热水系统无人值守自动运行等装备的研发和生产,已形成了造福社会的一个产业。

计算机自动控制还可以完成给排水优化调度所需的数据采集、数据处理、数据显示和数据记录等工作,具备趋势分析和控制功能,是城市给排水优化调度、节能降耗一个有力的支持手段。

0.1.3 计算机网络

计算机网络的应用使得技术资料、图纸实现共享,信息传递十分快捷。

因特网是一个覆盖全球范围的计算机互联网络,是当今信息高速公路的主体,给人们的工作、学习和生活带来极大的便利。给排水专业应用的网络服务主要有:①电子邮件。②电子商务。最新型的商务模式,无论是需要设备产品,还是技术支持,都可以在网络上实现。③网上图书馆。越来越多的电子图书出现在网络资源当中,期刊、硕博论文都可以从数字图书馆中下载。④网上检索。人们可以在海量的网络资源中方便地找到所需要的信息,如利用"高校精品课程网""给排水在线""中国知网""网易给排水"等网站,搜集相关专业计算程序、设计实例用于设计计算,获取共享资源。⑤设备运行状态管理。水处理厂设备及建筑给排水设备的运行状态可利用互联网远程在线监控,设备故障自动检测报警系统可通过网络把信息传送到设备生产企业(或产品区域售后服务中心),并第一时间做出排除故障的应对措施。

0.2 算法与误差

在实际计算中,特别是在应用计算机解决工程技术问题时,总是用有限位数的数值来进行计算。如果参与运算的数的位数是无限的,就必须用它的近似值代替真实值来进行计算,那么所得结果的精度如何呢?我们必须对可能产生的结果进行分析和评估,而任何一个环节的微小误差都可能对结果产生或大或小的影响,因此要正确评价计算结果,必须对误差进行具体的分析。

0.2.1 误差的来源

在科学计算中,影响计算机解题结果的误差,按其来源可分为5类:模型误差、观测误差、截断误差、舍入误差和初值误差。了解误差的来源和产生误差的原因,有助于有效地消除或减少误差对计算结果的影响,提高计算精度。

1)模型误差

随着计算机技术的发展,在解决工程技术问题时,经过理论分析和试验研究后,都要用数学语言进行描述,构造一个能与实际问题相适应并反映客观规律的数学模型。为了简化计算,常常还要忽略客观条件中一些次要或偶然的因素,并加以理想化,使建立的数学模型尽量简化。例如:在污水生物处理中,经常用莫诺德(Monod)公式描述混合培养反应器中的有机物降解规律,而莫诺德公式是在纯菌种以及单一基质的培养条件下推导出来的,显然,这个数学模型本身会产生一定的误差。这种数学模型与实际问题之间的误差称为模型误差,亦称描述误差。而某个因素是否可以被认为是次要或偶然因素加以忽略,需根据它被忽略所造成的模型误差对计算结果的影响是否在容许范围之内来定。

大多数的科学计算问题都是利用数学模型求解或根据数学模型进一步地计算,数学模型是计算机进行数值计算的前提和依据。由模型误差的定义可知,误差在上机计算之前已经客观存在,同时这种误差只能在实际的物理模型中才能加以检验。因此,应当尽量选择比较符合实际而又精确的数学模型,在建立模型时所做的每一个假设与简化都应当考虑由此带来的误差所造成的影响。

2)观测误差

在所建立的数学模型中,通常有一些参数或变量的值,是通过试验或实验得到的。由于各种原因,观测数据和客观实际数据之间会有一定的差异,这种差异称为观测误差,或数据误差。观测误差根据其来源和特点不同,又可以分为:

(1)过失误差　它是由于观测者在观测中的错误所造成的误差。例如:观测错误、记录错误等。应当尽量避免这种误差。

(2)系统误差　它是由于系统本身的缺陷(仪器内因、理论错误、个人误差等)所造成的误差,其影响贯穿整个观测过程,所以又称为常差。它又可分为:

①仪器误差:例如仪器的零点未较准或本身具有常差。

②理论误差:例如由于温度、湿度、风速、磁场、压力、浓度等外部条件影响所造成的观测值误差。

③个人误差:例如由于观测者本人的不良习惯或生理缺陷所造成的观测值误差。

研究系统误差对实验结果的影响,有专门的学科及实验科学。

(3)偶然误差　由于一些暂时无法预测(不可预见)的随机因素所造成的观测值误差,通常服从于某些统计规律。

研究偶然误差对实验结果的影响,是误差理论的主要任务之一。

偶然误差来源广泛,在给排水专业的试验研究中也是经常出现的,并且是很难避免的。在实际工程技术中应当从引起误差的多个方面进行严格的控制,尽可能地减少这种误差对实际计算结果的影响。

3)截断误差与方法误差

对数学模型进行计算机解析法求解无法得到精确解时,通常采用数值方法利用近似处理求得近似解。数学模型的精确解与数值方法得到的近似解之间的误差称为方法误差或截断误差。在数值运算中产生的截断误差很多。例如由泰勒(Taylor)公式得:

$$e^x = 1 + x + \frac{x^2}{2!} + \cdots + \frac{x^n}{n!} + R_n(x)$$

用 $p_n(x) = 1 + x + \frac{x^2}{2!} + \cdots + \frac{x^n}{n!}$ 近似代替 e^x,这时的截断误差为:

$$R_n(x) = \frac{e^\xi}{(n+1)!}x^{n+1}, \quad \xi\text{介于}0\text{与}x\text{之间}$$

4)舍入误差

应用计算机计算时,由于计算机的字长有限,而存放在存储器中的每个数只能存储在有限的字节内,如单精度实数占 2 个字节,双精度实数占 4 个字节,对于无理数,或很多位数,在存储时往往有一些尾数会丢失,对这些尾数尽管采取了四舍五入的方法,但还是避免不了误差。这种对数据进行四舍五入后产生的误差称为舍入误差。舍入误差尽管很小,但有时经过了数次的运算之后,会使计算的结果与真值之间出现难以置信的差距。

舍入误差与截断误差的差别在于:截断误差主要取决于计算方法的选择,舍入误差主要取决于计算机的存储性能,前者与计算机无必然联系,后者则与计算机的存储性能相关。

5)初值误差

在科学计算中,计算所采用的初始数据不当,对计算结果所造成的误差称为初值误差。在进行数值计算时,应当考虑初值误差对计算结果精度的影响,称为误差估计。

0.2.2 误差值及其计算

误差值的表示方法主要有两大类:绝对误差和相对误差。

1)绝对误差和绝对误差限

绝对误差是指一个数的准确值或真值 x 与其近似值或观测值 x^* 的差值,即 $e^* = x^* - x$ 称为近似值 x^* 的绝对误差,简称误差。

由公式可知,绝对误差可以是正也可以是负的。在一般情况下,我们无法算出准确值 x,因此无法算出准确的绝对误差。可根据相关领域的知识、经验及测量工具的精度,事先估计出误差绝对值不超过某个正数 ε^*,即 e^* 的上界 $|e^*| = |x^* - x| \leqslant \varepsilon^*$,$\varepsilon^*$ 这一正数被称为近似值 x^* 的绝对误差限,简称误差限或精度。

由上式有 $x^* - \varepsilon^* \leqslant x \leqslant x^* + \varepsilon^*$,表示准确值 x 在区间 $[x^* - \varepsilon^*, x^* + \varepsilon^*]$ 内,有时将准确值 x 写成:

$$x = x^* \pm \varepsilon^*$$

例如,用卡尺测量一个圆管的外径为 $De = 400\text{mm}$,它是圆管外径的近似值,由卡尺的精度知道这个近似值的误差不会超过半个毫米,则有:

$$|De^* - De| = |400 - De| \leqslant 0.5(\text{mm})$$

于是该圆管的外径为:

$$De = 400 \pm 0.5(\text{mm})$$

2)相对误差和相对误差限

用 $x = x^* \pm \varepsilon^*$ 表示准确值可以反映它的准确程度,但不能说明近似值的好坏。例如,测量一根 10cm 长的圆钢时发生了 0.5cm 的误差,和测量一根 10m 长的圆钢时发生了 0.5cm 的误差,其绝对误差都是 0.5cm,但是,后者的测量结果显然比前者要准确得多。这说明判断一个量的近似值的好坏,除了要考虑绝对误差的大小,还要考虑准确值本身的大小,这就需要引入相对误差的概念。

定义近似值的绝对误差 e^* 与准确值 x 之比为近似值 x^* 的相对误差:

$$e_r^* = \frac{e^*}{x} = \frac{x^* - x}{x}$$

用上述值来衡量误差,更能反映实际情况。

由于在一般情况下无法得到准确值 x,因此可近似地使用下式来表示相对误差:

$$e_r^* = \frac{e^*}{x^*} = \frac{x^* - x}{x^*}$$

由公式可知,相对误差也是可正可负的,根据绝对误差的原理,我们也可以估算出相对误

差的一个上界$|e_r^*| \leqslant \varepsilon_r^*$，称$\varepsilon_r^*$为$x^*$的相对误差限。

绝对误差和绝对误差限有量纲，而相对误差和相对误差限没有量纲，通常用百分数来表示。

例如两个物理量x,y的准确值和近似值分别如下，试比较它们的准确程度。

$$x = 0.256 \times 10^{-20}, y = 0.357 \times 10^{20}$$

$$x^* = 0.257 \times 10^{-20}, y^* = 0.358 \times 10^{20}$$

绝对误差为：

$$e_x^* = 0.257 \times 10^{-20} - 0.256 \times 10^{-20} = 0.001 \times 10^{-20}$$

$$e_y^* = 0.358 \times 10^{20} - 0.357 \times 10^{20} = 0.001 \times 10^{20}$$

相对误差为：

$$e_{rx}^* = \frac{0.001 \times 10^{-20}}{0.256 \times 10^{-20}} = 0.00390625$$

$$e_{ry}^* = \frac{0.001 \times 10^{20}}{0.357 \times 10^{20}} = 0.00280111$$

由$e_{ry}^* < e_{rx}^*$可知，y的相对精度比x高。

3）有效数字

设x^*是x的近似值，如果x的绝对误差限小于等于它的某一位的半个单位，那么称x^*准确到这一位，并且从这一位起直到左边第一个非零数字为止的所有数字称为x^*的有效数字。具体来说，就是先将x^*写成规范化形式：$x^* = \pm 0.a_1a_2\cdots a_n \times 10^m$，其中$a_1,a_2,\cdots,a_n$是0到9之间的自然数，$a_1 \neq 0$，$m$为整数。如果$x^*$的绝对误差限为：

$$|x^* - x| \leqslant \frac{1}{2} \times 10^{m-l}, 1 \leqslant l \leqslant n$$

那么称近似值x^*具有l位有效数字。

【例 0-1】　设$x = 4.200169$，它的近似值$x_1^* = 4.2001$，$x_2^* = 4.2002$分别具有几位有效数字？

解　因为$x_1^* = 0.42001 \times 10^1$，$m = 1$，$|x - x_1^*| = 0.069 \times 10^{-3} \leqslant 0.5 \times 10^{-3}$（即$x_1$的误差限0.000069不超过$x_1^* = 4.2001$的小数点后第3位的半个单位，即0.0005），所以$m - l = -3$，得$l = 4$。故$x_1^* = 4.2001$具有4位有效数字（即从$x_1^* = 4.2001$的小数点后第3位数0起直到左边第一个非零数字4为止的4个数字都是有效数字），而最后一位数字1不是有效数字。

因为$x_2^* = 0.42002 \times 10^1$，$m = 1$，$|x - x_2^*| = 0.31 \times 10^{-4} \leqslant 0.5 \times 10^{-4}$（即$x_2$的误差限0.000031不超过$x_2^* = 4.2002$的小数点后第4位的半个单位，即0.00005），所以$m - l = -4$，得$l = 5$。故$x_2^* = 4.2002$具有5位有效数字（即从$x_2^* = 4.2002$的小数点后第4位数2起直到左边第一个非零数字4为止的5个数字都是有效数字）。

综上，在例中，$x_1^* = 4.2001$有4位有效数字，而$x_2^* = 4.2002$有5位有效数字。

从上面的讨论可以看出，有效数字位数越多，绝对误差限就越小。同样地，有效数字位数越多，相对误差限也就越小。

4)数值计算时的误差估计

各种复杂的函数计算,总是由一系列数的和、差、积、商等运算构成的。一般情况下,在对数值计算进行误差估计时,采用 Taylor 级数展开的方法估计误差。

【例 0-2】 计算函数值 $y=f(x_1,x_2,x_3,\cdots,x_n)$,假设 $x_1^*,x_2^*,x_3^*,\cdots,x_n^*$ 分别为 $x_1,x_2,x_3,\cdots,x_n$ 的近似值,函数的近似值相应地为:$y=f(x_1^*,x_2^*,x_3^*,\cdots,x_n^*)$。

解 函数值的绝对误差为:

$$e^*(y)=y^*-y=f(x_1^*,x_2^*,x_3^*,\cdots,x_n^*)-f(x_1,x_2,x_3,\cdots,x_n)$$

$$=\sum_{k=1}^{n}\left[\frac{\partial f(x_1^*,x_2^*,x_3^*,\cdots,x_n^*)}{\partial x_k}\right](x_k^*-x_k)$$

$$=\sum_{k=1}^{n}\left(\frac{\partial f}{\partial x_k}\right)\cdot e^*(x_k)$$

函数值的相对误差为:

$$e_r^*(y)=\frac{e^*(y)}{y^*}=\sum_{k=1}^{n}\left(\frac{\partial f}{\partial x_k}\right)\cdot\frac{x_k^*e_r^*(x_k)}{y^*}$$

0.2.3 和、差、积、商的误差估计

1)和、差的误差估计

设 x、y 的近似值分别为 x^*、y^*,则有:

$$(x\pm y)-(x^*\pm y^*)=(x-x^*)\pm(y-y^*)$$

$$|(x\pm y)-(x^*\pm y^*)|\leqslant|x-x^*|+|y-y^*|$$

即和或差的误差不超过各项绝对误差之和。这个结论还适用于任意多个数求和的运算。

至于相对误差,和与差有不同的方法,需分别讨论。假设 $x^*>0,y^*>0$,则和的相对误差估计为:

$$\frac{(x+y)-(x^*+y^*)}{x^*+y^*}=\frac{x-x^*}{x^*}\times\frac{x^*}{x^*+y^*}+\frac{y-y^*}{y^*}\times\frac{y^*}{x^*+y^*}$$

再假设 x^* 为相加两项中具有较大相对误差的一项,则有:

$$\left|\frac{(x+y)-(x^*+y^*)}{x^*+y^*}\right|\leqslant\left|\frac{x-x^*}{x^*}\right|\times\left(\frac{x^*}{x^*+y^*}+\frac{y^*}{x^*+y^*}\right)=\left|\frac{x-x^*}{x^*}\right|$$

即和的相对误差不超过相加各项中最不准确一项的相对误差。这个结论还适用于任意多个数求和的运算。

差的相对误差估计为:

$$\frac{(x-y)-(x^*-y^*)}{x^*-y^*}=\frac{x-x^*}{x^*}\times\frac{x^*}{x^*-y^*}+\frac{y-y^*}{y^*}\times\frac{y^*}{x^*-y^*}$$

由此可见,当 $x^*\gg y^*$ 时,$\frac{y^*}{x^*-y^*}$值很小,上式中右边第二项可以忽略不计,此时有:

$$\left|\frac{(x-y)-(x^*-y^*)}{x^*-y^*}\right| \approx \left|\frac{x-x^*}{x^*}\right|$$

即当被减数和减数相差很大时，其中大数的相对误差对于整个差的相对误差起决定性作用；当两者相差不大时，(x^*-y^*)的相对误差可能很大，有效数字的位数就可能大大减少。例如 $15.8756-15.8749=0.0007$，虽然减数和被减数的相对误差 $e_r<0.5\times10^{-5}$，但它们之差的相对误差可能不小于 0.5×10^{-5}。因此在这个小的差数中，有可能没有一位有效数字。在建立模型或计算时，应当设法避免两个差数很小的数相减。

2）积、商的误差估计

假设 x、y 的近似值 x^*、y^* 均是正数，则任意一个数的绝对误差可记为：$dx^*=x-x^*$，$dy^*=y-y^*$；相对误差可记为：$\frac{x-x^*}{x^*}=\frac{dx^*}{x^*}=d(\ln x^*)$，$\frac{y-y^*}{y^*}=\frac{dy^*}{y^*}=d(\ln y^*)$，则积与商的绝对误差分别为：

$$d(x^*y^*)=x^*dy^*+y^*dx^*$$

$$d\left(\frac{x^*}{y^*}\right)=\frac{y^*dx^*-x^*dy^*}{y^{*2}}$$

积与商的相对误差分别为：

$$d[\ln(x^*y^*)]=d(\ln x^*+\ln y^*)=\frac{dx^*}{x^*}+\frac{dy^*}{y^*}$$

$$d\left[\ln\left(\frac{x^*}{y^*}\right)\right]=d(\ln x^*-\ln y^*)=\frac{dx^*}{x^*}-\frac{dy^*}{y^*}$$

由上可得出结论：积与商的相对误差不超过参与运算的两数的相对误差之和。

应注意，当 y^* 很小时，商的相对误差会很大，在计算中应当尽量避免这种情况出现。以上所述的和、差、积、商的误差估计计算是从最坏的情况推出的，因而比较麻烦。在实际计算中，为了保证结果的精度，避免误差过大的情况出现，需采用多取几位有效数字的方法进行运算。然而，这种方法仍不能省略对误差进行必要的估计。

0.2.4 数值计算中减少误差的若干原则

在进行数值计算的过程中，虽然各种误差难以完全避免，但是我们可以采用各种方法尽可能减少误差的影响，把误差限制在可以允许的精度范围之内，使计算结果的准确度提高。实际上，数值计算中的误差分析是一项非常重要且十分复杂的工作。在应用中除了需进行一些必要的误差分析之外，为了尽可能减少误差，改善算法的稳定性，应当首先注意到易产生误差的一些共性的原因。因此，我们着重讨论减少误差的若干原则。

1）使用数值稳定的计算方法或数学模型，设法控制误差的传播

数值稳定的算法受初值误差的影响和计算中产生的舍入误差的影响较小，但是这些误差在计算过程中会累积和传播。为了避免误差在运算过程中累积增大，在构造算法和建立数学模型时，就要考虑算法和数学模型的稳定性。要尽量选择稳定的算法或数学模型进行计算，而避免使用不稳定的算法和数学模型。

2）避免大数“吃掉”小数

在数值计算中，参加运算的数的数量级有时相差很大，而计算机的字长又是有限的，因此，

如果不注意运算次序,就可能出现小数被大数“吃掉”的现象。这种现象在有些情况下是允许的,但在有些情况下,这些小数很重要,若它们被“吃掉”,会造成计算结果的失真,影响计算结果的可靠性。

例如在四位浮点数字计算上做下列运算。

$$
\begin{aligned}
&0.2578\times 10^{3}+0.4125\times 10^{-3} \\
&=0.2578\times 10^{3}+0.0000\times 10^{3} \qquad \text{(对阶)} \\
&=0.2578\times 10^{3} \qquad \text{(规格化)}
\end{aligned}
$$

其结果是大数“吃掉”了小数。遇到这种情况时,应适当地改变运算次序。

需要说明的是,大数“吃掉”小数在有些情况下是允许的,但在有些情况下却会造成计算结果失真。如已知 $x=4\times 10^{12}$,$y=8$,$z=-4\times 10^{12}$,求 $x+y+z$。如果按 $x+y+z$ 的次序来编程序,x“吃掉”y,而 x 与 z 互相抵消,其结果为零。若按 $(x+z)+y$ 的次序来编程序,其结果为 8。由此可见,如果事先大致估计一下计算方案中各数的数量级,编制程序时加以合理的安排,那么重要的小数就可以避免被“吃掉”。

3)避免两个相近的数相减

在数值计算中,两个相近的数相减会造成有效数字的严重损失,从而导致误差增大,影响计算结果的精度。例如当 $x=10004$ 时,计算 $\sqrt{x}-\sqrt{x-1}$ 的近似值。若使用 6 位十进制浮点运算,运算时取 6 位有效数字,其结果为:

$$\sqrt{10004}-\sqrt{10003}=100.020-100.015=0.005$$

由 6 位有效数字降为 1 位有效数字,损失了 5 位有效数字,使得绝对误差和相对误差都变得很大,影响了计算结果的精度。遇到这种情况,通过变换公式,则有:

$$\sqrt{x}-\sqrt{x-1}=\frac{1}{\sqrt{x}+\sqrt{x-1}}=\frac{1}{\sqrt{10004}+\sqrt{10003}}=0.00499913$$

其结果有 6 位有效数字,与精确值 0.00499912523117984…非常接近。

4)简化算法步骤,减少运算次数

简化算法步骤十分重要,对于同一个问题,如果能减少运算次数,不仅可以节省计算机运行时间,还能减少舍入误差的累积,得到较为准确的计算结果。例如:要计算 $y=x^{63}$ 的值,最简单的方法是把 x 连乘 63 次。但是这样会增加运算时间,可以将计算式改为下式:

$$y=x\times(x^{2})\times(x^{2})^{2}\times(x^{4})^{2}\times(x^{8})^{2}\times(x^{16})^{2}$$

又如 $p_n(x)=a_0+a_1x+\cdots+a_{n-1}x^{n-1}+a_nx^n$ 共有 $n+1$ 项,按常规方法需做 n 次加法运算和 $n+(n-1)+(n-2)+(n-3)+\cdots+1=n(n+1)/2$ 次乘法运算。但若把公式改为 $p_n(x)=x(x\cdots(x(a_nx+a_{x-1})+a_{n-2})+\cdots+a_1)+a_0$ 则只要 n 次乘法和 n 次加法运算。不仅加快了运算速度,而且避免了不必要的舍入误差。

误差分析与估计,是一个非常重要而又十分困难的课题。本节只作一些简单的介绍,有兴趣的读者可参阅相关专业书籍,作进一步的了解。

【思考题与习题】

1. 什么是误差？数值计算中误差的来源及计算中减少误差的原则有哪些？

2. 在水力计算中有公式 $H=\frac{v^2}{2g}$，其中 H 为动扬程(m)，v 为流速(m/s)，要使 H 的相对误差为1%，问检测水的流速 v 时允许的相对误差限是多少？

3. 计算 $t=\sqrt{10}-\pi$ 的值，精确到6位有效数字。

4. 用计算机解决工程技术问题的一般方法和模式是什么？

5. 举例说明计算机在水工业技术进步中所发挥的作用。

第1章 给水排水常用计算方法

所谓算法，就是求解一个数学问题的方法和步骤。对同一个问题，可以有不同的解题方法和步骤。通常，希望采用方法简单、运算步骤少的方法，既要确保算法正确，还要考虑算法的质量，选择适宜的算法。

完成一个给排水计算问题，包括设计算法和实现算法两个部分。计算方法是数学模型与计算机程序之间的纽带，把数学模型的求解运算，变换成为数字计算可以接受的、有限位数的算术运算或逻辑运算。许多难以用解析方法求解的数学问题，常常可以采用数值运算的方法求解。

一个算法应具有的特性是：有穷性（操作步骤不超过合理的限度）、确定性（算法的含义是唯一的，不会产生歧义）、有零个或多个输入、有一个或多个输出、有效性（算法中的每一个步骤都能有效地执行并取得确定的结果）。评价一个算法的优劣可以从算法的收敛性、稳定性、误差大小等方面考虑。

用高级语言解题一般可分为以下四个步骤：①构造模型。从具体问题抽象出物理模型，再归纳出数学模型，即数学方程式，确认方程有无解和解的唯一性。②选择计算方法。用适当的公式或近似公式求解数学模型，选择计算量小、精度高的算法。③框图（计算流程图）设计。由若干个框和箭头组成，能直观反映计算步骤的执行过程，思路清楚，层次分明，便于识读，可减少编程中的失误。④编写源程序。依据计算框图，采用计算机高级语言编写出源程序，基本原则是先易后难、先简后繁，先通过语法检查，调通程序后逐步改进和提高程序质量，由简单到复杂，使编程者每前进一步都有收获与心得，提高编程的兴趣。

目前，各种数值运算都有比较成熟的算法和程序可供用户选择和调用，使用起来非常方便，选择适当的数值运算方法是利用计算机解决给排水工程技术问题的重要步骤。本章主要介绍给排水工程常用计算机数值计算方法。

1.1 解一元方程

以求一元二次方程 $ax^2+bx+c=0(a\neq 0)$ 的两个实根为例。当 $b^2-4ac\geqslant 0$ 时，存在两个实根，计算公式为：

$$x_{1,2}=\frac{-b\pm\sqrt{b^2-4ac}}{2a} \tag{1-1}$$

根据这个公式，可以设计计算机算法如下：

算法 A

S1：输入 a、b、c；

S2:如果 $b^2-4ac\geqslant 0$,则转 S4,否则执行 S3;

S3:输出无实根标志,转 S6;

S4:按公式 $x_{1,2}=\dfrac{-b\pm\sqrt{b^2-4ac}}{2a}$计算 x_1 与 x_2;

S5:输出 x_1 与 x_2;

S6:结束。

算法 A 也可用计算框图(或称计算流程图)来表示,框图就是图形化了的算法,用框图表示的算法更直观、清晰。上述算法 A 的框图如图 1-1 所示。

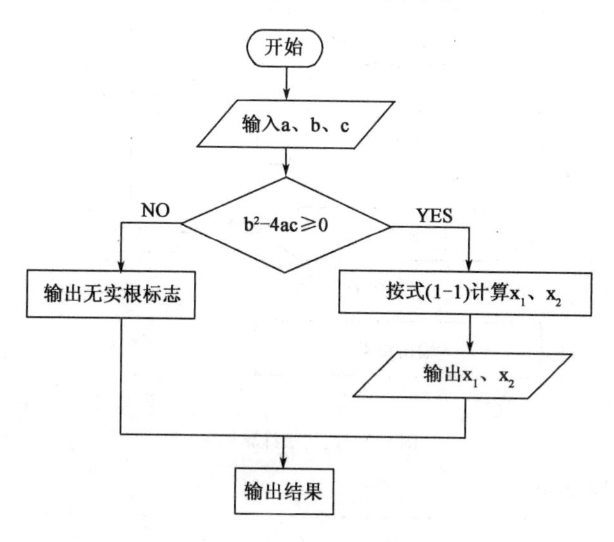

图 1-1 算法 A 计算框图

低于 3 次的非线性代数方程,有通用的求解公式,而求解 4 次或 4 次以上的非线性代数方程则困难得多,此时用数值方法求解比较容易。常用的数值方法有迭代法、二分法、牛顿迭代法等。

1.1.1 迭代法

迭代法是一种逐次近似的试算法。用迭代法求一元方程 $f(x)=0$ 的根,方法如下:

(1)将 $f(x)=0$ 改写成求 x 的公式:$x=\varphi(x)$,后者称为前者的迭代公式。

(2)对迭代公式右边的 x 给一个初值 x_0,把它带入上式等号的右边,求出 x 的第一个近似值 x_1。

(3)再把 x_1 赋值给 $\varphi(x)$ 得 x_2。这样一次一次地将求出的新值又作为下一次的初值带入 $\varphi(x)$。即:$x_0\to\varphi(x_0)\to x_1\to\varphi(x_1)\to x_2\to\varphi(x_2)\to x_3\to\varphi(x_3)\to x_4\to\varphi(x_4)\to x_5\to\cdots$

(4)直到前后两次求出的 x 值很接近,符合给定的计算精度的要求为止,即 $|x_{n+1}-x_n|\leqslant\varepsilon$。$\varepsilon$ 是一个给定的很小的正数。这时 x_{n+1} 就是所求的近似值。

【例 1-1】 用迭代法求解 $f(x)=x^3+x-1=0$ 的根。

解 将求解方程写成等价的迭代公式 $x=\varphi(x)$,可得到:$x=\dfrac{1}{x^2+1}$,计算步骤如图 1-2 所示。

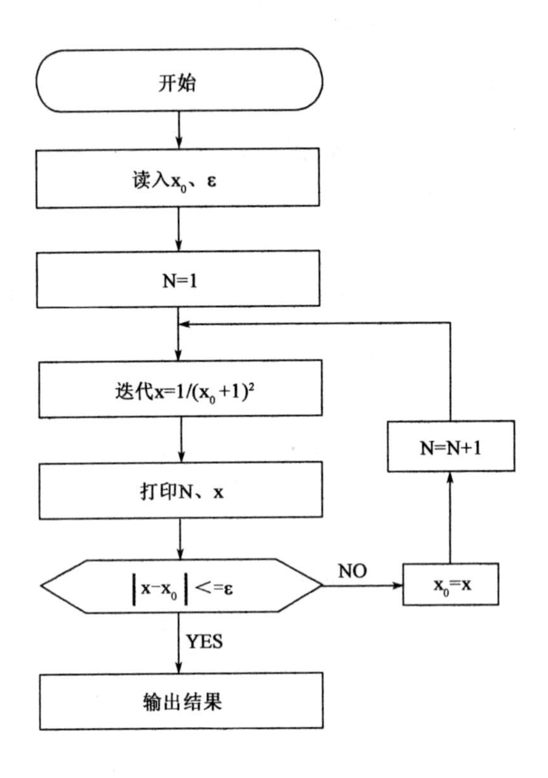

图 1-2　迭代法计算框图

C++ 语言计算程序如下:

```
#include <iostream>
#include <cmath>
using namespace std;
class Qiugen                                        //求根的类
{public:
        Qiugen(double x0);                          //构造函数的声明
        double diedai()                             //迭代求根函数定义
        {return1.0/(X0 * X0 +1.0);}
        void getx(double x)                         //输入 x 的值
        {X0 = x;}
        double putx()                               //输出 x 的值
        {return X0;}
        ~Qiugen(){};                                //析构函数定义
private:
  double X0;
};
Qiugen::Qiugen(double x0)                           //构造函数定义
{X0 = x0;}
void main()                                         //主函数定义
{double x0 =0.5,n =0,ep =1e -6,x;
```

```
Qiugen s(x0);
do{n++;
  x=s.diedai();
  if(fabs(x-s.putx())>ep)
  {cout<<"n="<<n<<"   x="<<x<<endl;                //将迭代过程 x 的值输出
  s.getx(x);}
  else break;}
while(1);
}
```

取初值 x0 =0.5 及计算精度 $\varepsilon\leqslant10^{-6}$,运行上述程序,运行结果如下:

n =1　x =0.8

n =2　x =0.609756

n =3　x =0.728968

n =4　x =0.653

n =5　x =0.701061

n =6　x =0.670472

n =7　x =0.689878

n =8　x =0.677538

…

n =26　x =0.682326

n =27　x =0.682329

n =28　x =0.682327

即通过 28 次迭代,得到满足精度要求的解 x =0.682327。

下面讨论迭代过程的收敛性问题。

对于方程 $f(x)=x^3+x-1=0$,如果要求达到计算精度 $\varepsilon\leqslant10^{-7}$,仍取 x 的初值为 $x_0=0.5$ 时,则要迭代 38 次才能得到满足精度要求的解 $x=0.6823278$;如果采用迭代公式 $x=\sqrt[3]{1-x}$,则要经过 52 次迭代才能得到满足精度要求的解;而采用迭代公式 $x=1-x^3$,则无法获得方程的解。在迭代过程中,迭代值能逐次接近于方程的解时,称迭代过程收敛;否则,称迭代过程发散。迭代过程收敛越快,其收敛性越好。

一个迭代过程是否收敛,和迭代公式中迭代函数 $\varphi(x)$ 的特性有关。如果 $\varphi(x)$ 在区间 $[a,b]$ 内可导,且存在正数 $L<1$,使对任意 $x\in[a,b]$ 有 $|\varphi'(x)\leqslant L|$,则迭代公式 $x_{k+1}=\varphi(x_k)$ 对于任意初值 $x_0\in[a,b]$ 均收敛于方程 $x=\varphi(x)$ 的根 x^*,并有误差估计式:

$$|x_k-x^*|\leqslant\frac{L^k}{1-L}|x_1-x_0| \tag{1-2}$$

实际工程中需要求解的方程往往比较复杂,判断迭代过程是否收敛,需要对迭代函数求导,有时甚至难以找到一个合适的迭代公式,此时可以采用二分法进行求解。

1.1.2　二分法

二分法又称对分法,它克服了迭代法有可能不收敛的缺陷,当已判明在区间 $[x_1,x_2]$ 内有

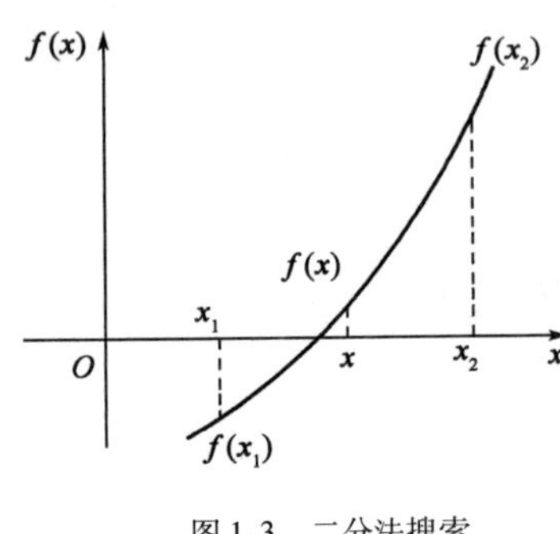

图 1-3　二分法搜索

实根时,迭代过程一定收敛,而且其收敛速度也很快。

如图 1-3 所示,有一非线性方程 $f(x)=0, x \in [x_1, x_2]$。若 $f(x)$ 在区间 $[x_1, x_2]$ 上单调连续,且 $f(x)$ 在区间 $[x_1, x_2]$ 的两个端点处的值异号,即 $f(x_1) \times f(x_2) < 0$,则方程在 $[x_1, x_2]$ 内有根,且只有一个根 x。

二分法的基本思路是:任取两点 x_1 和 x_2,判断 $[x_1, x_2]$ 区间内有无一个实根,如果 $f(x_1)$ 与 $f(x_2)$ 不同号,则区间 $[x_1, x_2]$ 内有一个实根,取 $[x_1, x_2]$ 的中点 x,检查 $f(x)$ 与 $f(x_1)$ 是否同号,如果不同号,说明实根在 $[x_1, x]$ 区间,将寻找根的范围缩小了一半。然后用同样的方法再进一步缩小范围,再找 x_1 和"x_2"(上一步中的 x)的中点"x",并且再舍弃一半区间。用这个方法不断缩小范围,直到搜索区间足够小为止。最后所得缩小区间的中点即可作为所求根的近似值。

如果开始选的 x_1、x_2 不合适,$f(x_1)$ 与 $f(x_2)$ 同号,则区间 $[x_1, x_2]$ 内无实根,需要重选 x_1、x_2,直到 $f(x_1)$ 与 $f(x_2)$ 符号相反。

怎样做到缩小一半区间呢?

(1)如果 $f(x)$ 与 $f(x_1)$ 不同号,则用 x 作为新的 x_2,这就舍弃了原 $[x, x_2]$ 这个区间。如果 $f(x)$ 与 $f(x_1)$ 同号,则用 x 作为新的 x_1,这就舍弃了原 $[x_1, x]$ 这个区间。

(2)再根据新的 x_1、x_2,找中点 x,重复上述步骤。

【例 1-2】 用二分法求解 $f(x) = x^3 - 6x - 1 = 0$,搜索区间为 $[2,3]$,计算精度要求 $\varepsilon \leqslant 10^{-7}$。

解 二分法计算步骤如图 1-4 所示。

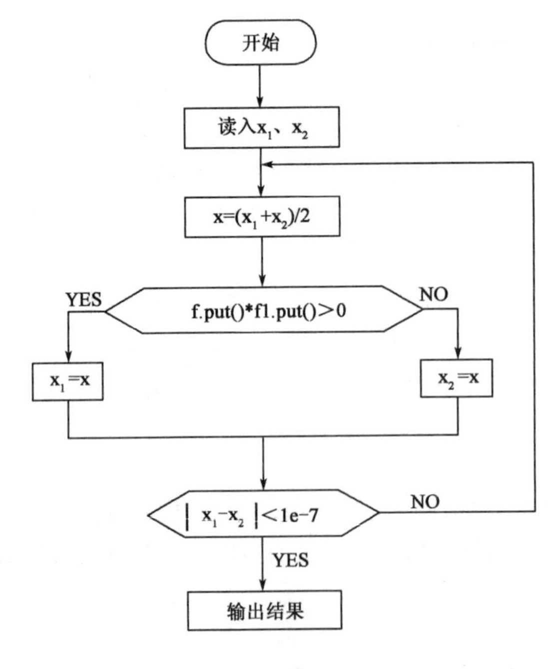

图 1-4　二分法计算框图

C++语言计算程序如下：

```
#include < iostream >
#include < cmath >
using namespace std;
class F                              //二分法类
{public:
     F(double x)                     //构造函数定义
     {X = x;
     F1 = x * x * x - 6 * x - 1;}
     void getf(double x)             //输出新的 x 的值
     {X = x;
     F1 = x * x * x - 6 * x - 1;}
     doublc putf()                   //输出 f1 的值
     {return F1;}
     double putx()                   //输出 x 的值
     {return X;}
     ~F(){};
private:
     double X,F1;
};
void main()                          //主函数定义
{int ok = 0;
double x, x1,x2;
F f1(x1),f2(x2),f(x);                //定义 F 类的变量 f1,f2,f
do
{cout < <"请输入 x1 的值:";
cin > >x1;                           //给 x1 赋值
f1.getf(x1);
cout < <"请输入 x2 的值:";
cin > >x2;                           //给 x2 赋值
f2.getf(x2);
}
while(f1.putf() * f2.putf() >0);     //判断输入的两个函数值是否异号
x = (x1 + x2)/2.0;
do
{ok + +;
  f.getf(x);
  if(f.putf() * f1.putf() >0)
   { x1 = x;
   f1.getf(x1);}
   else
   {x2 = x;
```

```
    f2.getf(x2);}
    x=(x1+x2)/2.0;
}
while(fabs(x1-x2)>=1e-7||fabs(f.putf())>=1e-7);
cout<<"ok="<<ok<<"    x="<<f.putx()<<endl;//将迭代次数和x的值输出
}
```

本例的运行结果为迭代 26 次,x=2.52892。

1.1.3 牛顿迭代法

如前所述,用迭代法求$f(x)=0$的根时,先要把它写成等价的迭代公式$x=\varphi(x)$,迭代公式的构造不同,常常影响迭代过程的收敛速度,有时甚至使迭代发散。因此,如何构造一个收敛较快的迭代公式,是迭代法的重要问题。实际上,可以用方程$f(x)=0$的近似方程来代替原方程去求根。

设x_k是$f(x)=0$的一个近似根,把$f(x)$在x_k处做一阶泰勒展开得:

$$f(x)\approx f(x_k)+f'(x_k)(x-x_k)=0$$

设$f'(x_k)\neq 0$,则上式为:

$$x=x_k-\frac{f(x_k)}{f'(x_k)}$$

将由此式求得的x当作x_{k+1},那么上式可写成如下迭代公式:

$$x_{k+1}=x_k-\frac{f(x_k)}{f'(x_k)},k=0,1,2,\cdots$$

这就是著名的牛顿迭代公式。可以证明:牛顿迭代公式在根x^*附近是收敛的,且收敛很快。牛顿迭代法的实质是用曲线$y=f(x)$在点$[x_k,f(x_k)]$处的切线代替原曲线求根,通过逐步逼近,最后达到x^*点。

用牛顿迭代法求$f(x)=0$在x_0附近的一个实根的方法是:

(1)选一个接近于x的真实根的近似根x_1。

(2)通过x_1求出$f(x_1)$。在几何上就是做直线$x=x_1$,交$f(x)$于$f(x_1)$,见图 1-5。

(3)过$f(x_1)$做$f(x)$的切线,交x轴于x_2,可用公式求出x_2:因$f'(x_1)=\dfrac{f(x_1)}{x_1-x_2}$,则$x_2=x_1-\dfrac{f(x_1)}{f'(x_1)}$。

(4)通过x_2求出$f(x_2)$,再过$f(x_2)$做$f(x)$的切线,交x轴于x_3。

(5)再通过x_3求出$f(x_3)$……直到接近真正的根。当两次求出的根之差$|x_{n+1}-x_n|\leqslant\varepsilon$时,就认为$x_{n+1}$足够接近于真实根。

【例 1-3】 用牛顿迭代法求方程$f(x)=x^3-x^2-1=0$在$x_0=1.5$附近的一个根,取$\varepsilon\leqslant 10^{-6}$。

解 $f'(x)=3x^2-2x$,牛顿迭代法计算步骤如图 1-6 所示。

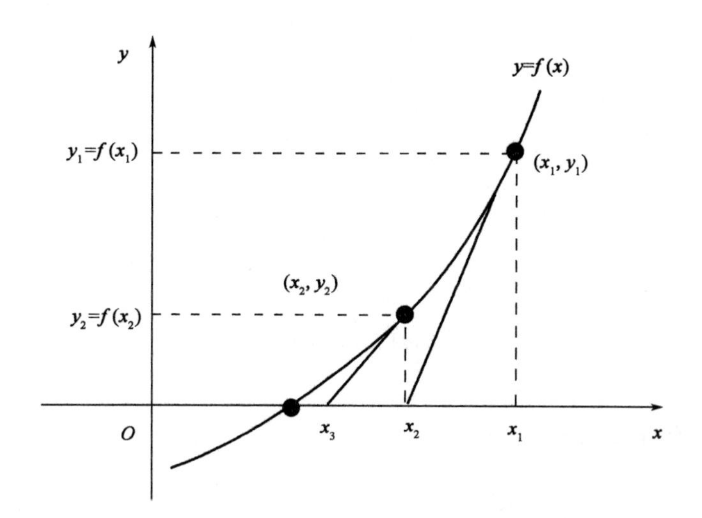

图 1-5 牛顿迭代法

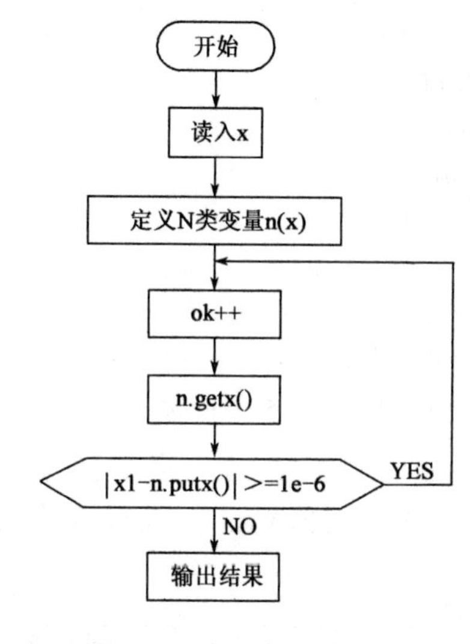

图 1-6 牛顿迭代法计算框图

C++ 语言计算程序如下：

```
#include <iostream>
#include <cmath>
#include <iomanip>
#include <fstream>
using namespace std;
class N                                    //牛顿迭代类
{public:
    N(double x)                            //构造函数定义
    {X = x;}
    void getx();                           //得到新的 x 值函数声明
    double putx()                          //输出 x 的函数定义
    {return X;}
    ~N(){}};
private:
    double X;
};
void N::getx()                             //得到新的 x 值函数定义
{double f,f1;
f = X * X * X - X * X - 1;
f1 = 3 * X * X - 2 * X;
X = X - f/f1;
};
void main()                                //主函数定义
{double x,x1;
int ok = 0;
cout << "请输入 x 的值" << endl;
```

```
cin > >x;                                    //给 x 赋值
N n(x);
do
{ok + +;
  x1 = n. putx( );
  n. getx( );
}
while(fabs(x1 - n. putx( )) > =1e -6);
cout < <"ok =" < <ok < <"   x =" < <n. putx( ) < <endl;    //将迭代次数和 x 的值输出
}
```

输入初值 x = 1.5,运行结果为迭代 4 次,x = 1.46557。

1.2 矩阵运算和线性代数方程组求解

1.2.1 矩阵运算

矩阵运算在数值计算中的应用非常广泛。所谓矩阵,是指数域中的 $m \times n$ 个数 $a_{ij}(i=1,2,\cdots,m;j=1,2,\cdots,n)$,按规定的位置排列为矩形阵列,称为 $m \times n$ 矩阵。记作:

$$\boldsymbol{A}=\begin{bmatrix} a_{11} & a_{12} & \cdots & a_{1n} \\ a_{21} & a_{22} & \cdots & a_{2n} \\ \vdots & \vdots & \ddots & \vdots \\ a_{m1} & a_{m2} & \cdots & a_{mn} \end{bmatrix}$$

其中横的一排称为行,竖的一排称为列,a_{ij} 称为矩阵的第 i 行第 j 列元素,矩阵 $\boldsymbol{A}$ 简记为 (a_{ij}) 或 $(a_{ij})_{m \times n}$。$n \times n$ 矩阵也称为 n 阶方阵,$a_{11},a_{22},a_{33},\cdots,a_{nn}$ 称为方阵 $\boldsymbol{A}$ 的主对角线元素。

主对角线的元素均为 1,其余元素均为 0 的矩阵称为单位矩阵,记为 $\boldsymbol{I}$。

由矩阵任一行元素构成的 n 维向量称为行向量,记为:

$$\boldsymbol{a}_i=(a_{i1},a_{i2},\cdots,a_{in}),\ (i=1,2,\cdots,m)$$

由矩阵任一列元素构成的 m 维向量称为列向量,记为:

$$\boldsymbol{a}_j=\begin{bmatrix} a_{1j} \\ a_{2j} \\ \vdots \\ a_{mj} \end{bmatrix}=(a_{1j},a_{2j},\cdots,a_{mj})^{\mathrm{T}},\ (j=1,2,\cdots,n)$$

对于 n 维空间的一组向量 $(x_1,x_2,\cdots,x_m)$,如果有一组不全为零的数 $k_i\ (i=1,2,\cdots,m)$,使向量 $\boldsymbol{k_1x_1}+\boldsymbol{k_2x_2}+\cdots+\boldsymbol{k_mx_m}=\boldsymbol{0}$ 成立,则称这组向量在数域 $\boldsymbol{F}$ 上线性相关,否则称线性无关。若矩阵 $\boldsymbol{A}$ 中的 n 个列向量中有 r 个线性无关($r \leqslant n$),而所有序数大于 r 的列向量组都线

性相关,称数 r 为矩阵 $\boldsymbol{A}$ 的秩,记作 $\mathrm{rank}\boldsymbol{A}=r$。

在工程计算中,经常遇到线性代数方程组求解的问题。线性代数方程组的一般形式为:

$$\begin{cases} a_{11}x_1 + a_{12}x_2 + a_{13}x_3 + \cdots + a_{1n}x_n = b_1 \\ a_{21}x_1 + a_{22}x_2 + a_{23}x_3 + \cdots + a_{2n}x_n = b_2 \\ \qquad\qquad\qquad\qquad \cdots \\ a_{n1}x_1 + a_{n2}x_2 + a_{n3}x_3 + \cdots + a_{nn}x_n = b_n \end{cases}$$

它还可以写成矩阵运算式:

$$\begin{bmatrix} a_{11} & a_{12} & a_{13} & \cdots & a_{1n} \\ a_{21} & a_{22} & a_{23} & \cdots & a_{2n} \\ a_{31} & a_{32} & a_{33} & \cdots & a_{3n} \\ \vdots & \vdots & \vdots & \ddots & \vdots \\ a_{n1} & a_{n2} & a_{n3} & \cdots & a_{nn} \end{bmatrix} \begin{bmatrix} x_1 \\ x_2 \\ x_3 \\ \vdots \\ x_n \end{bmatrix} = \begin{bmatrix} b_1 \\ b_2 \\ b_3 \\ \vdots \\ b_n \end{bmatrix}$$

简写为:

$$\boldsymbol{A} \cdot \boldsymbol{X} = \boldsymbol{B}$$

矩阵 $\boldsymbol{A}$ 和矩阵 $\boldsymbol{B}$ 相乘时,矩阵 $\boldsymbol{A}$ 的列数必须等于矩阵 $\boldsymbol{B}$ 的行数。乘积矩阵 $\boldsymbol{C}=\boldsymbol{AB}$,其中的元素 c_{ij} 为矩阵 $\boldsymbol{A}$ 第 $\boldsymbol{i}$ 行与矩阵 $\boldsymbol{B}$ 第 $\boldsymbol{j}$ 列对应元素相乘之后的累加和。$\boldsymbol{AB} \neq \boldsymbol{BA}$,即无交换律。

【例 1-4】 求 4×5 阶矩阵 $\boldsymbol{A}$ 与 5×3 阶矩阵 $\boldsymbol{B}$ 的乘积矩阵 $\boldsymbol{C}=\boldsymbol{AB}$。其中:

$$\boldsymbol{A} = \begin{bmatrix} 1 & 3 & -2 & 0 & 4 \\ -2 & -1 & 5 & -7 & 2 \\ 0 & 8 & 4 & 1 & -5 \\ 3 & -3 & 2 & -4 & 1 \end{bmatrix}, \boldsymbol{B} = \begin{bmatrix} 4 & 5 & 1 \\ 2 & -2 & 6 \\ 7 & 8 & 1 \\ 0 & 3 & -5 \\ 9 & 8 & -6 \end{bmatrix}$$

解 C++语言计算程序如下:

```
#include <iostream>
#include <cmath>
#include <iomanip>
#include <fstream>
using namespace std;
#define M 4                                   //第一个矩阵的行数定义
#define N 5                                   //第一个矩阵的列数(也是第二个矩阵的行数)定义
#define K 3                                   //第二个矩阵的列数定义
class JZ                                      //矩阵乘积类
{public:
    JZ(double a[M][N],double b[N][K]);        //构造函数声明
    double jisuan(int x,int y);               //计算函数声明
    ~JZ(){};                                  //析构函数
```

```
private:
      double A[M][N],B[N][K];
};
JZ::JZ(double a[M][N],double b[N][K])                    //构造函数定义
{int i,j;
for(i=0;i<M;i++)
       for(j=0;j<N;j++)
            A[i][j]=a[i][j];
for(i=0;i<N;i++)
      for(j=0;j<K;j++)
            B[i][j]=b[i][j];
};
double JZ::jisuan(int x,int y)                           //计算函数定义
{int i,j,k;
double c[M][K];
for(i=0;i<M;i++)
       for(j=0;j<K;j++)
c[i][j]=0;                                               //将c矩阵赋零初始化
for(i=0;i<M;i++)
       for(j=0;j<K;j++)
            for(k=0;k<N;k++)
                  c[i][j]+=A[i][k]*B[k][j];              //将计算结果赋值给c矩阵
       return c[x][y];                                   //将计算结果输出
};
void main()                                              //主函数定义
{int i,j;
                                                         //采用文件格式输入原始数据
double a[M][N],b[N][K];
char infile[20],outfile[20];
cout<<"请输入原始数据文件名(含扩展名)"<<endl;
cin>>infile;
ifstream istrm(infile);
for(i=0;i<M;i++)
   for(j=0;j<N;j++)
         istrm>>a[i][j];                                 //读入a矩阵
for(i=0;i<N;i++)
   for(j=0;j<K;j++)
         istrm>>b[i][j];                                 //读入b矩阵
istrm.close();
JZ jz(a,b);
                                                         //直接输出计算结果
for(i=0;i<M;i++)
```

```
  {for(j=0;j<K;j++)

  cout<<setw(12)<<setprecision(6)<<setiosflags(ios::showpoint)<<jz.jisuan(i,j);
  cout<<endl;}
                                                  //采用文件格式输出计算结果
  /*cout<<"请输入存储计算结果的文件名(含扩展名)"<<endl;
cin>>outfile;
ofstream ostrm(outfile);
for(i=0;i<M;i++)
    {for(j=0;j<K;j++)
    ostrm<<setw(12)<<setprecision(6)<<setiosflags(ios::showpoint)<<jz.jisuan(i,j);
    ostrm<<endl;}*/
}
```

原始数据为：

```
 1.0      3.0     -2.0      0.0      4.0
-2.0     -1.0      5.0     -7.0      2.0
 0.0      8.0      4.0      1.0     -5.0
 3.0     -3.0      2.0     -4.0      1.0
 4.0      5.0     -1.0
 2.0     -2.0      6.0
 7.0      8.0      1.0
 0.0      3.0     -5.0
 9.0      8.0     -6.0
```

运行结果为：

```
 32.0000     15.0000    -9.00000
 43.0000     27.0000    24.0000
-1.00000    -21.0000    77.0000
 29.0000     33.0000    -5.00000
```

1.2.2 线性方程组求解

在给水排水工程中，经常会遇到线性代数方程组求解的问题，有些非线性问题有时也要通过变换，转化成线性方程组的问题来求解。在下一节多项式曲线拟合中遇到的正规方程组，就是通过线性代数方程组求解，还有给水管网的计算问题、工程系统的控制问题和有限差分计算方法等，都涉及线性代数方程组的求解。

n 阶线性代数方程组的一般形式为：

$$
\begin{cases}
a_{11}x_1 + a_{12}x_2 + \cdots + a_{1n}x_n = b_1 \\
a_{21}x_1 + a_{22}x_2 + \cdots + a_{2n}x_n = b_2 \\
\qquad \cdots \\
a_{n1}x_1 + a_{n2}x_2 + \cdots + a_{nn}x_n = b_n
\end{cases}
$$

用矩阵和向量表示,可写成:

$$\boldsymbol{Ax}=\boldsymbol{B} \tag{1-3}$$

其中 $\boldsymbol{A}$ 称为方程组的系数矩阵,$\boldsymbol{x}$ 称为解向量,$\boldsymbol{B}$ 称为右端常向量,分别为:

$$\boldsymbol{A}=\begin{bmatrix} a_{11} & a_{12} & \cdots & a_{1n} \\ a_{21} & a_{22} & \cdots & a_{2n} \\ \vdots & \vdots & \ddots & \vdots \\ a_{n1} & a_{n2} & \cdots & a_{nn} \end{bmatrix},\boldsymbol{x}=\begin{bmatrix} x_1 \\ x_2 \\ \vdots \\ x_n \end{bmatrix},\boldsymbol{B}=\begin{bmatrix} b_1 \\ b_2 \\ \vdots \\ b_n \end{bmatrix}$$

如果矩阵 $\boldsymbol{A}$ 非奇异,即 $\boldsymbol{A}$ 的行列式 $\det\boldsymbol{A}\neq 0$,根据克兰姆(Gramer)法则,方程组(1-3)有唯一解:

$$x_i=\frac{\Delta_i}{\Delta},i=1,2,\cdots,n \tag{1-4}$$

其中 Δ 表示 $\det\boldsymbol{A}$,而 Δ_i 表示把 Δ 中第 i 列换成 $\boldsymbol{B}$ 后所到的行列式。然而,对较高阶方程组的求解来说,用式(1-4)来计算是很不现实的。因为一个 n 阶行列式中有 $n!$ 个项,而每一项又为 n 个数的乘积,不仅运算量很大,还会造成很大的舍入误差,影响计算精度。因此,用计算机求解线性代数方程组常采用消去法和迭代法。

消去法是一种直接求解方法,通过有限次运算能求出方程组的精确解,但由于计算机只能用有限位数进行运算,所以在多数情况下也只能解出近似值。迭代法则是将线性代数方程组的求解问题转化为用一个无穷序列去逐步逼近精确解,从而可以用有限步运算得到具有指定精度的近似解。前者计算量小,精度也较高,但程序复杂;后者更适用于高阶问题,计算量较大,但程序简单;两者都能得到精度相当高的解。基于这两种方法又派生了许多算法,本节只介绍最常用的列主元高斯消去法和对称正定方程组的平方根法及其程序设计。

1)高斯消去法

高斯(Gauss)消去法的基本思想是通过逐步消元,把方程组化为系数矩阵为三角形矩阵的同解方程组,然后用回代法解此三角形方程组,从而得到原方程组的解。下面先讨论三角形方程组的解法。

(1)上三角形方程组的解法

上三角形方程组的形式如下:

$$\begin{cases} a_{11}x_1+a_{12}x_2+\cdots+a_{1n}x_n=b_1 \\ \qquad a_{22}x_2+\cdots+a_{2n}x_n=b_2 \\ \qquad\qquad\cdots \\ \qquad\qquad a_{nn}x_n=b_n \end{cases} \tag{1-5}$$

若 $a_{ii}\neq 0$, $i=1, 2,\cdots, n$,则式(1-5)的解为:

$$\begin{cases} x_n=\dfrac{b_n}{a_{nn}} \\ x_k=\dfrac{(b_k-a_{k,k+1}x_{k+1}-\cdots-a_{kn}x_n)}{a_{kk}},k=n-1,n-2,\cdots,1 \end{cases} \tag{1-6}$$

此过程称为回代过程。

从上面的公式来看,求出 x_k,需要做 $k-1$ 次乘法和加减法及 1 次除法,总共需完成 1 +

$2+\cdots+n=n^2/2$ 次乘法、加法及 n 次除法。

从式(1-6)可以看出,求解三角形方程组是很简单的,只要把方程组化成等价的三角形方程组,求解过程就很容易完成。

(2)高斯消去法

为叙述方便,先以一个3阶线性方程组为例来说明高斯消去法的基本思想。

$$\begin{cases} 2x_1+3x_2+4x_3=6 & (\text{I}) \\ 3x_1+5x_2+2x_3=5 & (\text{II}) \\ 4x_1+3x_2+30x_3=32 & (\text{III}) \end{cases}$$

把方程(Ⅰ)乘 $-\frac{3}{2}$ 后加到方程(Ⅱ)上去,同时把方程(Ⅰ)乘 $-\frac{4}{2}$ 后加到方程(Ⅲ)上去,即可消去方程(Ⅱ)、(Ⅲ)中的 x_1,得同解方程组:

$$\begin{cases} 2x_1+3x_2+4x_3=6 & (\text{I}) \\ 0.5x_2-4x_3=-4 & (\text{II}) \\ -3x_2+22x_3=20 & (\text{III}) \end{cases}$$

将方程(Ⅱ)乘 $\frac{3}{0.5}$ 后加于方程(Ⅲ),得同解上三角形方程组:

$$\begin{cases} 2x_1+3x_2+4x_3=6 & (\text{I}) \\ 0.5x_2-4x_3=-4 & (\text{II}) \\ -2x_3=-4 & (\text{III}) \end{cases}$$

由回代公式(1-6)得:$x_3=2, x_2=8, x_1=-13$。

下面考察一般形式线性方程组的解法,为叙述方便,将 b_i 写成 $a_{i,n+1}, i=1,2,\cdots,n$,把方程组消元前的原型写成如下形式:

$$\begin{cases} a_{11}^{(0)}x_1+a_{12}^{(0)}x_2+a_{13}^{(0)}x_3+\cdots+a_{1n}^{(0)}x_n=a_{1,n+1}^{(0)} \\ a_{21}^{(0)}x_1+a_{22}^{(0)}x_2+a_{23}^{(0)}x_3+\cdots+a_{2n}^{(0)}x_n=a_{2,n+1}^{(0)} \\ \cdots \\ a_{n1}^{(0)}x_1+a_{n2}^{(0)}x_2+a_{n3}^{(0)}x_3+\cdots+a_{nn}^{(0)}x_n=a_{n,n+1}^{(0)} \end{cases} \tag{1-7}$$

如果 $a_{11}^{(0)}\neq0$,在后面 $n-1$ 个方程(第2至第 n 个方程)中消去 x_1,使它变成如下形式:

$$\begin{cases} a_{11}^{(0)}x_1+a_{12}^{(0)}x_2+\cdots+a_{1n}^{(0)}x_n=a_{1,n+1}^{(0)} \\ a_{22}^{(1)}x_2+\cdots+a_{2n}^{(1)}x_n=a_{2,n+1}^{(1)} \\ \cdots \\ a_{n2}^{(1)}x_2+\cdots+a_{nn}^{(1)}x_n=a_{n,n+1}^{(1)} \end{cases} \tag{1-8}$$

其中 $a_{ij}^{(1)}=a_{ij}^{(0)}-m_{i1}\cdot a_{1j}^{(0)}, m_{i1}=a_{i1}^{(0)}/a_{11}^{(0)}, i=2,\cdots,n; j=2,3,\cdots,n+1$。由方程组(1-7)到(1-8)的过程中,元素 $a_{11}^{(0)}$ 起着重要的作用,特别地,把 $a_{11}^{(0)}$ 称为主元素。如果方程组(1-8)

中 $a_{22}^{(1)} \neq 0$,则以 $a_{22}^{(1)}$ 为主元素,又可以把方程组(1-8)化为:

$$\begin{cases} a_{11}^{(0)}x_1 + a_{12}^{(0)}x_2 + a_{13}^{(0)}x_3 + \cdots + a_{1n}^{(0)}x_n = a_{1,n+1}^{(0)} \\ \qquad a_{22}^{(1)}x_2 + a_{23}^{(1)}x_3 + \cdots + a_{2n}^{(1)}x_n = a_{2,n+1}^{(1)} \\ \qquad\qquad a_{33}^{(2)}x_3 + \cdots + a_{3n}^{(2)}x_n = a_{3,n+1}^{(3)} \\ \qquad\qquad\qquad \cdots \\ \qquad\qquad a_{n3}^{(2)}x_3 + \cdots + a_{nn}^{(2)}x_n = a_{n,n+1}^{(2)} \end{cases} \tag{1-9}$$

对方程组(1-9) 继续消元,重复同样的手段,第 k 步所要加工的方程组是:

$$\begin{cases} a_{11}^{(0)}x_1 + a_{12}^{(0)}x_2 + a_{13}^{(0)}x_3 + \cdots + a_{1n}^{(0)}x_n = a_{1,n+1}^{(0)} \\ \qquad a_{22}^{(1)}x_2 + a_{23}^{(1)}x_3 + \cdots + a_{2n}^{(1)}x_n = a_{2,n+1}^{(1)} \\ \qquad\qquad \cdots \\ a_{k-1,k-1}^{(k-2)}x_{k-1} + a_{k-1}^{(k-2)}x_k + \cdots + a_{k-1,n}^{(k-2)}x_n = a_{k-1,n+1}^{(k-2)} \\ \qquad a_{kk}^{(k-1)}x_k + \cdots + a_{kn}^{(k-1)}x_n = a_{k,n+1}^{(k-1)} \\ \qquad\qquad \cdots \\ \qquad a_{nk}^{(k-1)}x_k + \cdots + a_{nn}^{(k-1)}x_n = a_{n,n+1}^{(k-1)} \end{cases}$$

设 $a_{kk}^{(k-1)} \neq 0$,第 k 步使其后$(n-k)$个方程中消去 x_k,消元公式为:

$$\begin{cases} m_{ik}^{(k)} = \dfrac{a_{ik}^{(k-1)}}{a_{kk}^{(k-1)}}, i = k+1, k+2, \cdots, n \\ a_{ij}^{(k)} = a_{ij}^{(k-1)} - m_{ik}^{(k-1)} a_{kj}^{(k-1)} \\ \quad j = k+1, \cdots, n+1 \\ \quad i = k+1, \cdots, n \end{cases}$$

按照上述步骤进行 n 次后,将原方程组加工成如下形式:

$$\begin{cases} a_{11}^{(0)}x_1 + a_{12}^{(0)}x_2 + a_{13}^{(0)}x_3 + \cdots + a_{1n}^{(0)}x_n = a_{1,n+1}^{(0)} \\ \qquad a_{22}^{(1)}x_2 + a_{23}^{(1)}x_3 + \cdots + a_{2n}^{(1)}x_n = a_{2,n+1}^{(1)} \\ \qquad\qquad \cdots \\ \qquad a_{n-1,n-1}^{(n-2)}x_{n-1} + a_{nn}^{(n-2)}x_n = a_{n-1,n+1}^{(n-2)} \\ \qquad\qquad a_{nn}^{(n-1)}x_n = a_{n,n+1}^{(n-1)} \end{cases}$$

回代公式为:

$$\begin{cases} x_n = \dfrac{a_{n,n+1}^{(n-1)}}{a_{nn}^{(n-1)}} \\ x_k = \dfrac{a_{k,n+1}^{(k-1)} - \sum\limits_{j=k+1}^{n} a_{kj}^{(k-1)} x_j}{a_{kk}^{(k-1)}}, k = n-1, n-2, \cdots, 1 \end{cases} \tag{1-10}$$

综上所述,高斯消去法分为消元过程与回代过程,先经消元过程将所给方程组加工成上三角形方程组,再经回代过程求解。

由于计算时不涉及 $x_i, i = 1, 2, \cdots, n$,所以在存储时可将方程组 $\boldsymbol{Ax} = \boldsymbol{B}$,写成增广矩阵$(\boldsymbol{A}, \boldsymbol{B})$。

(3)主元素消去法

前述的消去过程中,未知量是按其出现于方程组中的自然顺序消去的,所以又叫顺序消去法。顺序消去法有明显的缺点:设用作除数的 $a_{kk}^{(k-1)}$ 为主元素,首先,消元过程中可能出现 $a_{kk}^{(k-1)}$ 为零的情况,此时消元过程将无法进行下去;其次如果主元素 $a_{kk}^{(k-1)}$ 很小,由于舍入误差和有效位数消失等因素,其本身常常有较大的相对误差,用其作除数,会导致其他元素误差数量级的增长和舍入误差的扩散,使得所求的解误差过大,以致失真。在消元过程中适当选取主元素是十分必要的。误差分析的理论和计算实践均表明:顺序消元法在系数矩阵 **A** 为对称正定时,可以保证此过程舍入误差的数值稳定性,而对一般的矩阵则必须引入选取主元素的操作,方能得到满意的结果。

(4)列主元消去法

在列主元消去法中,未知数仍然是顺序地消去的,但是是以各方程中要消去的那个未知数的系数绝对值最大的元素作为主元素,然后用顺序消去法的公式求解。

【例1-5】 用列主元高斯消去法求解方程组:

$$\begin{cases} 2x_1 - x_2 + 3x_3 = 1 \\ 4x_1 + 2x_2 + 5x_3 = 4 \\ x_1 + 2x_2 = 7 \end{cases}$$

解 由于解方程组取决于它的系数,因此可用这些系数(包括右端项)所构成的"增广矩阵"作为方程组的一种简化形式。

$$\begin{pmatrix} 2 & -1 & 3 & 1 \\ 4^* & 2 & 5 & 4 \\ 1 & 2 & 0 & 7 \end{pmatrix}$$

对上面的增广矩阵进行消元处理,第一步将4选为主元素,并把主元素所在的行定为主元行,然后将主元行换到第一行得到:

$$\begin{pmatrix} 4 & 2 & 5 & 4 \\ 2 & -1 & 3 & 1 \\ 1 & 2 & 0 & 7 \end{pmatrix} \xrightarrow{\text{第一步主元素归一}} \begin{pmatrix} 1 & 0.5 & 1.25 & 1 \\ 2 & -1 & 3 & 1 \\ 1 & 2 & 0 & 7 \end{pmatrix} \xrightarrow{\text{第二步消元}} \begin{pmatrix} 1 & 0.5 & 1.25 & 1 \\ 0 & -2^* & 0.5 & -1 \\ 0 & 1.5 & -1.25 & 6 \end{pmatrix}$$

$$\xrightarrow{\text{第三步消元}} \begin{pmatrix} 1 & 0.5 & 1.25 & 1 \\ 0 & 1 & -0.25 & 0.5 \\ 0 & 0 & -0.875 & 5.25 \end{pmatrix} \xrightarrow{\text{第四步消元}} \begin{pmatrix} 1 & 0.5 & 1.25 & 1 \\ 0 & 1 & -0.25 & 0.5 \\ 0 & 0 & 1 & -6 \end{pmatrix}$$

消元过程的结果归结到下列三角形方程组:

$$\begin{cases} x_1 + 0.5x_2 + 1.25x_3 = 1 \\ x_2 - 0.25x_3 = 0.5 \\ x_3 = -6 \end{cases}$$

经回代得:

$$\begin{cases} x_1 = 9 \\ x_2 = -1 \\ x_3 = -6 \end{cases}$$

综上,列主元消去法的计算步骤为:

①输入矩阵阶数 n、增广矩阵 $\boldsymbol{A}(n,n+1)$。

②对 $k=1,2,\cdots,n$,

a. 按列选主元:选取 l 行,使 $|a_{lk}|=\max\limits_{k\leqslant i\leqslant n}|a_{ik}|\neq 0$;

b. 如果 $l\neq k$,交换 $\boldsymbol{A}(n,n+1)$ 的第 k 行与第 l 行元素;

c. 消元计算:

$$m_{ik}\leftarrow\frac{a_{ik}}{a_{kk}},i=k+1,\cdots,n$$

$$a_{ij}\leftarrow a_{ij}-m_{ik}a_{kj},i=k+1,\cdots,n;j=k+1,\cdots,n+1$$

③回代计算:

$$x_i\leftarrow a_{i,n+1}-\sum_{j=i+1}^{n}a_{ij}x_j\quad i=n,n-1,\cdots,1$$

④输出解向量$(x_1,x_2,\cdots,x_n)$。

【例 1-6】 求解下列 4 阶方程组:

$$\begin{cases}0.2368x_0+0.2471x_1+0.2568x_2+1.2671x_3=1.8471\\0.1968x_0+0.2071x_1+1.2168x_2+0.2271x_3=1.7471\\0.1581x_0+1.1675x_1+0.1768x_2+0.1871x_3=1.6471\\1.1161x_0+0.1254x_1+0.1397x_2+0.1490x_3=1.5471\end{cases}$$

解 C++ 语言计算程序如下:

```
#include <iostream>
#include <cmath>
#include <iomanip>
#include <fstream>
using namespace std;
#define M 4                                   //待求未知数个数
class GS                                      //列主元高斯消去类
{public:
    GS(double a[M][M+1]);                     //构造函数声明
    void gsxq();                              //高斯消去计算函数声明
    double puta(int i,int j)                  //输出系数矩阵中元素函数定义
    {return A[i][j];}
    ~GS(){};                                  //析构函数
private:
    double A[M][M+1];
};
GS::GS(double a[M][M+1])                      //构造函数定义
{int i,j;
for(i=0;i<M;i++)
     for(j=0;j<M+1;j++)
          A[i][j]=a[i][j];
};
void GS::gsxq()                               //高斯消去计算函数定义
```

```
{int i,j,k,l;
double bmax,t;
for(k=0;k<M;k++)
    {bmax=0;
    for(i=k;i<M;i++)
    if(bmax<fabs(A[i][k]))
      {bmax=fabs(A[i][k]); l=i;}                      //将第 k 列元素最大者赋值给 bmax
    if(bmax<1e-5) break;
    if(l!=k)
      for(j=k;j<M+1;j++)
        {t=A[l][j]; A[l][j]=A[k][j]; A[k][j]=t;}
                                                      //若 l 和 k 不等,将第 l 行和第 k 行交换
  t=1/A[k][k];
  for(j=k+1;j<M+1;j++)
  { A[k][j]=A[k][j]*t;
    for(i=k+1;i<M;i++)
    A[i][j]=A[i][j]-A[i][k]*A[k][j]; }               //将系数矩阵化为上三角矩阵
  }
for(k=M-2;k>=0;k--)
  for(j=k+1;j<M;j++)
      A[k][M]=A[k][M]-A[k][j]*A[j][M];              //计算各变量,并赋值给第 M 列
};
void main()                                           //主函数定义
{int i,j;
double a[M][M+1],b[M][M+1];
                                                      //采用文件格式输入原始数据
char infile[20],outfile[20];
cout<<"请输入原始数据文件名(含扩展名)"<<endl;
cin>>infile;
ifstream istrm(infile);
for(i=0;i<M;i++)
    for(j=0;j<M+1;j++)
      istrm>>a[i][j];                               //将已知增广矩阵输入
    istrm.close();
  GS gs(a);

  cout<<"原始增广矩阵为:"<<endl;
  for(i=0;i<M;i++)
    {for(j=0;j<M+1;j++)
      cout<<setw(12)<<setprecision(5)<<setiosflags(ios::showpoint)<<gs.puta(i,j);
                                                      //将原增广矩阵输出
    cout<<endl;}
```

```
    gs. gsxq( ) ;
    cout < < "计算结果为:" < < endl;
  for( i =0;i < M;i + + )
      cout < < "a[" < < i < < "] =" < < gs. puta( i,M) < < endl;          //将计算结果输出
  for( i =0;i < M;i + + )
    for( j =0;j < M;j + + )
      b[ i] [ j] =a[ i] [ j] ;
  cout < < "校核计算的结果为:" < < endl;
  for( i =0;i < M;i + + )
      { b[ i] [ M] =0;
      for( j =0;j < M;j + + )
        b[ i] [ M] =b[ i] [ M] +b[ i] [ j] * gs. puta( j,M) ;
      cout < < "b[" < < i < < "] =" < < b[ i] [ M] < < endl;
      }
/ *  cout < < "请输入存储计算结果的文件名( 含扩展名)" < < endl;
//计算结果保存到其他类型文件中
cin > > outfile;
ofstream ostrm( outfile) ;
ostrm < < "原始增广矩阵为:" < < endl;
  for( i =0;i < M;i + + )
    { for( j =0;j < M +1;j + + )

    ostrm < < setw( 12) < < setprecision( 5) < < setiosflags( ios: : showpoint) < < gs. puta( i,j) ;
     ostrm < < endl; }
  gs. gsxq( ) ;
  cout < < "计算结果为:" < < endl;
  for( i =0;i < M;i + + )
    ostrm < < "a[" < < i < < "] =" < < gs. puta( i,M) < < endl;
  for( i =0;i < M;i + + )
    for( j =0;j < M;j + + )
      b[ i] [ j] =a[ i] [ j] ;
  ostrm < < "校核计算的结果为:" < < endl;
  for( i =0;i < M;i + + )
      { b[ i] [ M] =0;
      for( j =0;j < M;j + + )
          b[ i] [ M] =b[ i] [ M] +b[ i] [ j] * gs. puta( j,M) ;
      ostrm < < "b[" < < i < < "] =" < < b[ i] [ M] < < endl;
      } * /
}
```

原始数据为:

0.2368　　0.2471　　0.2568　　1.2671　　1.8471

0.1968　　0.2071　　1.2168　　0.2271　　1.7471

0.1581　　1.1675　　0.1768　　0.1871　　1.6471

1.1161　　0.1254　　0.1397　　0.1490　　1.5471

运行结果为：

原始增广矩阵

0.23680　　0.24710　　0.25680　　1.26710　　1.8471

0.19680　　0.20710　　1.21680　　0.22710　　1.7471

0.15810　　1.16750　　0.17680　　0.18710　　1.6471

1.11610　　0.12540　　0.13970　　0.14900　　1.5471

a[0] = 1.0406

a[1] = 0.98705

a[2] = 0.93504

a[3] = 0.88128

校核计算结果

b[0] = 1.8471

b[1] = 1.7471

b[2] = 1.6471

b[3] = 1.5471

2）对称正定方程组的平方根法

在给水管网计算中，联立的水力平衡方程组可变换为大型稀疏线性方程组，其系数矩阵对称正定。用乔里斯基（Cholesky）分解法（即平方根法）求解系数矩阵为对称正定、右端具有常数向量的 n 阶线性代数方程组 $\boldsymbol{Ax} = \boldsymbol{B}$，是计算机常用的有效方法之一。

当系数矩阵对称正定时，可唯一地分解为 $\boldsymbol{A} = \boldsymbol{U}^{\mathrm{T}}\boldsymbol{U}$（证明过程请读者参阅有关文献和专著，此处从略），其中 $\boldsymbol{U}$ 为上三角矩阵。即：

$$\boldsymbol{U} = \begin{bmatrix} u_{00} & u_{01} & \cdots & u_{0,n+1} \\ & u_{11} & \cdots & u_{1,n-1} \\ & & \ddots & \vdots \\ 0 & & & u_{n-1,n-1} \end{bmatrix}$$

$\boldsymbol{U}$ 矩阵中各元素由以下计算公式确定：

$$u_{00} = \sqrt{a_{00}}$$

$$u_{ii} = \left(a_{ii} - \sum_{k=0}^{i-1} u_{ki}^{2}\right)^{\frac{1}{2}}, i = 1,2,n-1$$

$$u_{ij} = \frac{a_{ij} - \sum_{k=0}^{i-1} u_{ki} u_{kj}}{u_{ii}}, j > i$$

于是，方程组 $\boldsymbol{Ax} = \boldsymbol{B}$ 的解可由下述公式计算：

$$y_i = \frac{b_i - \sum_{k=0}^{i-1} u_{ki} y_k}{u_{ii}}, i = 0, 1, 2, \cdots, n-1$$

$$x_i = \frac{y_i - \sum_{k=i+1}^{i-1} u_{ki} u_k}{u_{ii}}, i = n-1, n-2, \cdots, 3,2,1,0$$

【例 1-7】 求解 4 阶对称正定方程组 $\boldsymbol{Ax} = \boldsymbol{D}$。其中:

$$\boldsymbol{A} = \begin{bmatrix} 5 & 7 & 6 & 5 \\ 7 & 10 & 8 & 7 \\ 6 & 8 & 10 & 9 \\ 5 & 7 & 9 & 10 \end{bmatrix}, \boldsymbol{D} = \begin{bmatrix} 23 \\ 32 \\ 33 \\ 31 \end{bmatrix}$$

解 C++ 语言计算程序如下:

```
#include <iostream>
#include <cmath>
#include <iomanip>
#include <fstream>
using namespace std;
#define M 4                                          //系数矩阵的行数
class PFGF                                           //平方根法类
{public:
    PFGF(double a[M][M],doubled[M]);                 //构造函数声明
    void fj();                                       //系数矩阵分解函数声明
    void qiujie();                                   //求解函数声明
    double putd(int i)                               //输出计算结果函数定义
    {return D[i];};
    ~PFGF(){};                                       //析构函数
private:
    double A[M][M],D[M];
};
PFGF::PFGF(double a[M][M], double d[M])              //构造函数定义
{int i,j;
for(i=0;i<M;i++)
     for(j=0;j<M;j++)
          A[i][j]=a[i][j];
     for(i=0;i<M;i++)
          D[i]=d[i];
};
void PFGF::fj()                                      //系数矩阵分解函数定义
{int i,j,k;
```

```
A[0][0] = sqrt(fabs(A[0][0]));
  for(j = 1;j < M;j + + ) A[0][j]/ = A[0][0];
  for(i = 1;i < M;i + + )
  { for(j = 0;j < i;j + + ) A[i][i] - = A[j][i] * A[j][i];
    A[i][i] = sqrt(fabs(A[i][i]));
    for(j = i + 1;j < M;j + + )
    {for(k = 0;k < i;k + + ) A[i][j] - = A[k][i] * A[k][j];
      A[i][j]/ = A[i][i]; }
  }
};
void PFGF::qiujie()                                      //求解函数定义
{int i,j;
D[0]/ = fabs(A[0][0]);
  for(i = 1;i < M;i + + )
  {for(j = 0;j < i;j + + )
        D[i] - = A[j][i] * D[j];
    D[i]/ = A[i][i]; }
  D[M - 1]/ = A[M - 1][M - 1];
  for(j = M - 2;j > =0;j - - )
  { for(i = j + 1;i < M;i + + )
        D[j] - = A[j][i] * D[i];
    D[j]/ = A[j][j]; }
};
void main()                                              //主函数定义
{ int i,j;
  double a[4][4];
  double d[4];
  char infile[20];
                                                         //以文件格式输入原始数据
  cout < < "请输入原始数据文件名(含扩展名)" < < endl;
  cin > > infile;
  ifstream istrm(infile);
  for(i = 0;i < M;i + + )
    for(j = 0;j < M;j + + )
        istrm > > a[i][j];
    for(i = 0;i < M;i + + )
        istrm > > d[i];
    istrm. close();
  PFGF pf(a,d);
  pf. fj();
  pf. qiujie();
```

```
  cout < < "计算结果为:" < < endl;
  for(i = 0;i < M;i + + )
cout < < "x[" < < i < < "] = " < < setprecision(6) < < setiosflags(ios::showpoint) < < pf. putd(i) < < ";" <
 < endl;
}
```

函数语句 CHOL(a,d,n) 形参说明:

a——双精度实型二维数组,定义大小范围 n × n,用来存放方程组的系数矩阵(要求为对称正定矩阵),返回时,其上角部分存放分解后的 $\boldsymbol{U}$ 矩阵,即:

$$\boldsymbol{U}=\begin{bmatrix} u_{00} & u_{01} & \cdots & u_{0,n+1} \\ & u_{11} & \cdots & u_{1,n-1} \\ & & \ddots & \vdots \\ & & & u_{n-1,n-1} \end{bmatrix}$$

d——双精度实型一维数组,定义大小范围 n,用来存放方程组右端的常数向量,返回时存放方程组的解。

n——整型变量,代表方程组的阶数。

原始数据为:

```
5     7     6     5
7     10    8     7
6     8     10    9
5     7     9     10
23    32    33    31
```

运行结果为:

x[0] = 1.00000

x[1] = 1.00000

x[2] = 1.00000

x[3] = 1.00000

1.3 函数插值与曲线拟合

假定水力过程中的某一变量或参数的变化遵从一个未知的函数规律 $y=f(x)$,我们通过实验或其他手段获得这个变量或参数的一组观测数据,亦称离散样点:

$$(x_i,y_i),i=0,1,2,\cdots,n$$

要求根据这组数据来估计出未知函数 $y=f(x)$ 的一个近似的且便于计算的解析表达式 $y=p(x)$,有两种情形。

（1）观测数据的误差较小，我们可以把它作为准确值，认为 $p(x_i)=y_i$，要求所估计出的函数 $p(x)$ 通过这些样点，即满足条件：

$$p(x_i)=y_i, i=0,1,2,\cdots,n$$

这一类数学问题就是函数插值问题，称 $y=p(x)$ 为 $y=f(x)$ 的插值函数，点 $x_0,x_1,x_2,\cdots,x_n$ 称为插值节点，包含插值节点的区间 $[a,b]$ 称为插值区间。

插值法是一种古老的数学方法，它来自生产实践。早在一千多年前，我国科学家在研究历法时就应用了线性插值与二次插值，但它的基本理论却是在微积分产生以后才逐步完善的，其应用也日益广泛。在给水排水工程中，经常根据列表函数和实验数据求其他点上的函数值。例如，测出几个不同温度下某一污水中的饱和溶解氧浓度值，这时可以用函数插值的方法，求出在测定温度的范围内其他温度下的饱和溶解氧浓度。

插值问题就是求通过 $n+1$ 个点 (x_i,y_i) $(i=0,1,2,\cdots,n)$ 的曲线 $y=p(x)$，使它近似于未知的原函数 $y=f(x)$。它适于观测数据是精确的或可靠度较高的情况，它的实际应用往往是根据求得的函数表达式计算 x_i 以外的点的函数值。

（2）如果观测的数据包含一定的误差，且不排除个别数据有较大误差，如果使用函数插值，会明显偏离原有的规律。此时不能把观测数据（样本点）作为准确值来处理，只能尽可能使所估计的函数 $p(x)$ 靠近这些样点，满足在某种意义下总的偏差为最小即可。

该类数学问题称为曲线拟合，是用一个适当的函数关系式 $p(x)$ 来表示若干个已知离散样本点之间内在规律的数据整理方法。适于观测数据含有不可避免的误差的情况，不要求所做函数 $p(x)$ 严格地通过样本点，只是尽可能地靠近样本点，从而达到减少误差的目的。相反，强求所做的曲线通过样本点，反而有可能使曲线保留误差，影响拟合精度。

1.3.1 函数插值

根据构造插值函数的方法不同，函数插值可分为线性插值、抛物线插值、高次方程插值、分段抛物线插值等。

1）两点线性插值（一次插值）

设要求计算插值的插值点位于已知离散样点 x_i 和 x_{i+1} 之间，通过 (x_i,y_i) 和 (x_{i+1},y_{i+1}) 做直线 $p(x)$ 作为插值函数：

$$p(x)=\frac{x-x_{i+1}}{x_i-x_{i+1}}y_i+\frac{x-x_i}{x_{i+1}-x_i}y_{i+1} \tag{1-11}$$

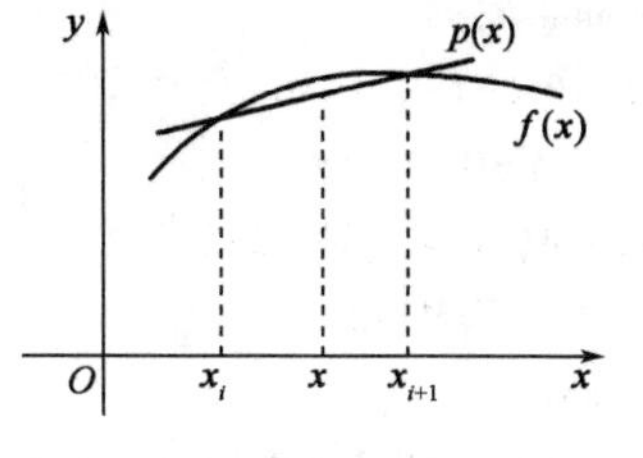

图 1-7 线性插值

$p(x)$ 可近似取代 $f(x)$，如图 1-7 所示。

【例 1-8】 蝶阀是最常用的阀门，湖北省电力勘测设计院曾对某阀门厂的 DN200 蝶阀进行阻力测试。其局部阻力系数值测试结果见表 1-1。

蝶阀的阻力特性 表 1-1

开启度(α)	15°	30°	40°	45°	50°	60°	70°	80°	90°
ξ	486	39.5	20.3	12.7	8.48	3.08	1.38	0.575	0.573

编写程序求当 $\alpha=51°$ 时，蝶阀的局部阻力系数 ξ 的线性插值。

解 C++ 语言计算程序如下：

```
#include <iostream>
#include <cmath>
#include <iomanip>
#include <fstream>
using namespace std;
#define M 9                                          //样本个数定义
class YC                                             //两点线性插值类
{public:
    YC(double x[M],double y[M],double x0);           //构造函数声明
    void getx0(double x0)                            //输入新的 x 的值函数定义
    {X0 = x0;}
    double putx0()                                   //输出 x0 的值函数定义
    {return X0;}
    double puty();                                   //输出 y 函数声明
    ~YC(){};
private:
    double X[M],Y[M],X0;
};
YC::YC(double x[M],double y[M],double x0)            //构造函数定义
{int i;
for(i=0;i<M;i++)
    {X[i]=x[i];
     Y[i]=y[i];}
X0=x0;
};
double YC::puty()                                    //输出 y 函数定义
{int i,k;
double y;
if(X0<X[1])
      i=0;
else if(X0>X[M-2])
        i=M-2;
  else
    for(k=2;k<M-1;k++)
       if(X0<=X[k])
       { i=k-1; break;}
y=(X0-X[i])/(X[i+1]-X[i])*Y[i+1]+(X0-X[i+1])/(X[i]-X[i+1])*Y[i];
return y;
};
void main()                                          //主函数定义
{int i;
double x[M];
```

```
double y[M];
double x0;
                                                    //以文件格式输入原始数据
  char infile[20];
  cout<<"请输入原始数据文件名(含扩展名)"<<endl;
  cin>>infile;
  ifstream istrm(infile);
  for(i=0;i<M;i++)
        istrm>>x[i];
    for(i=0;i<M;i++)
        istrm>>y[i];
    istrm.close();
YC yc(x,y,x0);
cout<<"输入 x0 的值:"<<endl;
cin>>x0;
yc.getx0(x0);
cout<<"x0="<<yc.putx0()<<setw(12)<<"y="<<yc.puty()<<endl;
}
```

变量说明:

x——双精度实型一维数组,定义大小范围 M,用来存放自变量(代表蝶阀开启度);

y——双精度实型一维数组,定义大小范围 M,用来存放自变量(代表蝶阀局部阻力系数);

M——符号常量,用来代表样本点的个数;

X——实型变量,用来存放给定插值点的值;

Y——实型变量,用来存放插值点 X 处的函数近似值。

原始数据为:

15	30	40	45	50	60	70	80	90
486	39.5	20.3	12.7	8.48	3.08	1.38	0.575	0.573

输入值 x0 = 51(回车)

运行结果为:

X = 51

Y = 7.94

2)三点抛物线插值

线性插值是用直线代替曲线,误差是明显的。为了提高插值精度,可以通过已知的 3 个点(x_i,y_i)、(x_{i+1},y_{i+1})和(x_{i+2},y_{i+2})做抛物线 $p(x)$ 作为插值函数,这就是抛物线插值(图 1-8)。插值计算公式如下:

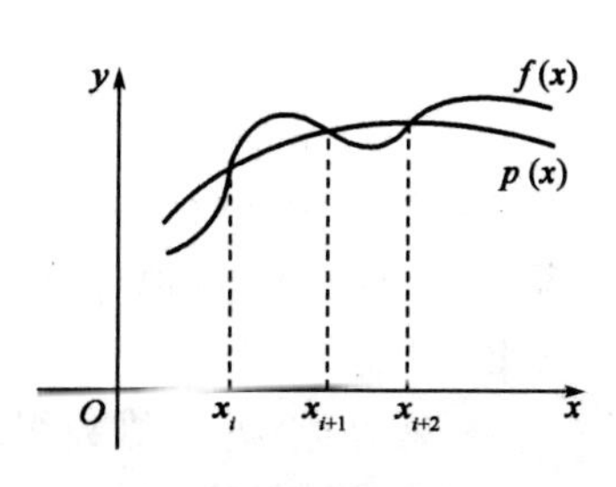

图 1-8 三点抛物线插值

$$p(x)=\frac{(x-x_{i+1})(x-x_{i+2})}{(x_i-x_{i+1})(x_i-x_{i+2})}y_i+\frac{(x-x_i)(x-x_{i+2})}{(x_{i+1}-x_i)(x_{i+1}-x_{i+2})}y_{i+1}+$$

$$\frac{(x-x_i)(x-x_{i+1})}{(x_{i+2}-x_i)(x_{i+2}-x_{i+1})}y_{i+2} \tag{1-12}$$

显然,上式满足 $p(x_i)=y_i, p(x_{i+1})=y_{i+1}, p(x_{i+2})=y_{i+2}$。说明上式是通过3个已知样本点的抛物线。

三点抛物线插值可表述为 $p(x)=\sum_{i=0}^{2}\left(\prod_{\substack{j=0\\j\neq i}}^{2}\frac{x-x_j}{x_i-x_j}\right)y_i$。

3)*n* 点高次方程插值

为进一步提高插值精度,可在插值区间上取 $n+1$ 个点做插值函数,这就是拉格朗日插值多项式。

当已知 $n+1$ 个样本点时,可以通过所有 $n+1$ 个点做一个 n 次的插值函数:

$$p(x)=\sum_{i=0}^{n}\left(\prod_{\substack{j=0\\j\neq i}}^{n}\frac{x-x_j}{x_i-x_j}\right)y_i \tag{1-13}$$

它可以用来计算区间(x_0,x_n)中任意点 x 处的近似函数值。

4)一元三点分段抛物线插值

对于上述 n 点的高次插值函数,当 n 值很大时,可能出现插值不稳定的情况,使计算所得的插值远远偏离原来的函数值,因此,在工程实践中可以采用既稳定又简单的低次多项式插值取代它,一元三点分段抛物线插值就是常用的一种方法。

当已知 $n+1$ 个插值样本点(x_i,y_i),$i=0,1,2,\cdots,n$,且 $x_0<x_1<x_2<\cdots<x_n$ 时,首先判定距插值点 x 最接近的点 x_{i+1},锁定它,再选取与该点左右相邻的 x_i 和 x_{i+2}两个样本点,共3个样本点,通过这3个点做抛物线 $p(x)$作为插值函数进行插值计算。插值公式为:

$$\begin{aligned}p(x)&=\frac{(x-x_{i+1})(x-x_{i+2})}{(x_i-x_{i+1})(x_i-x_{i+2})}y_i+\\&\frac{(x-x_i)(x-x_{i+2})}{(x_{i+1}-x_i)(x_{i+1}-x_{i+2})}y_{i+1}+\\&\frac{(x-x_i)(x-x_{i+1})}{(x_{i+2}-x_i)(x_{i+2}-x_{i+1})}y_{i+2}\\&=\sum_{k=i}^{i+2}\left(\prod_{\substack{j=i\\j\neq k}}^{i+2}\frac{x-x_j}{x_k-x_j}\right)y_i\end{aligned} \tag{1-14}$$

【例1-9】 用分段抛物线插值求解【例1-8】。

解 三点抛物线插值计算步骤图1-9所示。

变量说明:

x——双精度实型一维数组,定义大小范围M。存放自变量(代表蝶阀开启度,按由小到大的顺序存放);

y——双精度实型一维数组,定义大小范围M,用来存放自变量(代表蝶阀特定开启度下

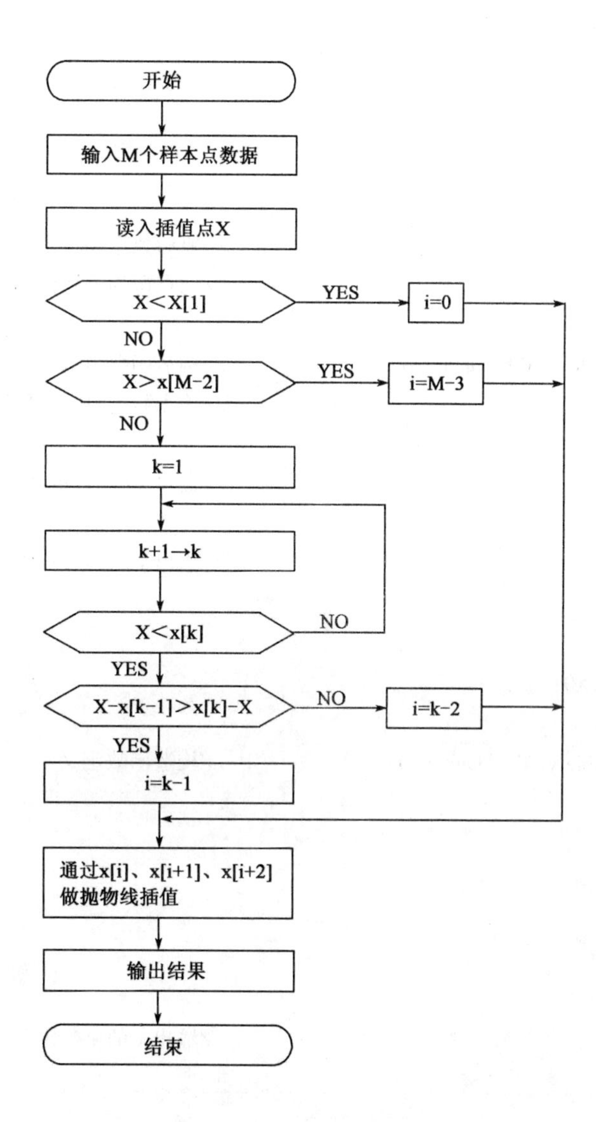

图1-9 三点抛物线插值计算框图

的局部阻力系数)；

M——符号常量，代表样本点的个数；

X——实型变量，用来存放给定插值点的值；

Y——实型变量，用来存放插值点X处的函数近似值。

【例1-10】 给定列表函数，见表1-2，用抛物线插值法求 $f(x)$ 在 $x=1.682$ 和1.813处的函数近似值。

函 数 表 表1-2

x	1.615	1.634	1.702	1.828	1.921
$y=f(x)$	2.41450	2.46459	2.65271	3.03035	3.34066

解 C++语言计算程序如下：

```
#include <iostream>
#include <cmath>
#include <iomanip>
#include <fstream>
using namespace std;
#define M 5                                         //原始数据样本个数
class SC                                            //三点抛物线插值类
{public:
     SC(double x[M],double y[M],double x0);         //构造函数声明
     void getx0(double x0)                          //输入新的 x0 的值函数定义
     {X0 = x0;}
     double putx0()                                 //输出 x0 函数定义
     {return X0;}
     double puty();                                 //输出 y 的函数声明
     ~SC(){};
private:
     double X[M],Y[M],X0;
};
SC::SC(double x[M],double y[M],double x0)           //构造函数定义
{int i;
for(i=0;i<M;i++)
{X[i]=x[i];
Y[i]=y[i];}
X0=x0;
};
double SC::puty()                                   //输出 y 的函数定义
{int i,j,k;
double y,l;
y=0;
if(X0<=X[1])
      i=0;
else if(X0>=X[M-2])
      i=M-3;
else
   for(k=2;k<=M-2;k++)
   if(X0<=X[k])
    {if((X0-X[k-1])>=(X[k]-X0))
   {i=k-1;break;}
   else{ i=k-2;break;}
    }
```

```
   else continue;
   for(k = i;k < = i + 2;k + + )
   { l = 1;
     for(j = i;j < = i + 2;j + + )
          if(j!  = k)
          l = l * (X0 - X[j])/(X[k] - X[j]);
          y = y + l * Y[k];
   }
return y;
};
void main()                                           //主函数定义
{int i;
double x[M];
double y[M];
double x0;
                                                      //采用文件格式输入原始数据
char infile[20];
   cout < <"请输入原始数据文件名(含扩展名)" < <endl;
   cin > >infile;
   ifstream istrm(infile);
   for(i = 0;i < M;i + + )
         istrm > >x[i];
     for(i = 0;i < M;i + + )
         istrm > >y[i];
     istrm.close();
SC sc(x,y,x0);
while(1)
{cout < <"输入 x0 的值:(结束请输入:0)" < <endl;
cin > >x0;
if(x0!  =0)
{sc.getx0(x0);
cout < <"x0 =" < <sc.putx0() < <setw(12) < <"y =" < <sc.puty() < <endl;}
   else
       break;}
}
```

变量说明:

x——双精度实型一维数组,定义大小范围 n,用来存放给定 n 个样本点的值 x[i],要求 x[0] < x[1] < x[2] < … < x[n - 1];

y——双精度实型一维数组,定义大小范围 n,用来存放 n 个样本点的值 y[i],i = 0,1,2,

…,n-1;

n——整型变量,代表样本点的个数;

t——双精度实型变量,用来存放给定插值点的值。

原始数据为:

1.615　1.634　1.702　1.828　1.921

2.41450　2.46459　2.65271　3.03035　3.34066

运行结果为:

x=1.682,y=2.59624

x=1.813,y=2.98281

1.3.2 曲线拟合

对列表函数进行插值计算时,认为列表中的函数值都是完全准确可靠的。在工程计算和科学研究中,常常遇到诸如观测数据之类的列表函数,包含有一定的误差,个别数据可能有较大误差,使用函数插值会偏离原来的规律。如果能找到一条曲线能从整体上近似反映相应的列表函数,则不仅可以给函数值的计算带来方便,而且还能从数量关系上反映某些规律。这就是所谓的曲线拟合方法,在工程技术中构造某些经验公式时就常常用到这种方法。

1)最小二乘法及其程序设计

曲线拟合的方法很多,给水排水工程上最常用的是最小二乘法。下面着重介绍这一方法及其程序设计。

假设已知某物理过程[函数关系 $y=f(x)$ 未知]的一组观测(或实验)数据,也称样本点为:

$$(x_i,y_i),i=1,2,3,\cdots,m$$

要求在某特定函数类(例如多项式)中找出一个函数 $p(x)$ 作为 $y=f(x)$ 的近似函数,使得在 x_i 上的误差(或称残差)$R_i=p(x_i)-y_i,i=1,2,\cdots,m$,按某种标准衡量为最小,这就是曲线拟合。换句话说,就是用一个适当的函数或关系式来表示若干个已知离散样值(样本点)之间的内在规律,在工程技术中构造某些经验公式时常常应用这种方法。

因两数之差(即误差或残差)可正可负,简单求和可能将很大的误差抵消掉,而平方和能反映二者在总体上的接近程度,这就是最小二乘原则。那么,就可以从最小二乘原则和样本观测值出发,求得参数估计量,判断的标准是二者之差的平方和为最小。即:

$$\sum_{i=1}^{m}R_i^2=\sum_{i=1}^{m}[p(x_i)-y_i]^2=\min$$

上述拟合就称为曲线拟合的最小二乘法。最小二乘法就是通过回归分析,使所得到的回归方程与已知离散样本点之间的误差按最小二乘法的度量标准为最小的分析计算方法,是应用最多的参数估计方法,也是从最小二乘原理出发的其他估计方法的基础(图1-10)。按直线、抛物钱、指数曲线、对数曲线规律,以及按周期性规律变化的离散值,均可直接或经变换后通过以下形式的多项式回归方程来进行曲线拟合:

$$p(x)=a_0+a_1x+a_2x^2+\cdots+a_nx^n$$

式中：$a_0,a_1,\cdots,a_n$——回归系数。

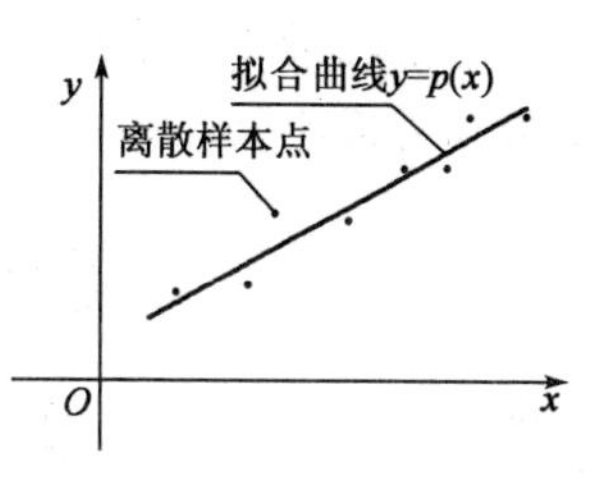

图1-10 最小二乘原理

变量之间关系，一般可分为确定的和非确定的两类。确定性关系可用函数关系表示，而非确定性关系为相关关系。具有相关关系的变量虽然不具有确定的函数关系，但是可以借助函数关系来表示它们之间的统计规律，这种近似地表示它们之间相关关系的函数被称为回归函数。回归分析是研究两个或两个以上变量相关关系的一种重要的统计方法，是根据已得的试验结果以及以往的经验来建立统计模型，并研究变量间的相关关系，建立起变量之间关系的近似表达式，即经验公式，并由此对相应的变量进行预测和控制等。

用最小二乘法求拟合曲线时，必须首先确定或选择函数类型，即 $p(x)$ 的形式。这与所讨论问题的性质和经验有关。

用最小二乘法以多项式进行曲线拟合的一般步骤为：

(1)将已知离散样本点或列表函数点描于坐标系上，点绘出一条平滑曲线。再根据该曲线的形状和态势，观察呈现的函数规律。

(2)提出一个最能反映上述规律的多项式进行拟合，如直线采用一次多项式，抛物线采用二次多项式等。

(3)建立该多项式的误差方程，导出符合最小二乘原则的正规方程组。

(4)求解该正规方程组，得到有关的回归系数，代入拟合函数中即为所求。

有一组离散样本点：$1(x_1,y_1),2(x_2,y_2),3(x_3,y_3),\cdots,m(x_m,y_m)$，其拟合的回归方程多项式为：

$$y=a_0+a_1x+a_2x^2+\cdots+a_nx^n=\sum_{i=0}^{n}a_ix^i$$

当 $m>n+1$ 时，不是所有离散点坐标都能满足上列方程式。因此，把所有已知离散点坐标代入该方程式后，必然存在相应的误差值 $R_i(i=1,2,3,\cdots,m)$。即有以下关系式：

$$\begin{cases}a_0+a_1x_1+a_2x_1^2+\cdots+a_nx_1^n-y_1=R_1\\a_0+a_1x_2+a_2x_2^2+\cdots+a_nx_2^n-y_2=R_2\\\cdots\\a_0+a_1x_m+a_2x_m^2+\cdots+a_nx_m^n-y_m=R_m\end{cases}\tag{1-15}$$

将式(1-15)左右两边分别平方后相加，整理后得：

$$\sum_{i=1}^{m}\left(\sum_{j=0}^{n}a_jx_i^j-y_i\right)^2=\sum_{i=1}^{m}R_i^2\tag{1-16}$$

上式右边为各已知离散点代入拟合曲线多项式后偏离误差的平方和，它可以作为衡量总体误差程度的指标。它的大小和多项式的系数有关。换句话说，它是多项式系数的函数，即：

$$\sum_{i=1}^{m}R_i^2=\varphi(a_0,a_1,a_2,\cdots,a_n)\tag{1-17}$$

这就是用最小二乘法以多项式进行曲线拟合的误差方程。要使多项式系数的选择达到误差平方和为最小，应满足：

$$\frac{\partial \varphi}{\partial a_k} = 2\sum_{i=1}^{m}(\sum_{j=0}^{n} a_j x_i^j - y_i)x_j^k = 0, k = 0,1,2,\cdots,n \tag{1-18}$$

即
$$\sum_{i=1}^{m}\sum_{j=0}^{n} a_j x_i^{k+j} - \sum_{i=1}^{m} y_i x_j^k = 0, k = 0, 1, 2, \cdots, n$$

以上方程组经展开整理，可成为下列形式：

$$\begin{cases} a_0 S_0 + a_1 S_1 + a_2 S_2 + \cdots + a_n S_n = T_0 \\ a_0 S_1 + a_1 S_2 + a_2 S_3 + \cdots + a_n S_{n+1} = T_1 \\ \cdots \\ a_0 S_n + a_1 S_{n+1} + a_2 S_{n+2} + \cdots + a_n S_{2n} = T_n \end{cases} \tag{1-19}$$

式中：

$$\begin{cases} S_0 = \sum_{i=1}^{m} x_i^0 = m \\ S_1 = \sum_{i=1}^{m} x_i \\ S_2 = \sum_{i=1}^{m} x_i^2 \\ \cdots \\ S_{2n} = \sum_{i=1}^{m} x_i^{2n} \end{cases} \tag{1-20}$$

$$\begin{cases} T_0 = \sum_{i=1}^{m} y_i \\ T_1 = \sum_{i=1}^{m} y_i x_i \\ T_2 = \sum_{i=1}^{m} y_i x_i^2 \\ \cdots \\ T_n = \sum_{i=1}^{m} y_i x_i^n \end{cases} \tag{1-21}$$

若将以上方程组表示为矩阵形式，则有：

$$\begin{bmatrix} S_0 & S_1 & S_2 & \cdots & S_n \\ S_1 & S_2 & S_3 & \cdots & S_{n+1} \\ \vdots & \vdots & \vdots & \ddots & \vdots \\ S_n & S_{n+1} & S_{n+2} & \cdots & S_{2n} \end{bmatrix} \begin{bmatrix} a_0 \\ a_1 \\ \vdots \\ a_n \end{bmatrix} = \begin{bmatrix} T_0 \\ T_1 \\ \vdots \\ T_n \end{bmatrix} \tag{1-22}$$

可以看出方程组(1-22)的系数矩阵是关于对角线对称的,称为正规方程组。解这个方程组即可得出系数 $a_0,a_1,a_2,\cdots,a_n$,代回式(1-22)即得到拟合曲线的方程式。

此外,还应注意以下几点:

(1)拟合多项式的次数为 n,给定的离散值点数为 m 时,如果 $n \leqslant m-1$,则正规方程组有唯一解,且当 $n=m-1$ 时,拟合多项式就是对应的插值多项式;如果 $n>m-1$,则正规方程组线性相关,有无限多解。

(2)拟合多项式的次数过高时,可能产生不稳定现象,一般以不超过 7 次为宜。

【例 1-11】 已知一组观测数据如表 1-3 所示,求代数多项式拟合曲线。

观测数据表 表 1-3

x	1	3	4	5	6	7	8	9	10
y	10	5	4	2	1	1	2	3	4

解 将已知观测点描于直角坐标系上,点绘出一条平滑曲线,该曲线的形状呈现抛物线规律,拟合多项式为 $y=p(x)=a_0+a_1x+a_2x^2$。

根据 m 个离散样本点拟合 n 次多项式,建立正规方程组(矩阵方程)的函数程序形参说明如下:

M——整型变量,输入参数,为给定样本的个数;

N——整型变量,输入参数,为拟合多项式的方次数;

x——单精度实型一维数组,定义大小范围 M,存放 m 个样本点的值 x[i],i=0,1,2,…,m-1;

y——单精度实型一维数组,定义大小范围 M,存放 m 个样本点的值 y[i],i=0,1,2,…,m-1;

S——单精度实型二维数组,定义大小范围(N+1,N+1),输出参数,存放正规方程组的系数矩阵;

T——单精度实型一维数组,定义大小范围 N+1,输出参数,存放正规方程组的右端常向量。

C++语言计算程序如下:

```
#include <iostream>
#include <cmath>
#include <iomanip>
#include <fstream>
using namespace std;
#define M 9                             //样本个数定义
#define N 2                             //拟合次数定义
class ZX                                //最小二乘法曲线拟合类
{public:
    ZX(double x[M],double y[M]);        //构造函数声明
    double puts(int i,int j)            //输出系数矩阵中的元素函数定义
    {return S[i][j];}
```

```
    double putt(int i)                              //输出 t 函数定义
    {return T[i];}
    void gauss();                                   //高斯迭代函数声明
    ~ZX(){};
private:
    double X[M],Y[M],S[N+1][N+1],T[N+1];
};
ZX::ZX(double x[M],double y[M])                     //构造函数声明
{int i,j,k;
for(i=0;i<M;i++)
    {X[i]=x[i];
     Y[i]=y[i];}
for(i=0;i<=N;i++)
  for(j=0;j<=N;j++)
    { S[i][j]=0; T[i]=0;
      for(k=0;k<M;k++)
          {S[i][j]=S[i][j]+pow(X[k],i+j);
           T[i]=T[i]+Y[k]*pow(X[k],i); }
  }
};
void ZX::gauss()                                    //高斯迭代函数定义
{int i,j,k,l;
float bmax,t;
for(k=0;k<=N;k++)
    {bmax=0;
     for(i=k;i<=N;i++)
         {if(bmax<fabs(S[i][k]))
             {bmax=fabs(S[i][k]); l=i;} }
     if(l!=k)
       {t=T[l]; T[l]=T[k]; T[k]=t;
       for(j=k;j<=N;j++)
           {t=S[l][j]; S[l][j]=S[k][j]; S[k][j]=t; } }
     t=1/S[k][k]; T[k]=T[k]*t;
  for(i=k+1;i<=N;i++)
     T[i]=T[i]-S[i][k]*T[k];
  for(j=k+1;j<=N;j++)
     {S[k][j]=S[k][j]*t;
      for(i=k+1;i<=N;i++)
          S[i][j]=S[i][j]-S[i][k]*S[k][j]; }
  }
for(k=N-1;k>=0;k--)
  for(j=k+1;j<=N;j++)
```

```
        T[k] = T[k] - S[k][j] * T[j];
};
void main()                                            //主函数定义
{int i,j;
double x[M];
double y[M];
                                                       //以文件格式输入原始数据
char infile[20];
  cout<<"请输入原始数据文件名(含扩展名)"<<endl;
  cin>>infile;
  ifstream istrm(infile);
  for(i=0;i<M;i++)
        istrm>>x[i];
    for(i=0;i<M;i++)
        istrm>>y[i];
    istrm.close();
ZX zx(x,y);
cout<<"正规矩阵形式为:"<<endl;
for(i=0;i<=N;i++)
     { for(j=0;j<=N;j++)
          cout<<setw(12)<<setiosflags(ios::showpoint)<<zx.puts(i,j);

cout<<setw(12)<<"|"<<setw(12)<<setiosflags(ios::showpoint)<<zx.putt(i)<<endl;}
zx.gauss();
cout<<"拟合系数为:"<<endl;
  for(i=0;i<=N;i++)
    cout<<"a"<<i+1<<"="<<setiosflags(ios::showpoint)<<zx.putt(i)<<endl;
  cout<<"所拟合的抛物线方程为:"<<endl;
  cout<<"y=p(x)="<<zx.putt(0)<<zx.putt(1)<<"x+"<<zx.putt(2)<<"x2"<<endl;
}
```

原始数据为:

1	3	4	5	6	7	8	9	10
10	5	4	2	1	1	2	3	4

运行结果为:

正规矩阵形式

```
9.00000       53.0000       381.000       |       32.0000
53.0000       381.000       3017.00       |       147.000
381.000       3017.00       25317.0       |       1025.00
```

拟合系数

a0 = 13.4597

a1 = -3.60531

a2 =0.267571

所拟合的抛物线方程

y = p(x) = 13.4597 - 3.60531x + 0.267571x2

2)线性回归及其程序设计

$y = p(x) = a + bx$ 这种线性关系普遍存在,线性回归是多项式拟合问题中最常用、最简单的一种,其正规方程组可直接给出:

$$\begin{cases} ma + b\sum_{i=0}^{m-1} x_i = \sum_{i=0}^{m-1} y_i \\ a\sum_{i=0}^{m-1} x_i + b\sum_{i=0}^{m-1} x_i^2 = \sum_{i=0}^{m-1} x_i y_i \end{cases} \tag{1-23}$$

回归系数 a、b 为:

$$\begin{cases} b = \dfrac{m\sum_{i=0}^{m-1} x_i y_i - \sum_{i=0}^{m-1} x_i \sum_{i=0}^{m-1} y_i}{m\sum_{i=0}^{m-1} x_i^2 - (\sum_{i=0}^{m-1} x_i)^2} \\ a = \dfrac{1}{m}(\sum_{i=0}^{m-1} y_i - b\sum_{i=0}^{m-1} x_i) \end{cases} \tag{1-24}$$

式中:m——整型变量,输入参数,为给定样本的个数;

x——单精度实型一维数组,定义大小范围 m,存放 m 个样本点的值 x_i,$i = 0,1,2,\cdots,m-1$;

y——单精度实型一维数组,定义大小范围 m,存放 m 个样本点的值 y_i,$i = 0,1,2,\cdots,m-1$。

【例 1-12】 已知一组观测数据如表 1-4 所示,用直线方程 $y = a + bx$ 拟合。

观测数据 表 1-4

x	8	6	11	12	14	17	18	24	19	23	26	40
y	59	58	56	53	50	45	43	42	39	38	30	27

解 C++语言计算程序如下:

```
#include < iostream >
#include < cmath >
#include < iomanip >
#include < fstream >
using namespace std;
#define M 12                                    //定义样本数量
class XX                                        //线性回归拟合类
{public:
    XX(double x[M],double y[M]);                //构造函数声明
    double puta()                               //输出系数 a 函数定义
```

```
    {return A;}
    double putb()                                //输出系数 b 函数定义
    {return B;}
    ~XX(){};                                     //析构函数
private:
    double X[M],Y[M],SX,SXX,SXY,SY,A,B;
};
XX::XX(double x[M],double y[M])                  //构造函数定义
{int i;
for(i=0;i<M;i++)
    {X[i]=x[i];
     Y[i]=y[i];}
SX=SXX=SXY=SY=0;
for(i=0;i<M;i++)
    {SX=SX+X[i];
     SXX=SXX+X[i]*X[i];
     SY=SY+Y[i];
     SXY=SXY+X[i]*Y[i];}
B=(M*SXY-SX*SY)/(M*SXX-SX*SX);
A=SY/M-B*SX/M;
};
void main()                                      //主函数定义
{
  double x[M]={ 8, 6,11,12,14,17,18,24,19,23,26,40};
  double y[M]={59,58,56,53,50,45,43,42,39,38,30,27};
  XX xx(x,y);
  cout<<"计算结果为:"<<endl;
  cout<<"系数 a="<<xx.puta()<<endl;
  cout<<"系数 b="<<xx.putb()<<endl;
  cout<<"拟合函数为:"<<endl;
  cout<<"y=("<<xx.puta()<<")+("<<xx.putb()<<")*x"<<endl;
}
```

运行结果为:

a=64.3136

b=-1.06313

拟合函数 y=(64.3136)+(-1.06313)*x

3）可转化为一元线性回归的情形

前面讨论了一元线性回归问题，在实际应用中，有时会遇到更复杂的回归问题，但其中有些情形，可通过适当的变量替换转化为一元线性回归问题来处理。

(1)
$$y=A+\frac{B}{x} \tag{1-25}$$

式中:A、B——与 x 无关的未知参数。

令 $X=\frac{1}{x}$,$Y=y$,则式(1-25)可转化为下列一元线性回归模型:

$$Y=A+BX$$

(2)

$$y=\alpha e^{\beta x} \tag{1-26}$$

式中:α、β——与 x 无关的未知参数。

对 $y=\alpha e^{\beta x}$ 两边取对数得:

$$\ln y=\ln\alpha+\beta x \tag{1-27}$$

令 $Y=\ln y$,$a=\ln\alpha$,$b=\beta$,$X=x$,则式(1-27)可转化为下列一元线性回归模型:

$$Y=a+bX$$

(3)

$$y=\alpha x^{\beta} \tag{1-28}$$

式中:α、β——与 x 无关的未知参数。

对 $y=\alpha x^{\beta}$ 两边取对数得:

$$\ln y=\ln\alpha+\beta\ln x \tag{1-29}$$

令 $Y=\ln y$,$a=\ln\alpha$,$b=\beta$,$X=\ln x$,则式(1-29)可转化为下列一元线性回归模型:

$$Y=a+bX$$

双曲线 $Y=\frac{x}{\alpha+\beta x}$和 S 形曲线 $Y=\frac{1}{\alpha+\beta e^{-x}}$函数等亦可通过适当的变量替换转化为一元线性模型来处理。若在原模型下,对于(x,y)有样本(x_1,y_1),(x_2,y_2),…,(x_n,y_n),就相当于在新模型下,有样本(X_1,Y_1),(X_2,Y_2),…,(X_n,Y_n),因而就能利用一元线性回归的方法进行估计、检验和预测,在得到 Y 关于 X 的回归方程后,再将原变量代回,就可得到 y 关于 x 的回归方程,它的图形是一条曲线,也称为曲线回归方程。

水质工程中常用的莫诺德(Monod)公式为:

$$v=\frac{kS}{K_S+S}$$

式中:S——底物浓度;

v——反应速率;

k、K_S——动力学常数。

上式两边取倒数后得:

$$\frac{1}{v}=\frac{1}{k}+\frac{K_S}{k}\frac{1}{S}$$

令 $y=\frac{1}{v}$,$x=\frac{1}{S}$,$a=\frac{1}{k}$,$b=\frac{K_S}{k}$,则可得到一个标准线性函数 $y=a+bx$。

【例 1-13】 为观察某试验中水的渗透速度,测得时间 t 与水的质量数据如表 1-5 所示。

数 据 表 表1-5

t(s)	1	2	4	8	16	32	64
W(g)	4.22	4.02	3.85	3.59	3.44	3.02	2.59

已知 t 与 W 之间有关系 $W = Ct^a$，用最小二乘法确定参数 C 和 a。

解 $W = Ct^a$ 两边取对数，得 $\lg W = \lg(Ct^a) = \lg C + a \times \lg t$。令 $y = \lg W$，$x = \lg t$，$A = \lg C$，$B = a$，可得到一个标准线性函数 $y = A + Bx$。

C++ 语言计算程序如下：

```
#include <iostream>
#include <cmath>
#include <iomanip>
#include <fstream>
using namespacc std;
#define M 7                                         //定义样本数量
class XX
{public:
     XX(double x[M],double y[M]);
     double puta()
     {return A;}
     double putb()
     {return B;}
      ~XX(){};
private:
     double X[M],Y[M],SX,SXX,SXY,SY,A,B;
};
XX::XX(double x[M],double y[M])
{int i;
for(i=0;i<M;i++)
      {X[i]=x[i];
       Y[i]=y[i];}
SX=SXX=SXY=SY=0;
for(i=0;i<M;i++)
      {SX=SX+X[i];
       SXX=SXX+X[i]*X[i];
       SY=SY+Y[i];
       SXY=SXY+X[i]*Y[i];}
B=(M*SXY-SX*SY)/(M*SXX-SX*SX);
A=SY/M-B*SX/M;
};
void main()
{int i;
  double t[M]={1, 2, 4, 8, 16, 32, 64};
  double w[M]={4.22, 4.02, 3.85, 3.59, 3.44, 3.02, 2.59};
  double x[M],y[M];
```

```
  for(i=0;i<M;i++)
    {y[i]=log10(w[i]); x[i]=log10(t[i]);}          //将t[M]、w[M]转化为x[M]、y[M]
  XX xx(x,y);
  cout<<"计算结果为:"<<endl;
  cout<<"C="<<pow(10,xx.puta())<<endl;
  cout<<"a="<<xx.putb()<<endl;
  cout<<"拟合函数为:"<<endl;
  cout<<"W="<<pow(10,xx.puta())<<"t"<<xx.putb()<<endl;
}
```

运行结果为:

C =4.39396

a = -0.110736

拟合函数 $W=4.3940t^{-0.1107}$

1.3.3 应用 Excel 做回归分析

下面举例说明如何用 Excel 做回归分析,从而既准确又快速地求出回归方程。

【例 1-14】 已知一组观测数据如表 1-6 所示。

观测数据表　　表 1-6

x	1	3	4	5	6	7	8	9	10
y	10	5	4	2	1	1	2	3	4

拟合多项式 $y=p(x)=a_0+a_1x+a_2x^2$。

解 依题意:

①首先打开 Excel,在 Excel 文档里建立例题数据表,如图 1-11 所示。

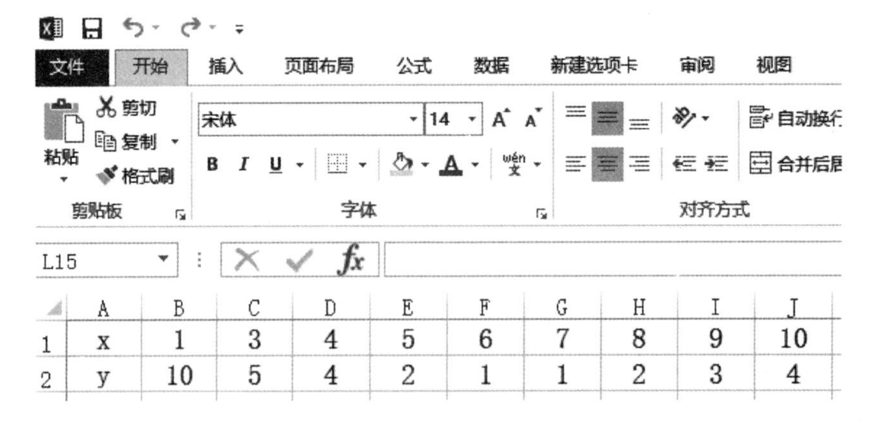

图 1-11　创建原始数据表

②选中数据区域,在工具一栏里找到“插入”,选择“散点图”,单击,出现如图 1-12 所示的情况。

③鼠标放到散点图的点上,单击选中数据点,点击鼠标右键,选择“添加趋势线”,在“类型”里根据散点图的形状,选择一种类型,本例中选择“多项式(P)”,“顺序(D)”选 2,如图 1-13 所示。

④在“设置趋势线格式”里选择“显示公式(E)”和“显示 R 平方值(R)”,如图 1-14 所示。

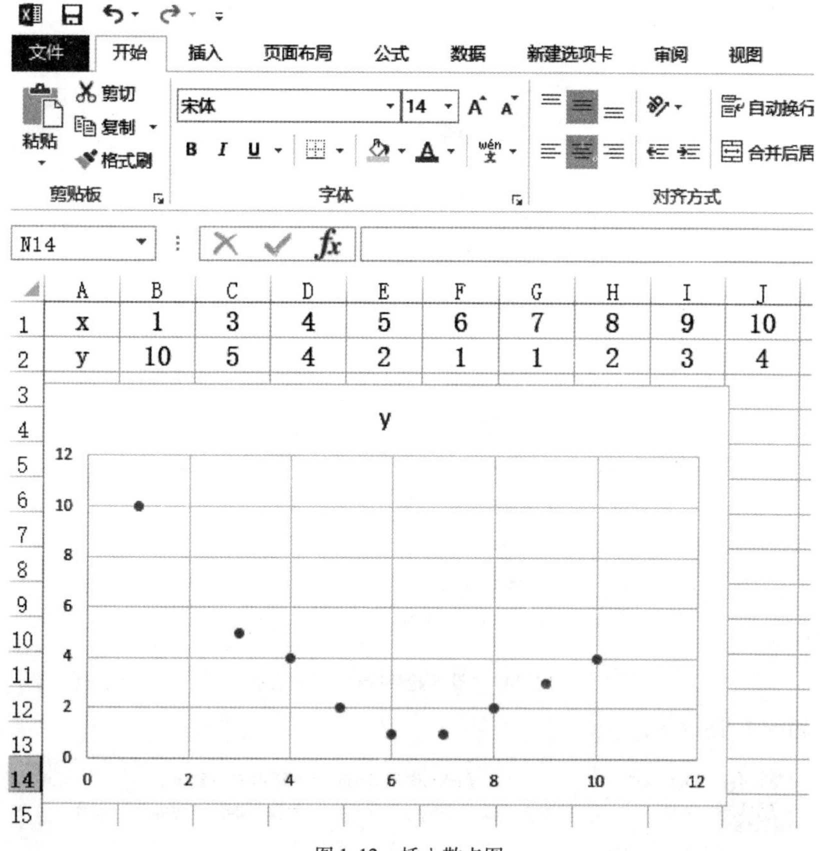

图 1-12　插入散点图

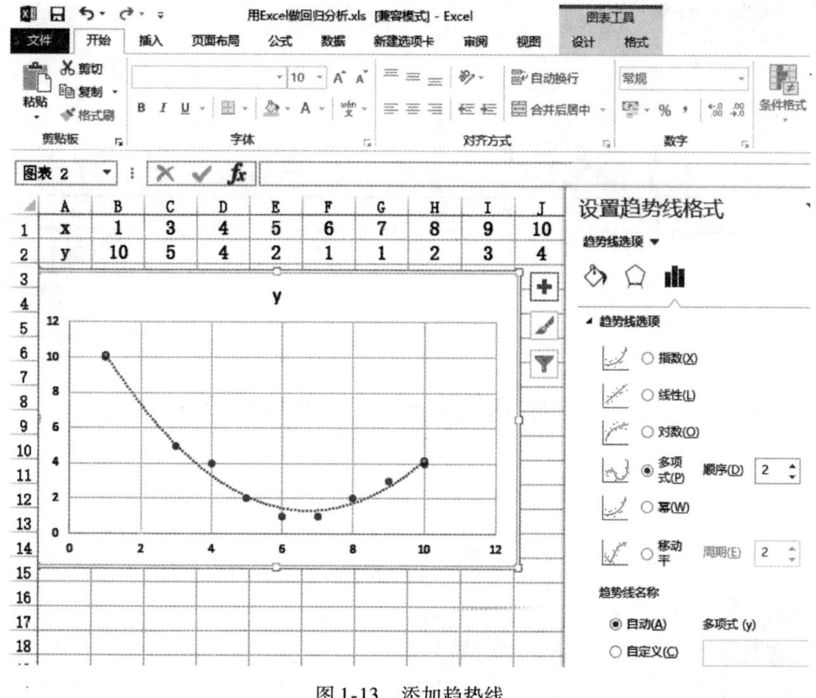

图 1-13　添加趋势线

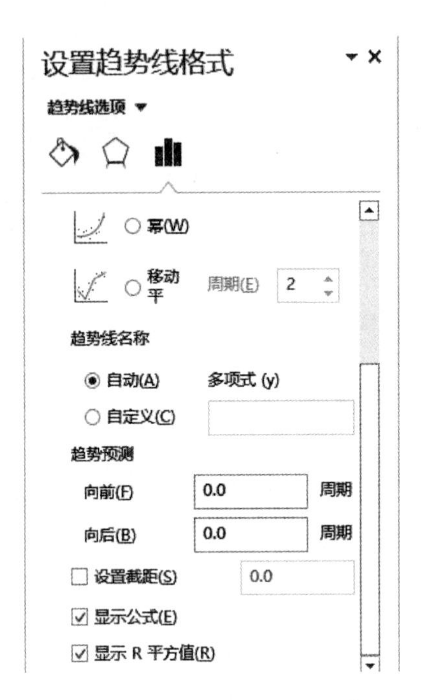

图 1-14 “设置趋势线格式”对话框

⑤结果如图 1-15 所示。

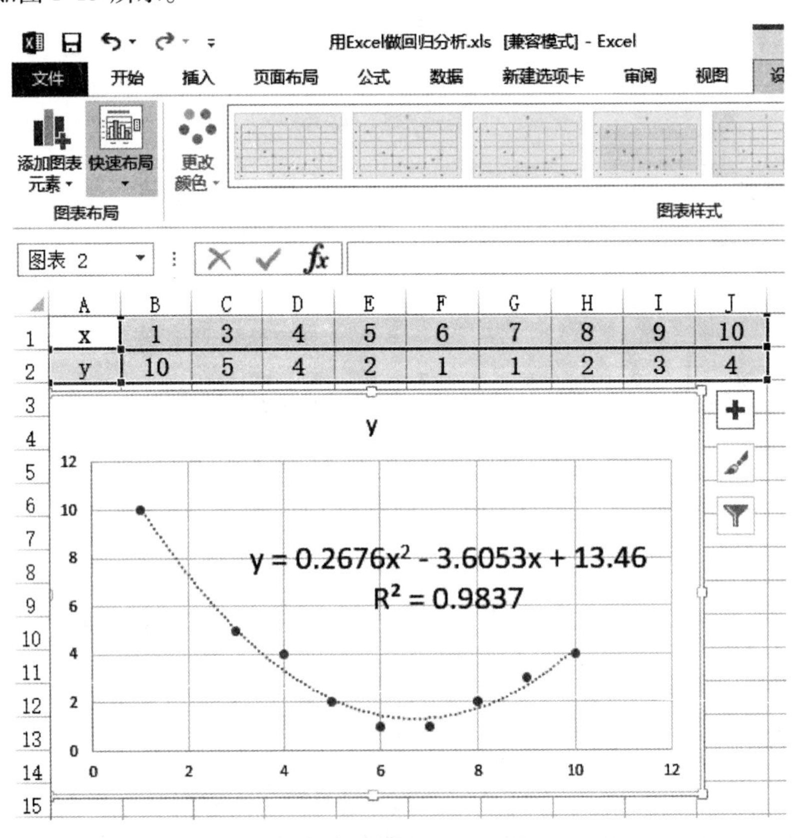

A	B	C	D	E	F	G	H	I	J
x	1	3	4	5	6	7	8	9	10
y	10	5	4	2	1	1	2	3	4

图 1-15 回归曲线及方程

从图 1-15 中可以看到,回归方程为 $y=0.2676x^2-3.6053x+13.46$,相关系数为 $R^2=0.9837$,与【例 1-12】编程电算的结果一致。

1.4 数值积分

在工程实践中,常常会遇到求算定积分 $\int_a^b f(x)\,\mathrm{d}x$ 的问题,根据微积分的基本原理,若被积函数 $f(x)$ 在区间 $[a,b]$ 上连续,则 $f(x)$ 在区间 $[a,b]$ 上有原函数。设 $F(x)$ 是 $f(x)$ 在区间 $[a,b]$ 上的一个原函数,则可用牛顿—莱布尼兹公式 $I=\int_a^b f(x)\,\mathrm{d}x=F(b)-F(a)$ 求得定积分的值。

在大多数工程实际问题中,被积函数的原函数很难由解析表达式表示,有的问题中被积函数本身只是一个函数表或者是微分方程的数值解。这时采用数值积分的方法,用计算机进行数值计算就比较方便,也能获得很高的计算精度。

在给水排水工程中也常用到数值积分。例如,根据自由沉淀或絮凝沉淀曲线,分别求这两种类型沉淀的悬浮物总去除率,必须用数值积分;根据净水厂或污水处理厂水质、水量、投药量、耗电量等逐时变化的数据,计算一天的或某段时间的平均水质和水量、总水量、所需投药量、所需或已消耗电量和运行费用等,也用数值积分方法来计算,因为这些被积函数都是一些离散变量。进行水质工艺过程的动态分析和最优控制的计算时,也常用到数值积分方法。

定积分运算的几何意义是计算被积函数曲线与 x 轴在积分区间所形成的曲边梯形的面积。为近似求出此面积,可将 $[a,b]$ 区间分成 n 个小区间,每个区间的宽度为 $(b-a)/n$。近似求出每个小的曲边梯形面积,然后将 n 个小面积加起来,就近似得到总的面积,即定积分的近似值。n 越大(即区间分得越小),近似程度就越高。

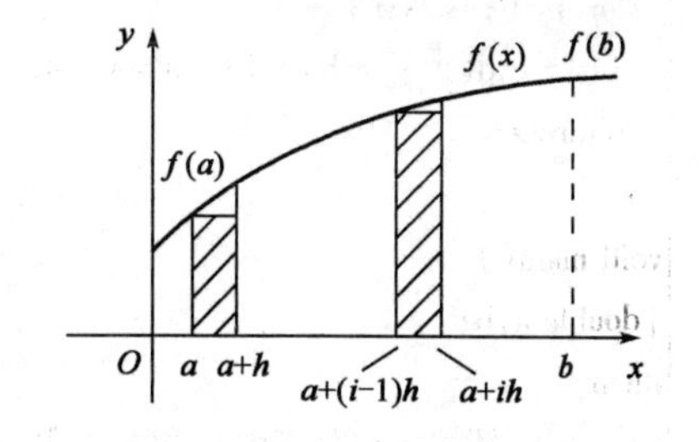

图 1-16 矩形法数值积分几何表示

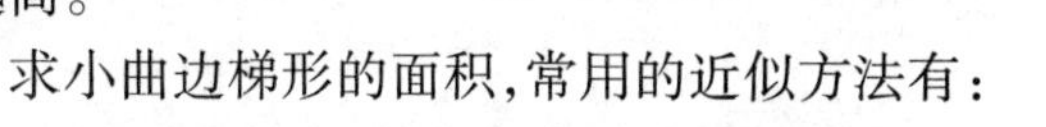

求小曲边梯形的面积,常用的近似方法有:

(1)矩形法:用小矩形代替小曲边梯形,求出各小矩形面积,然后累加之,如图 1-16 所示。

(2)梯形法:用小梯形代替小曲边梯形,求出各小梯形面积,然后累加之。

(3)抛物线法:在小区间范围内,用一抛物线代替该区间内的 $f(x)$,然后求出由该抛物线与 $x=a+(i-1)h$,$y=0$,$x=a+ih$ 形成的小曲边梯形面积。

1.4.1 矩形法

矩形的面积为底 × 高。求第一个小矩形的面积时,底为 $(b-a)/n$,高为 $f(a)$,也可为 $f(a+h)$,面积为 $S_1=h\cdot f(a)$,则第 i 个小矩形的面积为 $s_i=h\cdot f(a+(i-1)h)$。

【例 1-15】 求 $\int_0^1 \mathrm{e}^x\mathrm{d}x$。

解 C++ 语言计算程序如下:

```
#include < iostream >
#include < cmath >
#include < iomanip >
using namespace std;
class JX                                          //矩形积分类
{ public:
     JX(double a,double b,int n);                 //构造函数声明
     double jifen();                              //积分函数声明
     ~JX(){};                                     //析构函数
private:
     double A,B;                                  //A 表示积分下限,B 表示积分上限
     int N;                                       //N 表示积分段数
};
JX::JX(double a,double b,int n)                   //构造函数定义
{ A = a;
B = b;
N = n;
};
double JX::jifen()                                //积分函数定义
{ double h,si,s;
int i;
  h = (B - A)/N;
  s =0;
  for(i =0;i < N;i + + )
  { si = exp(A + i * h) * h;   s = s + si;   }
  return s;
};
void main()                                       //主函数定义
{ double a,b;
int n;
cout < < "请输入积分下限 a、积分上限 b、积分分段数 n 的值:" < < endl;
cin > > a > > b > > n;
JX jx(a,b,n);
cout < < "a = " < < a < < ";   b = " < < b < < ";   n = " < < n < < ";   积分结果为:" < < setprecision(10)
 < < jx. jifen() < < endl;
}
```

运行结果为:

①输入积分下限 a =0;积分上限 b =1;积分分段数 n =10;积分结果为 1.6337994。

②输入积分下限 a =0;积分上限 b =1;积分分段数 n =100;积分结果为 1.709704738。

可见 n 越大(即区间分得越小),结果越趋近于 $\int_0^1 e^x dx$ 的准确值。

1.4.2 梯形法

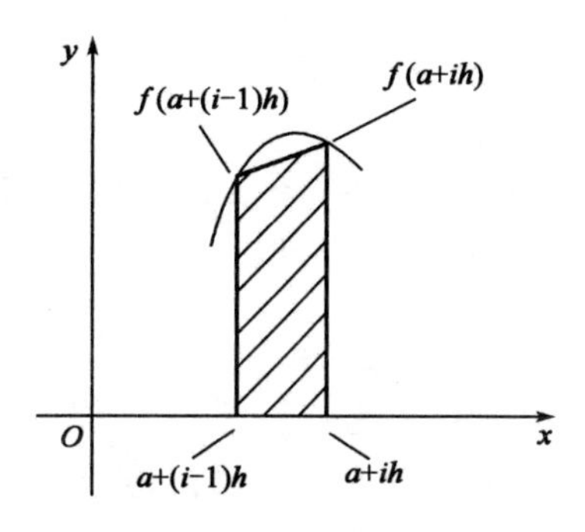

图 1-17 梯形法数值积分

梯形法的原理与矩形法基本相同，只是用小梯形代替小矩形，如图 1-17 所示。第一个小梯形的面积为 $s_1 = [f(a)+f(a+h)]h/2$，第 i 个小梯形的面积为 $s_i = [f(a+ih)+f(a+(i-1)h)]h/2$。

【例 1-16】 求 $\int_0^1 \sin x \mathrm{d}x$。

解 C++ 语言计算程序如下：

```
#include <iostream>
#include <cmath>
#include <iomanip>
using namespace std;
class TX
{public:
     TX(double a,double b,int n);
     double jifen();
     ~TX(){};
private:
     double A,B;
     int N;
};
TX::TX(double a,double b,int n)
{A=a;
B=b;
N=n;
};
double TX::jifen()
{double h,si,s;
int i;
h=(B-A)/N;
  s=0;
  for(i=0;i<N;i++)
  { si=(sin(A+i*h)+sin(A+(i+1)*h))*h/2.0; s=s+si; }
  return s;
};
void main()
{double a,b;
int n;
cout<<"请输入积分下限a、积分上限b、积分分段数n的值:"<<endl;
```

```
cin > >a > >b > >n;
TX tx(a,b,n);
cout < <"a =" < <a < <";  b =" < <b < <";  n =" < <n < <";  积分结果为" < <setprecision(10)
< <tx.jifen() < <endl;
}
```

运行结果为:

输入积分下限 a =0;积分上限 b =1;积分分段数 n =10;积分结果为 0.4593145489。

1.4.3 抛物线法

将被积函数 $f(x)$ 的积分区间 $[a,b]$ 分成间距为 h 的 n 个等份(n 为偶数),则对于每两个相邻的小曲边梯形的曲边,用抛物线函数 $p(x)$ 近似地取代被积函数 $f(x)$,计算精度可以提高(图 1-18)。这种方法称为抛物线法,又称为辛普生(Sinpson)法。若构成相邻两个小区间的 3 个分割点为 x_{i-1}、x_i 和 x_{i+1},则通过这 3 点的抛物线函数 $p(x)$ 为:

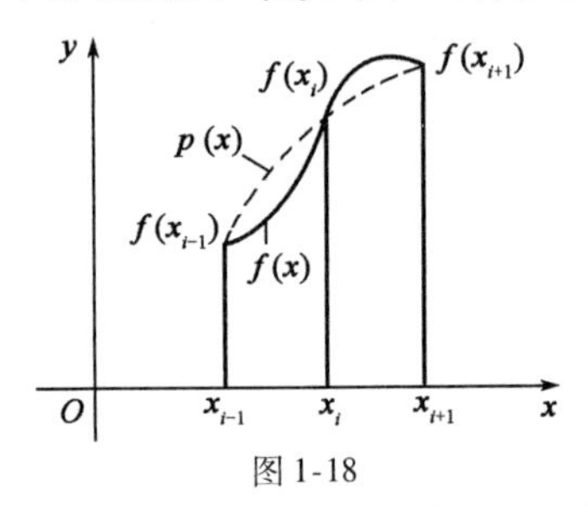

图 1-18

$$p(x) = \frac{(x - x_i)(x - x_{i+1})}{(x_{i-1} - x_i)(x_{i-1} - x_{i+1})} f(x_{i-1}) + \frac{(x - x_{i-1})(x - x_{i+1})}{(x_i - x_{i-1})(x_i - x_{i+1})} f(x_i) + \frac{(x - x_{i-1})(x - x_i)}{(x_{i+1} - x_{i-1})(x_{i+1} - x_i)} f(x_{i+1}) \tag{1-30}$$

这两个小区间的曲边梯形面积为:

$$\begin{aligned} I_i &= \int_{x_{i-1}}^{x_{i+1}} f(x)\,\mathrm{d}x \approx \int_{x_{i-1}}^{x_{i+1}} p(x)\,\mathrm{d}x \\ &= f(x_{i-1}) \times \int_{x_{i-1}}^{x_{i+1}} \frac{(x - x_i)(x - x_{i+1})}{(x_{i-1} - x_i)(x_{i-1} - x_{i+1})}\mathrm{d}x + \\ &\quad f(x_i) \times \int_{x_{i-1}}^{x_{i+1}} \frac{(x - x_i)(x - x_{i+1})}{(x_i - x_{i-1})(x_i - x_{i+1})}\mathrm{d}x + \\ &\quad f(x_{i+1}) \times \int_{x_{i-1}}^{x_{i+1}} \frac{(x - x_{i-1})(x - x_i)}{(x_{i+1} - x_{i-1})(x_{i+1} - x_i)}\mathrm{d}x \\ &= \frac{h}{3}(y_{i-1} + 4y_i + y_{i+1}) \end{aligned} \tag{1-31}$$

被积函数 $f(x)$ 在积分区间 $[a,b]$ 的数值积分为:

$$I = \int_a^b f(x)\,\mathrm{d}x \approx \frac{h}{3}(y_0 + 4y_1 + 2y_2 + 4y_3 + \cdots + 2y_{n-2} + 4y_{n-1} + y_n) \tag{1-32}$$

【例 1-17】 用抛物线法求 $\int_0^1 \frac{\mathrm{d}x}{1 + x}$。

解 C++ 语言计算程序如下:

```
#include <iostream>
#include <cmath>
#include <iomanip>
using namespace std;
class PWX
{public:
    PWX(double a,double b,int n);
    double jifen();
    ~PWX(){};
private:
    double A,B;
    int N;
};
PWX::PWX(double a,double b,int n)
{A=a;
B=b;
N=n;
};
double PWX::jifen()
{double h,s;
int i;
h=(B-A)/N; s=1.0/(1+A)+1.0/(1+B);
for(i=1;i<N;i++)
    {if(i%2==1)
        s+=4*1.0/(1+A+i*h);
        else
        s+=2*1.0/(1+A+i*h);
    }
s=s*h/3.0;
return s;
};
void main()
{double a,b;
int n;
cout<<"请输入积分下限a、积分上限b、积分分段数n的值:"<<endl;
cin>>a>>b>>n;
PWX pwx(a,b,n);
cout<<"a="<<a<<";    b="<<b<<";    n="<<n<<";    积分结果为:"<<setprecision(10)
<<pwx.jifen()<<endl;
}
```

运行结果为:

输入积分下限 a=0,积分上限 b=1,积分分段数 n=200,积分结果为 0.6931471806。

1.5 常微分方程初值问题的数值解

含有导数或微分的方程,称为微分方程。如果其自变量只有一个,称为常微分方程;如果含有两个或两个以上的自变量,则称为偏微分方程。

在给水排水工程中也有很多这类的数学模型。例如,完全混合间歇反应器中底物浓度 S 随反应时间 t 的变化规律为:

$$\frac{\mathrm{d}S}{\mathrm{d}t}=-KS$$

式中 K 为反应速率常数,这种类型的微分方程被广泛地应用。

在水处理的曝气过程中,溶解氧浓度 C 的变化规律也可以用一阶常微分方程表示为:

$$\frac{\mathrm{d}C}{\mathrm{d}t}=K_{\mathrm{La}}(C_{\mathrm{S}}-C)-R$$

式中:K_{La}——氧的总传递系数;

t——曝气时间;

C_{S}——特定条件下溶解氧的饱和浓度;

R——水的耗氧速率。

有压管路水锤基本偏微分方程为:

运动方程 $$\frac{\partial H}{\partial x}+\frac{1}{g}\frac{\partial V}{\partial t}+\frac{V}{g}\frac{\partial V}{\partial x}+\frac{f}{D}\frac{V|V|}{2g}=0$$

连续方程 $$\frac{\partial H}{\partial t}+V\left(\frac{\partial H}{\partial x}+\sin\alpha\right)+\frac{a^2}{g}\frac{\partial V}{\partial x}=0$$

式中:H——管路中特定点的水头;

f——管路摩阻;

V——管内流速;

α——管路与水平面夹角;

a——水锤波传播速度;

x——位置坐标。

本节只讨论常微分方程问题。使常微分方程成为恒等式的变量之间的关系式都是该常微分方程的解。常数可取任意值的解称为常微分方程的通解。一个常微分方程的通解为一个曲线族,如果给定定解条件,就可以确定其中的某一条曲线,称为该常微分方程的一个特解,也就是给定方程和解的初始条件,求满足方程和初始条件的解,又称“初值问题”。而给定方程和解的两端点条件,求满足方程和边界条件的解,即所谓的“边值问题”。

1.5.1 欧拉法

在解初值问题的方法中,欧拉法是一种最简单的方法,适用于解一阶常微分方程。一阶常微分方程的初值问题可描述为:

$$\begin{cases} \dfrac{dy}{dx} = f(x,y) & \text{（常微分方程）} \\ y(x_0) = y_0 & \text{（初值条件）} \end{cases} \tag{1-33}$$

设该常微分方程的解为 $y = y(x)$，它必然通过初值条件点，即满足 $y(x_0) = y_0$ 条件。

用欧拉法求解常微分方程初值问题数值解的过程如图 1-19 所示。

通过初值点 A_0，做 $y = y(x)$ 的切线，该切线的斜率为：

$$\frac{dy}{dx} = f(x_0, y_0)$$

该切线交 $x = x_1$ 于点 A_1'。同样，通过 A_1' 做 $y = y(x)$ 的切线，该切线的斜率为：

$$\frac{dy}{dx} = f(x_1, y_1)$$

此切线交 $x = x_2$ 于 A_2'。以此类推，将得到一条折线 A_0'-A_1'-A_2'-A_3'-A_4'-…。可以将此折线作为该常微分方程的初值问题的近似解。因此，欧拉法又称为折线法。

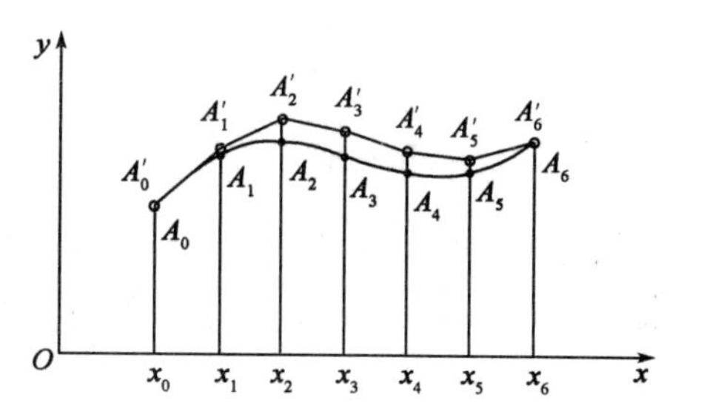

图 1-19　用欧拉法求解常微分方程初值问题的数值解

在用欧拉法求解时，首先把求解区间（自变量）分为 n 等份，得到数值由小及大的序列 x_0，$x_1, x_2, x_3, \cdots, x_n$，然后按以下各式求函数值：

$$y_1 = y_0 + (x_1 - x_0)\left.\frac{dy}{dx}\right|_{x=x_0} = y_0 + (x_1 - x_0)f(x_0, y_0)$$

$$y_2 = y_1 + (x_2 - x_1)\left.\frac{dy}{dx}\right|_{x=x_1} = y_1 + (x_2 - x_1)f(x_1, y_1)$$

$$\cdots$$

$$y_n = y_{n-1} + (x_n - x_{n-1})\left.\frac{dy}{dx}\right|_{x=x_{n-1}} = y_{n-1} + (x_n - x_{n-1})f(x_{n-1}, y_{n-1})$$

进而可得到以下各点：$A_0(x_0, y_0)$，$A_1'(x_1, y_1)$，$A_2'(x_2, y_2)$，$A_3'(x_3, y_3)$，…，$A_n'(x_n, y_n)$。将这些点依次连接起来，形成一条折线，即为该常微分方程初值问题的数值解。

1.5.2　改进的欧拉法

欧拉法比较简便，但其计算精度较差。为了提高计算精度，可以采用改进的欧拉法。

改进的欧拉法的基本思想是：从初值点 $A_0(x_0, y_0)$ 出发，在依次推算下一点的函数值 y 时，先按欧拉法求得一预估值，再根据预估值算出一个校正值，取预估值和校正值的平均值作为下一点的函数值。从第 i 点推算第 $i+1$ 的算法如下：

$$\begin{cases} y_{i+1}^{*} = y_i + h \cdot f(x_i, y_i) \\ y_{i+1}^{c} = y_i + h \cdot f(x_{i+1}, y_{i+1}^{*}) \\ y_{i+1} = \dfrac{1}{2}(y_{i+1}^{*} + y_{i+1}^{c}) \end{cases} \tag{1-34}$$

式中:h——步长,$h = x_{i+1} - x_i$;

y_{i+1}^{*}——预估值;

y_{i+1}^{c}——校正值。

式(1-34)也可以写成:

$$y_{i+1} = y_i + \frac{h}{2}(K_1 + K_2) \tag{1-35}$$

式中:$K_1 = f(x_i, y_i)$;

$K_2 = f(x_i + h, y_i + K_1 h)$。

1.5.3 龙格—库塔法

龙格—库塔法是欧拉法和改进的欧拉法的进一步发展。由于对折线斜率做了更精确的校正,提高了计算精度,因此,目前应用得比较广泛。四阶龙格—库塔法的逐点推算公式如下:

$$y_{i+1} = y_i + \frac{h}{6}(K_1 + 2K_2 + 2K_3 + K_4) \tag{1-36}$$

式中:$K_1 = f(x_i, y_i)$;

$K_2 = f\left(x_i + \frac{h}{2}, y_i + \frac{h}{2}K_1\right)$;

$K_3 = f\left(x_i + \frac{h}{2}, y_i + \frac{h}{2}K_2\right)$;

$K_4 = f(x_i + h, y_i + hK_3)$。

龙格—库塔法还可以用于解一阶联立微分方程组,进而也可以解高阶微分方程,因为一个 n 阶微分方程可以写成 n 个一阶微分方程组。例如,对于二阶微分方程:

$$\frac{\mathrm{d}^2 y}{\mathrm{d}x^2} = g\left(x, y, \frac{\mathrm{d}y}{\mathrm{d}x}\right)$$

设 $z = \frac{\mathrm{d}y}{\mathrm{d}x}$,则$\frac{\mathrm{d}z}{\mathrm{d}x} = \frac{\mathrm{d}^2 y}{\mathrm{d}x^2}$,上式可以写成:

$$\begin{cases} \frac{\mathrm{d}z}{\mathrm{d}x} = g(x, y, z) \\ \frac{\mathrm{d}y}{\mathrm{d}x} = f(x, y, z) \end{cases}$$

式中:$f(x, y, z) = z$。

在这种情况下的初值问题应由下列两个初值条件确定:

$$\begin{cases} y(x_0) = y_0 \\ z(x_0) = z_0 \end{cases}$$

【例 1-18】 用四阶龙格—库塔法求解下列常微分方程组初值问题。

$$\begin{cases} y_0' = \dfrac{1}{y_1 - x}, x \in [0,1] \\ y_1' = 1 - \dfrac{1}{y_0}, x \in [0,1] \\ y_0(0) = y_1(0) = 1 \end{cases}$$

解 取步长 h 为0.1,C++语言计算程序如下:

```
#include < iostream >
#include < cmath >
#include < iomanip >
using namespace std;
void fxy( double x,double y[ ],double f[ ])
{
  f[0] =1.0/(y[1] -x); f[1] =1.0 -1.0/y[0]; }

void RGKT1( double m,double x,double h,double y[ ],double f[ ],double yh[ ],double yn[ ])
{
  int i,j;
    double hc[5],xn;
    hc[0] =h/2; hc[1] =h/2; hc[2] =h; hc[3] =h; hc[4] =h/2; xn =x;
    for(i =0;i <m;i + +)
    { yh[i] =y[i]; yn[i] =y[i]; }
    for (j =0;j <4;j + +)
      { fxy(x,yh,f);
    x =xn +hc[j];
        for (i =0;i <m;i + +)
      { yh[i] =yn[i] +hc[j] * f[i];
        y[i] =y[i] +hc[j +1] * f[i]/3; } } }

main( )
{ double x,h =0.1,y[2],f[2],yh[2],yn[2];
  int i;
  x =0.0; y[0] =1.0; y[1] =1.0;
cout < <"x =" < <x < <"   y[0]" < <y[0] < <"   y[1] =" < <y[1] < <endl;
  for (i =0;i <10;i + +)
  { RGKT1(2,x,h,y,f,yh,yn); x =x +h;
  cout < <"x =" < <x < <"   y[0]" < <y[0] < <"   y[1] =" < <y[1] < <endl; } }
```

变量说明:

m——整型变量,输入参数,为方程的个数;

x——双精度实型变量,输入和输出参数,开始时存放自变量的初值,返回时存放初值加步长;

h——双精度实型变量,输入参数,为积分步长;

y——双精度实型一维数组,定义大小范围 m,开始时存放未知函数的初值,积分一个步长后返回时存放积分结果;

f、yh、yn——双精度实型一维数组,定义大小范围 m,工作数组,调用前无须赋值;

fxy——计算方程右端函数值的函数程序,该函数程序中的参数 f 是双精度实型一维数组,定义大小范围 m,代表方程右端函数值。

本题的解析表达式是 $y_0 = e^x, y_1 = e^{-x} + x$。其数值解与解析解的对比见表 1-7。

数值解与解析解的对比　　表 1-7

x	数 值 解		解 析 解	
	y[0]	y[1]	y[0]	y[1]
0.000	1.00000000	1.00000000	1.00000000	1.00000000
0.100	1.10517059	1.00483768	1.10517092	1.00483742
0.200	1.22140204	1.01873122	1.22140276	1.01873075
0.300	1.34985762	1.04081886	1.34985881	1.04081822
0.400	1.49182294	1.07032082	1.49182470	1.07032005
0.500	1.64871885	1.10653153	1.64872127	1.10653066
0.600	1.82211560	1.14881258	1.82211880	1.14881164
0.700	2.01374858	1.19658630	2.01375271	1.19658530
0.800	2.22553572	1.24932999	2.22554093	1.24932896
0.900	2.45959664	1.30657070	2.45960311	1.30656966
1.000	2.71827390	1.36788049	2.71828183	1.36787944

1.6 水锤偏微分方程的数值解

偏微分方程是包含未知偏导数的方程,常用的求解偏微分方程的数值方法是有限差分法和有限元法。给排水工程中,泵站管路系统水力过渡过程(有压管路水锤)分析中的偏微分方程难以用解析方法求解,有限差分法可解决这一问题。本节简要介绍水锤特征线方法的基本原理,导出水锤数解的有限差分方程。

1.6.1 水锤特征线方程及其解法简述

特征线法(chanactenistic line method)是由斯特瑞特(Streeter)和怀利 (Wylie)经过系统研究而提出的一种数值计算方法,该方法将考虑管道摩阻的水击偏微分方程沿其特征线变换为常微分方程,然后再近似地变换为差分方程,再进行数值计算。此方法容易建立微分方程求解的稳定准则,计算精度高,而且边界条件很容易处理,可以处理非常复杂的系统,编制程序也比较方便。由于特征线法的这些优点,随着计算机的发展与普及,它已成为目前水锤计算通用的方法之一。

特征线法的基础是水锤基本微分方程式,由水锤过程中的运动方程和连续方程两部分组成,它是全面表达有压管流中恒定流动规律的数学表达式,是一维波动方程的一种形式。

按弹性水柱理论,可分两个方程式表述如下:

运动方程
$$\frac{\partial H}{\partial x}+\frac{1}{g}\frac{\partial V}{\partial t}+\frac{V}{g}\frac{\partial V}{\partial x}+\frac{f}{D}\frac{V|V|}{2g}=0 \tag{1-37}$$

连续方程
$$\frac{\partial H}{\partial t}+V\left(\frac{\partial H}{\partial x}+\sin\alpha\right)+\frac{a^2}{g}\frac{\partial V}{\partial x}=0 \tag{1-38}$$

式中:V、H——产生水锤时管中的流速(m/s)、测压管水头;

f、D、g——管道摩阻系数、管径、重力加速度;

a、α——水锤波的传播速度(m/s)、管路与水平面间的夹角;

x、t——水锤波传播的距离、时间。

运用特征线法求解水锤问题的步骤为:第一步,将不能直接求解的流动暂态偏微分方程式转化为特定形式的全微分方程组,称为特征线方程;第二步,对全微分方程组进行积分,产生近似的代数积分式——有限差分方程;将管路划分为多个步段 Δx,将时间划分为多个时段 Δt,逐次地求解有限差分方程,分段越细密,其解与原积分越近似,不过计算工作量也越大;第三步,根据有限差分方程和管路系统的边界条件方程编制源程序上机运算。

当流速比波速小得多时,略去影响小的流速项,同时不计高差引起的压强变化,用流量和流速的关系 $V=Q/A$ 代替方程式(1-37)和式(1-38)中的 V 值,经推导可得水锤基本方程的另一种形式:

$$\frac{\partial Q}{\partial t}+gA\frac{\partial x}{\partial x}+\frac{fQ|Q|}{2DA}=0 \tag{1-39}$$

$$a^2\frac{\partial Q}{\partial t}+Ag\frac{\partial H}{\partial x}=0 \tag{1-40}$$

式中:Q、A——管道中的流量、管道断面面积;

其他符号意义同前。

令:

$$L_1=\frac{\partial Q}{\partial t}+Ag\frac{\partial H}{\partial x}+\frac{f}{2DA}Q|Q|=0 \tag{1-41}$$

$$L_2=a^2\frac{\partial Q}{\partial x}+Ag\frac{\partial H}{\partial t}=0 \tag{1-42}$$

将式(1-42)乘以待定系数 λ 后,再和式(1-41)相加得:

$$L=L_1+\lambda L_2=0 \tag{1-43}$$

将式(1-41)、式(1-42)代入式(1-43)中,经整理后得:

$$\left(\frac{\partial Q}{\partial t}+\lambda a^2\frac{\partial Q}{\partial x}\right)+\lambda Ag\left(\frac{\partial H}{\partial t}+\frac{1}{\lambda}\frac{\partial H}{\partial x}\right)+\frac{f}{2AD}Q|Q|=0 \tag{1-44}$$

如果 $H=H(x,t)$ 和 $Q=Q(x,t)$ 是方程式(1-41)及式(1-42)的解,并设变量 x 是时间 t 的函数,即 $x=f(t)$,则 Q 和 H 对 t 的全导数为:

$$\frac{\mathrm{d}Q}{\mathrm{d}t}=\frac{\partial Q}{\partial t}+\frac{\partial Q}{\partial x}\cdot\frac{\mathrm{d}x}{\mathrm{d}t} \tag{1-45}$$

$$\frac{\mathrm{d}H}{\mathrm{d}t}=\frac{\partial H}{\partial t}+\frac{\partial H}{\partial x}\cdot\frac{\mathrm{d}x}{\mathrm{d}t} \tag{1-46}$$

从式(1-44)~式(1-46)的对比中可以看出,如果令 $\mathrm{d}x/\mathrm{d}t=\lambda a^2$,则式(1-44)中前一括号中的内容可写成 $\mathrm{d}Q/\mathrm{d}t$,如令 $\mathrm{d}x/\mathrm{d}t=1/\lambda$,则后一括号中的内容可写成 $\mathrm{d}x/\mathrm{d}t$,即令:

$$\frac{\mathrm{d}x}{\mathrm{d}t}=\lambda a^2=\frac{1}{\lambda} \tag{1-47}$$

于是解得:

$$\lambda=\pm\frac{1}{a}$$

将式(1-44)写成:

$$\frac{\mathrm{d}Q}{\mathrm{d}t}+\lambda Ag\frac{\mathrm{d}H}{\mathrm{d}t}+\frac{f}{2DA}Q|Q|=0 \tag{1-48}$$

这样,通过式(1-47)可得:

$$\frac{\mathrm{d}x}{\mathrm{d}t}=\frac{1}{\lambda} \tag{1-49}$$

将 $\lambda=\pm1/\alpha$ 代入式(1-49)中,则得:

$$\frac{\mathrm{d}x}{\mathrm{d}t}=\pm a \text{ 或 } \frac{\mathrm{d}t}{\mathrm{d}x}=\pm\frac{1}{a} \tag{1-50}$$

将两个 λ 值先后代入式(1-48),得到与式(1-41)、式(1-42)等价的两个常微分方程组分别为:

$$C^+\quad\begin{cases}\dfrac{\mathrm{d}H}{\mathrm{d}t}+\dfrac{a}{gA}\dfrac{\mathrm{d}Q}{\mathrm{d}t}+\dfrac{af}{2DA^2g}Q|Q|=0\\[2ex]\dfrac{\mathrm{d}x}{\mathrm{d}t}=+a\end{cases} \tag{1-51}$$

$$C^-\quad\begin{cases}\dfrac{\mathrm{d}H}{\mathrm{d}t}-\dfrac{a}{gA}\dfrac{\mathrm{d}Q}{\mathrm{d}t}-\dfrac{af}{2DA^2g}Q|Q|=0\\[2ex]\dfrac{\mathrm{d}x}{\mathrm{d}t}=-a\end{cases} \tag{1-52}$$

以上式(1-51)、式(1-52)就是管内流动暂态的特征线方程。

如果我们以 x 为横坐标,以 t 为纵坐标,则 $\mathrm{d}x/\mathrm{d}t=\pm a$,分别是斜率为 $+a$ 和 $-a$ 的两条直线,如图 1-20 所示的 AP 和 BP 直线,并交汇于 P 点。

把式(1-50)写成 $\mathrm{d}x=\pm a\mathrm{d}t$ 的形式,则 $\mathrm{d}x$ 表示 $\mathrm{d}t$ 时段内水锤波以波速 a 沿管路移动的距离。例如,在 t_0 时刻,管路 A 处传出一正水锤波 $+a$,在 $t_0+\Delta t$ 时将移动 Δx 距离而到达 P 点

（即对应 $+a$ 线上的 P 点），如图 1-20 所示。同理，在管路 B 点传出一反向水锤波 $-a$，在 $t_0+\Delta t$ 时将移动 Δx 距离而到达 P 点（即对应 $-a$ 线上的 P 点）。所以我们把这种斜率为 $\pm a$ 的直线分别称为正负水锤特征线。

有限差分方程式的推导是将式(1-51)、式(1-52)分别从 A、B 点沿 C^+、C^- 积分到 P 点，则 A 点的 H 由 H_A 变为 H_P，Q 由 Q_A 变为 Q_P；B 点的 H 由 H_B 变为 H_P，Q 由 Q_B 变为 Q_P，可得近似简化积分式为：

$$H_P - H_A + \frac{a}{Ag}(Q_P - Q_A) + \frac{f\Delta x}{2gDA^2}Q_A|Q_A| = 0 \tag{1-53}$$

$$H_P - H_B + \frac{a}{Ag}(Q_P - Q_B) + \frac{f\Delta x}{2gDA^2}Q_B|Q_B| = 0 \tag{1-54}$$

式中：$\Delta x = a\Delta t$。

利用以 x、t 为坐标的矩形网格来描述水锤计算的过程。如图 1-21 所示，将管路划分为 N 个间距为 Δx 的步段，断面排列序号用 i 表示，管路始端断面 $i=1$，终端断面 $i=N+1$，计算时段为 $\Delta t=\Delta x/a$。相容性方程中的 A、B 分别用序号角标"$i-1$、$i+1$"代替，P 点则用角标"Pi"代替。角标变动后，式(1-53)、式(1-54)的简化式可改写为：

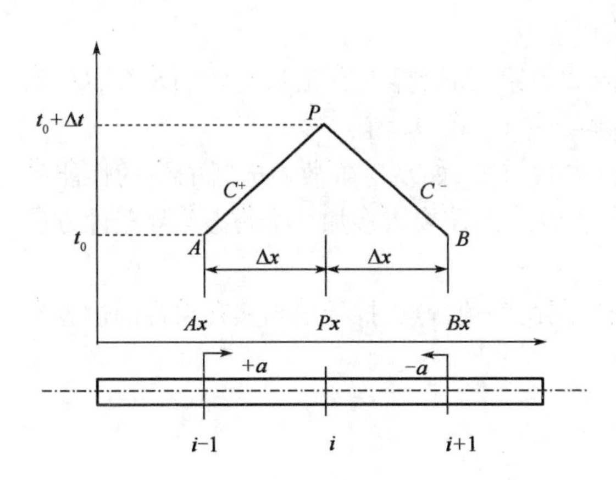

图 1-20 x-t 坐标系中的水锤特征线

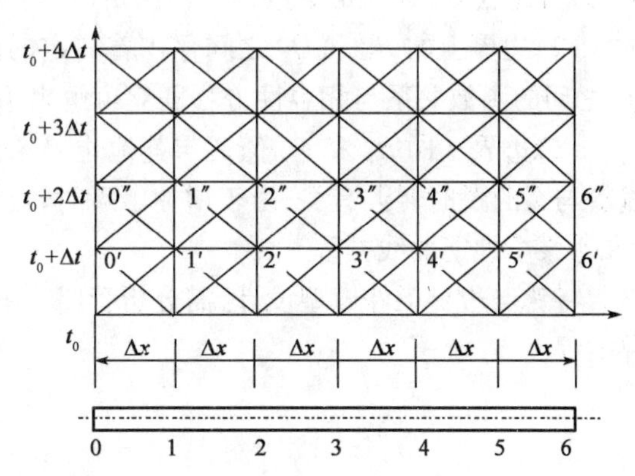

图 1-21 简化差分公式的矩形网格

$$H_{Pi} - H_{i-1} + B(Q_{Pi} - Q_{i-1}) + RQ_{i-1}|Q_{i-1}| = 0 \tag{1-55}$$

$$H_{Pi} - H_{i+1} - B(Q_{Pi} - Q_{i+1}) - RQ_{i+1}|Q_{i+1}| = 0 \tag{1-56}$$

解上述方程可得：

C^+
$$H_{Pi} = C_P - BQ_{Pi} \tag{1-57}$$

C^-
$$H_{Pi} = C_M + BQ_{Pi} \tag{1-58}$$

其中：

$$B = \frac{a}{gA}, R = \frac{f\Delta x}{2gDA^2}$$

$$C_P = H_{i-1} + BQ_{i-1} - RQ_{i-1}|Q_{i-1}|$$

$$C_M = H_{i+1} - BQ_{i+1} + RQ_{i+1}|Q_{i+1}|$$

参数 B、R 和综合参数 C_P、C_M 可在计算时段开始前先算出。式(1-57)、式(1-58)也可

写为:

$$H_{Pi}=\frac{C_P+C_M}{2} \tag{1-59}$$

$$Q_{Pi}=\frac{C_P-C_M}{2B} \tag{1-60}$$

式(1-55)、式(1-56)便是水锤分析中编入计算机程序的相容性方程。当各点初始状态时的 Q、H 值和边界点的条件方程已知时,就可根据前一时段 t_0 时刻已知的 Q、H 值,用式(1-59)、式(1-60)求出后一时段 $t_0+\Delta t$ 时的 Q、H 值,所有内节点的计算都可用以上介绍的方法计算,至于特殊边界点的瞬时 Q、H 值,则必须再补充一个边界条件方程。

1.6.2 特殊点边界条件的确定

从上面对特征线法的介绍可以看出,对于单一管路两个端部结点,都只有一个相容性方程可以利用。要确定边界上的两个控制参数 Q_P 和 H_P 的值,则必须再补充一个边界条件方程。常见的边界条件方程有如下几种情况:

(1)边界上的 H_P 和 Q_P 是独立于管路系统的控制参数,如管路上、下游为水位恒定的水池时,边界结点 H_P 是固定常数,相容性方程可用来求解 Q_P。

(2)边界上的 H_P 和 Q_P 之间存在着一定的函数关系,如边界上有正常运转的水泵,H_P 和 Q_P 之间的函数关系与相容性方程联立可解出边界上的 H_P 和 Q_P 值。

(3)边界上的 H_P 和 Q_P 值还与其他边界条件参数有关,如发生事故停电时的泵的性能曲线就与泵的瞬时转数有关,由于增加了瞬时转速这个因素,需要再多加一个暂态边界条件方程(如水泵全性能曲线方程)。

特殊点边界条件模型设计,需分析管路系统选用设备的特点,推导出与实际吻合的边界条件方程。

【思考题与习题】

1. 简述数学模型、模型分类及其求解的概念。
2. 计算机的算法有哪些重要性质?有哪些种类?何谓数值的稳定性?
3. 简述最小二乘法的基本原理及其曲线拟合的方法步骤。
4. 分别用高斯消去法和列主元高斯消去法解下列方程组。

$$\begin{cases} 3x_1-3x_2+4x_3=7 \\ -x_1+2x_2-2x_3=-1 \\ 2x_1-3x_2-2x_3=0 \end{cases}$$

5. 某规格蝶阀局部阻力系数试验值如表1-8所示。

阻力系数试验值　表 1-8

开启度(°)	90	75	60	45	30	25	0
阻力系数值	0.05	0.92	4.26	7.32	26.34	54.60	$+\infty$

用插值程序上机计算在阀门开启度为70°、50°和28°时的阻力系数值。

6. 经过对水样的分析,我们可以用三次多项式描述 pH 和温度的曲线,形式为 $y = ax^3 + bx^2 + cx + d$。实际测得中性磷酸盐溶液的标准数据如表 1-9 所示。

中性磷酸盐溶液的标准数据　表 1-9

温度 t(℃)	5	10	20	30	50	55	60
pH 值	6.96	6.92	6.87	6.85	6.83	6.84	6.84

根据所得数据,利用计算机试用最小二乘法做出拟合曲线。

7. 为观察某试验中水的渗透速度,测得时间 t 与水的质量的数据如表 1-10 所示。

渗透速度数据　表 1-10

t(s)	1	2	4	8	16	32	64
W(g)	4.22	4.02	3.85	3.59	3.44	3.02	2.59

已知 t 与 W 之间有关系 $W = Ct^a$,用最小二乘法确定参数 C 和 a,列式说明通过何种变换可将非多项式曲线拟合转化为线性回归。

8. 用数值积分的方法求下列定积分(精确到 10^{-6}):

$$I = \int_0^1 \frac{4}{1 + x^2} dx$$

9. 用迭代法求方程 $x^3 - 2x - 5 = 0$ 的最小正根(精确到 10^{-4})。

10. 用高斯—塞德尔方法解方程组,要求 $|x^{(k+1)} - x^{(k)}| \leqslant 10^{-4}$:

$$\begin{cases} 2x_1 - x_2 - x_3 = -5 \\ x_1 + 5x_2 - x_3 = 8 \\ x_1 + x_2 + 10x_3 = 11 \end{cases}$$

11. 用龙格—库塔法求解下列微分方程组:

$$\begin{cases} \dfrac{dx_1}{dt} = x_2 \\ \dfrac{dx_2}{dt} = -0.1x_2 - 3.2^2 x_1 \end{cases}$$

当 $t = 0$ 时,$x_1 = 1$,$x_2 = 0$。求解区间为(0,1),步长为 0.2。

12. 说明函数插值与曲线拟合的异同点,并说明在应用中各自的注意事项。

13. 试说明求解水锤偏微分方程数值解的一般方法与步骤。

第2章　水力学计算程序设计

2.1　无压圆管均匀流水力特性计算

在排水工程中，雨水管道按无压满流计算，而污水管道为了给未预见水量留出余地，以及为了通风、防爆、排除管内有害气体和疏通维护的方便，通常按不满流进行设计。在设计流量下，污水在管道中的水深 h 和管道内径 d 的比值称为设计充满度，$h/d=1$ 时称为满流，$h/d<1$ 时称为不满流。

2.1.1　无压圆管的水力要素

不满流的圆管水流具有自由表面，其过水断面形状如图 2-1 所示，图中符号 d、h、θ 分别表示圆管计算内径、水深、过水断面的充满角。

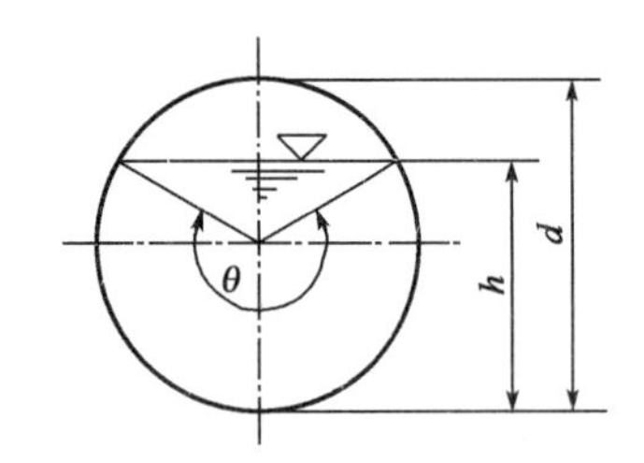

图 2-1　管道过水断面示意图

无压圆管水流的水力要素可按下列各式计算：

过水断面面积
$$A=\frac{d^2}{8}(\theta-\sin\theta) \tag{2-1}$$

湿周
$$\chi=\frac{d}{2}\theta \tag{2-2}$$

水力半径
$$R=\frac{d}{4}\left(1-\frac{\sin\theta}{\theta}\right) \tag{2-3}$$

断面平均流速
$$v=C\sqrt{Ri}=\frac{1}{n}R^{\frac{2}{3}}i^{\frac{1}{2}} \tag{2-4}$$

流量
$$Q=Av=\frac{1}{n}AR^{\frac{2}{3}}i^{\frac{1}{2}}=\frac{A^{\frac{5}{3}}i^{\frac{1}{2}}}{n\chi^{\frac{2}{3}}} \tag{2-5}$$

充满度
$$\frac{h}{d}=\sin^2\frac{\theta}{4} \tag{2-6}$$

式中：C——谢才系数。

对于较长的无压圆管来说，直径不变的顺直段，其水流状态及水力特征与明渠均匀流相同，即：三坡度相等（水力坡度、水面坡度以及管道底坡 i 彼此相等）、二力平衡（阻碍水流运动的摩擦阻力与推动水流运动的重力在水流方向上的分力相平衡）。除上述两个水力特征之外，无压圆管均匀流还具有另一种水力特性，即无压圆管过水断面上的流量和平均流速均在水流为满流之前达到最大值。换句话说，其水力最优情形发生在满流之前。

2.1.2　无压圆管的水力特性

从无压圆管水力要素计算公式可知，当管道底坡 i、管内壁粗糙系数 n 及管径 d 一定时，流量 Q、断面平均流速 v 仅为过水断面充满角 θ 的函数。可见，无压圆管水力最优时，即当 i、n、d

一定，过水断面中的充满角 θ 处于水力最优（$\theta = \theta_h$）时，所通过的流量为最大流量 Q_{max}。

为求 θ_h，可对式(2-5)取导数，并令：

$$\frac{dQ}{d\theta} = \frac{d}{d\theta}\left(\frac{i^{\frac{1}{2}}A^{\frac{5}{3}}}{n\chi^{\frac{2}{3}}}\right) = 0$$

当 i、n、d 一定时，上式便为：

$$\frac{d}{d\theta}\left(\frac{A^{\frac{5}{3}}}{\chi^{\frac{2}{3}}}\right) = 0$$

代入式(2-1)、式(2-2)，即为：

$$\frac{d}{d\theta}\left[\frac{(\theta - \sin\theta)^{\frac{5}{3}}}{\theta^{\frac{2}{3}}}\right] = 0 \tag{2-7}$$

将式(2-7)展开并经整理后得：

$$1 - \frac{5}{3}\cos\theta + \frac{2}{3}\frac{\sin\theta}{\theta} = 0 \tag{2-8}$$

式中的 θ 便是水力最优过水断面时（此时 $Q = Q_{max}$）的充满角，称为水力最优充满角 θ_h。设 Q_0、v_0、C_0、R_0、A_0 分别代表满流（即 $h = d$）时的相应量，则：

$$\frac{Q}{Q_0} = \frac{AC\sqrt{Ri}}{A_0C_0\sqrt{R_0 i}} = \frac{A}{A_0}\left(\frac{R}{R_0}\right)^{\frac{2}{3}} = \frac{(\theta - \sin\theta)^{\frac{5}{3}}}{2\pi\theta^{\frac{2}{3}}}$$

$$\left(\frac{Q}{Q_0}\right)_{max} = \frac{(\theta_h - \sin\theta_h)^{\frac{5}{3}}}{2\pi\theta_h^{\frac{2}{3}}}$$

采用二分法上机求解上述一元方程，则结果为：

$Q/Q_0 = 1.07570609946620$，$h/d = 0.93818121616067$，$\theta = 302.41325440609°$。

当水流充满度 $h/d = 0.938$ 时，Q/Q_0 呈最大值，$Q/Q_0 = 1.076$，此时，管中通过的流量为最大值 Q_{max}，它超过管内恰好满流时流量 Q_0 的7.6%。

C++语言计算程序如下：

```
#include <iostream>
#include <math.h>
#include <iomanip>
using namespace std;
double f(double x)                                    //定义函数
{
    return 1 - 5./3 * cos(x) + 2./3 * sin(x)/x;
}
int ok = 0;
double x = 0, F, A, HD;
double solve(double x1, double x2)                    //二分法解方程
{   x = (x1 + x2)/2;
    ok++;
    cout << setiosflags(ios::fixed) << "ok = " << ok
```

```
        <<"" <<"x=" <<x<<"   "<<"f(x) =" <<f(x) <<endl;
    if((fabs(x1 - x2) <= 1e-9)||(fabs(f(x)) <= 1e-9)){
        return x;
    }
    else{
        if(f(x) ==0)
            return x;
        else if(f(x1) * f(x) <0){
            x2 = x;
            return solve(x1,x2);
        }
        else x1 = x;
            return solve(x1,x2);
    }
}
int main(){
    x = solve(1,6.28);
    F = pow((x - sin(x)),(5./3))/(2 * 3.1416 * pow(x,(2./3)));
    HD = sin(x/4) * sin(x/4);
    A = x * 180/3.1416;
    cout <<"x =" <<x<<"   "<<"Q/Q0 =" <<F<<endl;
    cout <<"H/D =" <<HD<<"   "<<"A =" <<A<<endl;
    return 0;
}
```

变量说明:

x、x1、x2——过水断面中的充满角、弧度;

A——管中通过流量最大时的过水断面的充满角,角度;

HD——充满度。

按类似的分析方法,由式(2-4)可知,n、i一定时,求水力半径R的最大值,可得无压圆管均匀流的平均流速的最大值v_{max},对应的θ值满足:

$$\frac{dv}{d\theta}=\frac{d}{d\theta}\left(\frac{1}{n}R^{\frac{2}{3}}i^{\frac{1}{2}}\right)=0 \text{ 或 } \frac{dR}{d\theta}=0$$

代入式(2-3)可得:

$$\frac{dR}{d\theta}=-\frac{d}{d\theta}\left(\frac{\sin\theta}{\theta}\right)=0$$

展开并整理后得:

$$\theta\cos\theta-\sin\theta=0 \tag{2-9}$$

式中的θ便是水力半径为最大时(此时$v=v_{max}$)的充满角θ_v。

因

$$\frac{v}{v_0}=\frac{C\sqrt{Ri}}{C_0\sqrt{R_0 i}}=\left(\frac{R}{R_0}\right)^{\frac{2}{3}}=\left(1-\frac{\sin\theta}{\theta}\right)^{\frac{2}{3}}$$

则
$$\left(\frac{v}{v_0}\right)_{\max}=\left(1-\frac{\sin\theta_v}{\theta_v}\right)^{\frac{2}{3}}$$

采用二分法上机求解,结果为:

$v/v_0=1.140029163522$,$h/d=0.81280312733978$,$\theta=257.45339039804°$。

当水流充满度 $h/d=0.813$ 时,v/v_0呈最大值,$v/v_0=1.14$。此时,管中断面平均流速超过管内恰好满流时流速 v_0的 14%。

C++ 语言计算程序如下:

```
#include <iostream>
#include <math.h>
#include <iomanip>

using namespace std;
double f(double x)                                  //定义函数
{  return sin(x) - x * cos(x);
}
int ok = 0;
double x,F,A,HD;
double solve(double x1,double x2)                   //二分法解方程
{
    x = (x1 + x2)/2;
    ok + +;
    cout < < setiosflags(ios::fixed) < < "ok = " < < ok
        < < "" < < "x = " < < x < < "   " < < "f(x) = " < < f(x) < < endl;
    if((fabs(x1 - x2) < = 1e - 9)||(fabs(f(x)) < = 1e - 9)){
        return x;
    }
    else if(f(x1) * f(x) <0){
            x2 = x;
            return solve(x1,x2);
        }
        else x1 = x;
            return solve(x1,x2);
}
int main(){
    x = solve(1,6.28);
    F = pow(((x - sin(x))/x),(2./3));
    HD = sin(x/4) * sin(x/4);
    A = x * 180/3.1416;
    cout < < "x = " < < x < < "   " < < "V/V0 = " < < F < < endl;
    cout < < "H/D = " < < HD < < "   " < < "A = " < < A < < endl;
    return 0;
}
```

变量说明:

x、x1、x2——过水断面中的充满角,弧度;

f(x)、f(x1)、f(x2)——[sin(x) - x * cos(x)]的值;

HD——充满度。

2.2 明渠均匀流水力特性计算

2.2.1 数学模型

明渠均匀流的水力计算,以梯形断面渠道为例。设计渠道断面的一类问题是在已知通过流量 Q、渠道底坡 i、边坡系数 m 及粗糙系数 n 的条件下,确定底宽 b 和水深 h。而用一个基本公式计算 b、h 两个未知数,将有多个答案,为得到确定解,需要另外补充条件。

(1)水深 h 已定,求相应的底宽 b:为避免直接求解的困难,给底宽 b 以不同值,计算相应的流量模数 $K=AC\sqrt{R}$,做 $K=f(b)$ 曲线。再由已知的 Q、i,计算应有的流量模数 $K_A=Q/\sqrt{i}$。图解求出 K_A 对应的 b 值,即为所求。

(2)底宽 b 已定,求相应的水深 h:为避免直接求解的困难,给水深 h 以不同值,计算相应的流量模数 $K=AC\sqrt{R}$,做 $K=f(h)$ 曲线。再由已知的 Q、i,计算应有的流量模数 $K_A=Q/\sqrt{i}$。图解求出 K_A 对应的 h 值,即为所求。

图解法较费时,采用电算方便快捷。

$$Q=AC\sqrt{R}=\frac{1}{n}AR^{\frac{2}{3}}i^{\frac{1}{2}}=\frac{i^{\frac{1}{2}}}{n}\cdot\frac{A^{\frac{5}{3}}}{\chi^{\frac{2}{3}}}=\frac{i^{\frac{1}{2}}(b+mh)^{\frac{5}{3}}h^{\frac{5}{3}}}{n\left(b+2h\sqrt{1+m^2}\right)^{\frac{2}{3}}} \tag{2-10}$$

2.2.2 算例及程序清单

【例 2-1】 灌溉渠道断面为梯形,边坡系数 $m=1.5$,粗糙系数 $n=0.025$,根据地形底坡采用 $i=0.0003$,设计流量 $Q=9.68\text{m}^3/\text{s}$,选定底宽 $b=7\text{m}$。试确定断面深度 h。

解 可采用二分法求解。二分法具体如下,令:

$$f(h)=Q-\frac{i^{\frac{1}{2}}(b+mh)^{\frac{5}{3}}h^{\frac{5}{3}}}{n\left(b+2h\sqrt{1+m^2}\right)^{\frac{2}{3}}}=0$$

首先选取包含 h 的根区间$[a_0,b_0]$,只要保证 $f(a_0)\times f(b_0)<0$,即可满足 h 在$[a_0,b_0]$区间。取 a_0、b_0 的中点 $h_1=(a_0+b_0)/2$,并计算 $f(h_1)$的值。如果 $f(h_1)$与 $f(a_0)$同号,则方程的根必在$[h_1,b_0]$区间;反之,$f(h_1)$与 $f(a_0)$异号,则根在$[a_0,h_1]$区间。通过这样的方法找出并确定新的有根区间$[a_1,b_1]$,然后再将新的有根区间二分为两个小区间,如此继续下去,直到函数 $f(h_k)$的绝对值小于给定的精度 ε,h_k 为第 k 次二分时的中点值。h_k 也就是我们要寻求的 h 的近似值。在给定的精度内,$h=h_k$。

C++ 语言计算程序如下:

```
#include <iostream>
#include <math.h>
#include <iomanip>
using namespace std;
double f(double Q,double i,double m,double n,double b,double h)      //定义函数
{   return Q-sqrt(i)*pow((b+m*h)*h,5./3)/n/pow((b+2*h*sqrt(1+m*m)),2./3);
}
int ok=0;
double b=7,h,h1=.1,h2=100,Q=9.68,i=.0003,n=.025,m=1.5,F,F1,F2;
double solve(double h1,double h2)                             //二分法解方程
{   h=(h1+h2)/2;
   ok++;
   F=f(Q,i,m,n,b,h);
   F1=f(Q,i,m,n,b,h1);
   F2=f(Q,i,m,n,b,h2);
   cout<<setiosflags(ios::fixed)<<"ok="<<ok
        <<""<<"h="<<h<<""<<"f(h)="<<f(Q,i,m,n,b,h)<<endl;
   if((fabs(h1-h2)<=1e-6)||(fabs(F)<=1e-6)){
        return h;
   }
   else if(F1*F<0){
          h2=h;
          return solve(h1,h2);
      }
      else h1=h;
           return solve(h1,h2);
}
int main()
{   h=solve(h1,h2);
   cout<<"ok="<<ok<<""<<"h="<<h<<""<<"f(h)="<<f(Q,i,m,n,b,h)<<endl;
   return 0;
}
```

计算结果为 h=1.444128,F=0.000001(F 表示计算精度)。

2.3 明渠非均匀渐变流水面曲线计算

2.3.1 数学模型

实际明渠工程除要求对水面曲线做出定性分析之外,有时还需要定量计算和绘制水面线。

计算水面线常采用分段求和法,分段求和法的计算公式为:

$$\Delta L = \frac{e_2 - e_1}{i - \overline{J}} \tag{2-11}$$

式中:ΔL——分段的长度;

e_1、e_2——每一段的两个断面能量;

i——底坡;

$\overline{J}$——平均水力坡度。

我们可以以控制断面的水深作为起始水深 h_1,假设相邻断面水深为 h_2,算出 Δe 和 $\overline{J}$。代入式(2-11)即可求得第一分段的长度 ΔL。同理,可以求出其他分段长度,直至分段总和等于渠道总长 $\sum \Delta L = L$。根据各断面的水深及所求的各分段长度,即可绘制定量的水面线。

2.3.2 计算方法

对于明渠非均匀渐变流水面曲线的绘制,首先需求得控制水深。而对于矩形渠道水面线为 M2 型降水曲线的绘制,其控制水深为正常水深 h_0 和临界水深 h_c。求得正常水深 h_0 和临界水深 h_c 之后,我们便可以获得一系列假定水深。然后可以根据式(2-11)求得相应水深的每一分段长度。最终根据水深和分段长度绘制水面线。具体过程如下:

①正常水深 h_0 的计算。根据下式计算 h_0:

$$Q = \frac{1}{n} \frac{(bh_0)^{\frac{5}{3}}}{(b + 2h_0)^{\frac{2}{3}}} \sqrt{i} \tag{2-12}$$

式中:Q——渠道流量;

i——底坡;

n——渠道粗糙系数;

b——矩形渠道宽度。(Q、i、n、b 为已知量)

由于式(2-12)比较复杂,直接求解 h_0 比较困难,令 $f(h_0) = Q - \frac{1}{n} \frac{(bh_0)^{\frac{5}{3}}}{(b + 2h_0)^{\frac{2}{3}}} \sqrt{i} = 0$,采用上节所述的二分法求解比较容易。

②临界水深 h_c 的计算。对于矩形断面渠道,根据下式计算 h_c:

$$h_c = \sqrt[3]{\frac{\alpha Q^2}{g b^2}} \tag{2-13}$$

式中:Q——渠道流量;

g——$9.8 m/s^2$;

b——矩形渠宽;

α——动能修正系数(通常取 1.0)。

由于式(2-13)比较简单,所以代入已知数据可以直接求出 h_c。

③根据 h_0 和 h_c,可以假定一系列水深 h_0、h_1、h_2、h_3、h_c,如果需要精确地绘制水面曲线,那么只需要在 h_0 和 h_c 之间假定更多的水深值。获得了一系列的水深值,也就相应地把渠道分成了若干段。相邻水深为每一分段的两个断面水深。

④水面线的计算。以末端水深 h_c 为控制水深,向上游推算:

取 $H_2=h_c, A_2=bH_2, v_2=\frac{Q}{A_2}, e_2=H_2+\frac{v_2^2}{2g}, R_2=\frac{A_2}{b+2H_2}, C_2=\frac{1}{n}R_2^{\frac{1}{6}}$;

取 $H_1=h_3, A_1=bH_1, v_1=\frac{Q}{A_1}, e_1=H_1+\frac{v_1^2}{2g}, R_1=\frac{A_1}{b+2H_1}, C_1=\frac{1}{n}R_1^{\frac{1}{6}}$;

平均值 $\bar{v}=\frac{v_1+v_2}{2}, \bar{R}=\frac{R_1+R_2}{2}, \bar{C}=\frac{C_1+C_2}{2}, \bar{J}=\frac{\bar{v}^2}{\bar{C}^2\bar{R}}$;

分段长度:$\Delta L_{1-2}=\frac{e_2-e_1}{i-\bar{J}}$。

重复以上步骤,计算其他各段长度。

⑤根据各段面水深及所求得的各分段长度,即可定量地绘制水面线。

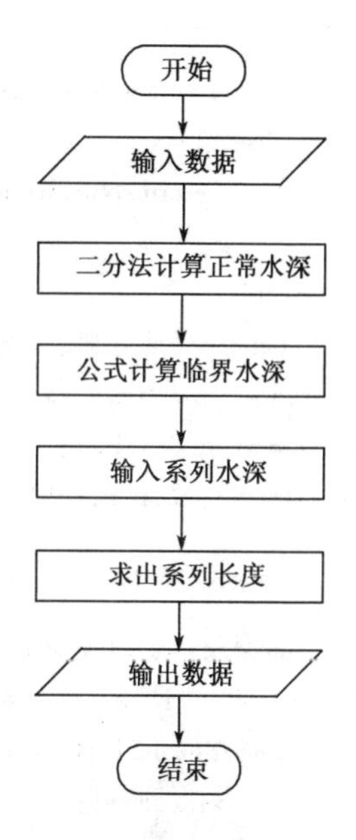

图 2-2 计算框图

2.3.3 计算框图及源程序清单

计算框图如图 2-2 所示。

C++ 语言计算程序如下:

```
#include <iostream>
#include <math.h>
#include <iomanip>
#include <fstream>
#include <string>
#define A 50
#define g 9.8
#define e 0.000001
using namespace std;
float f(float h,float b,float n,float i,float Q)                    //定义函数
{  return Q-1/n*pow(b*h,5/3.0)/pow((b+2*h),2/3.0)*sqrt(i); }
```

//返回函数值 $f(h)=Q-\frac{1}{n}\frac{(bh_0)^{\frac{5}{3}}}{(b+2h_0)^{\frac{2}{3}}}\sqrt{i}=0$

```
int ok=0,k=0;
float h,b,n,i,Q,F,F1,F2,a,hc,H[A],L[A],A1,A2,V1,V2,E1,E2,R1,R2,C1,C2,Vp,Rp,Cp,Jp;
float solve(float h1,float h2)                                       //二分法解方程
{  h=(h1+h2)/2;
   ok++;
   F=f(h,b,n,i,Q);
   F1=f(h1,b,n,i,Q);
   F2=f(h2,b,n,i,Q);
   if(fabs(h1-h2)<=e) return h;
   else if(F1*F<0){h2=h;
```

```
            return solve(h1,h2);}
        else h1 =h;
            return solve(h1,h2);
}
int main()
{   cout<<"请分别输入底宽b、粗糙系数n、底坡i、排水流量Q、动能矫正系数a(通常为1.0)"<<endl;
    cin>>b>>n>>i>>Q>>a;                              //输入已知参数
    h=solve(0.1,20);                                 //假设两个临界水深值,保证f(h1,b,
n,i,Q)×f(h2,b,n,i,Q)>0
    hc=pow(a*Q*Q/b/b/g,1/3.0);                       //计算临界水深 hc = (αQ^2/(b^2 g))^(1/3)
    cout<<"ok="<<ok<<""<<"正常水深h0="<<h<<""<<"临界水深hc="<<hc<<endl;
    cout<<"请输入含有系列水深数据的文件名:"<<endl;
    string filename1,filename2;
    cin>>filename1;
    ifstream fin(filename1.c_str());                 //读取TXT文件操作
    if(!fin){
        cout<<"文件名输入错误!"<<endl;
        return 1;
    }
    while(fin>>H[k]) k++;                            //从文件输入系列水深数据
    fin.close();
    for(int j=0;j<k-1;j++){
    A2=b*H[j];V2=Q/A2;E2=H[j]+V2*V2/2/g; R2=A2/(2*H[j]+b); C2=1/n*pow(R2,1/
6.0);
    A1=b*H[j+1];V1=Q/A1;E1=H[j+1]+V1*V1/2/g;R1=A1/(2*H[j+1]+b);C1=1/n*pow
(R1,1/6.0);
        Vp=(V1+V2)/2; Rp=(R1+R2)/2; Cp=(C1+C2)/2; Jp=Vp*Vp/Cp/Cp/Rp; L[j]=(E2-
E1)/(i-Jp);
    }                                                //计算第j段长度
    cout<<"------------------------------------"
<<endl;                                              //计算结果输出到屏幕
    cout<<"H(m)                                  ";for(int
i=0;i<k;i++)cout<<setiosflags(ios::fixed)<<setprecision(3)<<H[i]<<"";cout<<endl;
    cout<<"L(m)
";for(i=0;i<k-1;i++)cout<<setiosflags(ios::fixed)<<setprecision(2)<<L[i]<<"
";cout<<endl;
    cout<<"------------------------------------"
<<endl;
    cout<<"请输入存储以上数据的文件名:"<<endl;
    cin>>filename2;
```

```
    ofstream fout(filename2.c_str());                    //计算结果输出到 TXT 文件
    fout<<"------------------------------------------------------------------------------------"
<<endl;
    fout<<"H(m)
";for(i=0;i<k;i++)fout<<setiosflags(ios::fixed)<<setprecision(3)<<H[i]<<"
";fout<<endl;
    fout<<"L(m)
";for(i=0;i<k-1;i++)fout<<setiosflags(ios::fixed)<<setprecision(2)<<L[i]<<"
";fout<<endl;
    fout<<"------------------------------------------------------------------------------------"
<<endl;
    fout.close();
    cout<<"您的计算结果已保存。"<<endl;
    return 0;
}
```

（1）变量说明

b——矩形底宽；

n——粗糙系数；

i——底坡；

Q——流量；

A1、V1、E1、R1、C1——上游过水断面面积、水流速度、断面单位能量、水力半径、谢才系数；

A2、V2、E2、R2、C2——下游过水断面面积、水流速度、断面单位能量、水力半径、谢才系数；

Jp——水力坡度；

H[50]、L[50]——存储系列水深、系列长度的数组；

h1=0.1，h2=20——二分法用到的两个假定临界水深值；

h0、hc——正常水深、临界水深。

（2）程序说明

程序中设定 e=1e-6，此即 h0 的计算精度。也可以根据需要重新选择 e 值。原始系列水深值是根据计算机计算出的正常水深值和临界水深值为界确定的。输出的系列长度为渠道的分段长度。

（3）程序分析

本程序主要是针对矩形渠道渐变流水面线的绘制，所绘制的只是水面线有变化的范围。首先调用函数 f(h,b,n,i,Q)，采用二分法求解正常水深 h0。在进行迭代的过程中，以达到给定的精度 e 作为迭代结束的条件，求得正常水深 h0。M_2 型降水曲线的水面线是下降的，那么水深值也是递减的。M_2 型降水曲线的两端控制水深是正常水深 h0 和临界水深 hc，因此必须在 h0 和 hc 之间选定一系列水深值。h0 和 hc 之间的水深值越密，矩形渠道的分段越多，绘制的水面线越精确。

本程序主要是针对矩形渠道 M_2 型降水曲线的绘制开发的。如果可以获得所需绘制的渐变流水面线的两端控制水深,那么就可以去掉本程序用以计算正常水深和临界水深的程序部分,从而得到可以适用于矩形渠道渐变流水面线绘制的程序。将程序适当加以改动,也可适用于其他规则形状渠道的渐变流水面线的计算。

【例 2-2】 某矩形排水长渠道,底宽 $b=2\text{m}$,粗糙系数 $n=0.025$,底坡 $i=0.0002$,排水流量 $Q=2.0\text{m}^3/\text{s}$,渠道末端排入河中。试绘制水面曲线。

解 依题意:

①按照计算机提示,输入 2 0.025 0.0002 2.0 1.0(为动能校正系数,通常取 1.0)。

②按照计算机计算输出的正常水深 h0 = 2.257、临界水深 hc = 0.467,构造系列水深 0.467 0.8 1.2 1.8 2.1 2.257(m)。将系列水深存储到文件,其格式为:0.467 0.8 1.2 1.8 2.1 2.257。根据计算机提示,输入存储数据的文件名。

③根据计算机提示,输入保存计算结果的文件名。

计算机的运行结果为:

```
--------------------------------------------------------------
H(m)  0.467     0.800     1.200     1.800     2.100     2.257
L(m)       29.17     231.78    1436.47   3309.09   8364.96
--------------------------------------------------------------
```

根据计算值,便可绘制水面线。

请同学们再自行采用编制 Excel 电子表格的方式计算上述算例。

【思考题与习题】

1. 某梯形断面渠道,底宽 $b=5\text{m}$,边坡系数 $m=1.0$,通过流量 $Q=8\text{m}^3/\text{s}$,试通过编程求临界水深 h_c。

2. 某矩形断面渠道,底宽 $b=2\text{m}$,底坡 $i=0.001$,粗糙系数 $n=0.014$,通过流量 $Q=3\text{m}^3/\text{s}$,渠尾设有溢流堰,已知堰前水深为 1.5m(图 2-3),试定量绘出堰前断面至水深 1.1m 断面之间的水面曲线。采用编程和 Excel 电子表格计算两种方式。

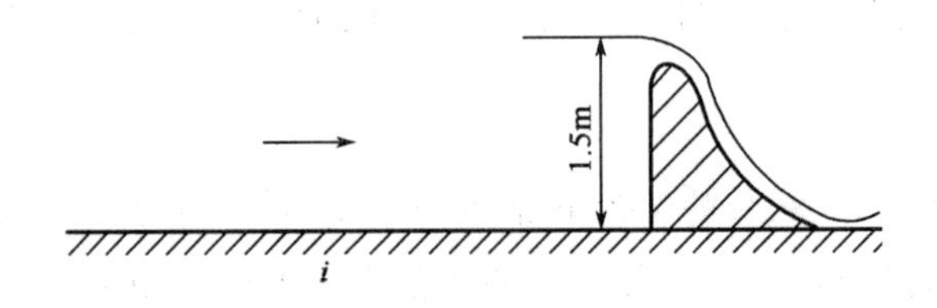

图 2-3 某矩形断面渠道

第3章 水泵与水泵站计算程序设计

3.1 离心泵特性曲线拟合

拟合离心泵 Q-H 曲线方程的一个途径是采用最小二乘法，设 Q-H 曲线可用下列多项式拟合：

$$H = H_0 + A_1 Q + A_2 Q^2 + \cdots + A_m Q^m \tag{3-1}$$

则根据最小二乘法原理求 $H_0, A_1, A_2, \cdots, A_m$ 的线性方程组（亦称正规方程组）为：

$$\begin{cases} nH_0 + A_1\sum_{i=1}^{n}Q_i + A_2\sum_{i=1}^{n}Q_i^2 + \cdots + A_m\sum_{i=1}^{n}Q_i^m = \sum_{i=1}^{n}H_i \\ H_0\sum_{i=1}^{n}Q_i + A_1\sum_{i=1}^{n}Q_i^2 + A_2\sum_{i=1}^{n}Q_i^3 + \cdots + A_m\sum_{i=1}^{n}Q_i^{m+1} = \sum_{i=1}^{n}H_iQ_i \\ \cdots \\ H_0\sum_{i=1}^{n}Q_i^m + A_1\sum_{i=1}^{n}Q_i^{m+1} + A_2\sum_{i=1}^{n}Q_i^{m+2} + \cdots + A_m\sum_{i=1}^{n}Q_i^{2m} = \sum_{i=1}^{n}H_iQ_i^m \end{cases} \tag{3-2}$$

式中：n——已知坐标点(H_i, Q_i)的个数；

m——拟合方次。

解式(3-2)可求得 $H_0, A_1, A_2, \cdots, A_m$。实际工程中，一般取 $m=2$ 或 $m=3$。

$m=2$ 时：

$$H = H_0 + A_1 Q + A_2 Q^2 \tag{3-3}$$

$m=3$ 时：

$$H = H_0 + A_1 Q + A_2 Q^2 + A_3 Q^3 \tag{3-4}$$

【例3-1】 现有14SA-10型离心泵一台，转速 $n = 1450$r/min，叶轮直径 $D = 466$mm，在14SA-10型的 Q-H 特性曲线上，取包括(Q_0, H_0)在内的任意4点，其值如表3-1所示，试拟合 Q-H 特性曲线方程。

已知各点的坐标值及待计算值 表3-1

型号	已知各点的坐标值								待计算值		
14SA-10	Q_0	H_0	Q_1	H_1	Q_2	H_2	Q_3	H_3	A_0	A_1	A_2
	0	72	240	70	340	65	380	60			

解 取 $m=2$,待求回归系数有 3 个:A_0、A_1、A_2。求解过程为:将已知的各坐标值代入式(3-2)正规方程,可得:

$$\begin{cases} 4A_0 + 960A_1 + 317600A_2 = 267 \\ 960A_0 + 317600A_1 + 108 \times 10^6 A_2 = 61700 \\ 317600A_0 + 108 \times 10^6 A_1 + 37532479488A_2 = 20210000 \end{cases}$$

将上式线性代数方程组采用列主元高斯消去法解得:

$$A_0 = 71.95879, A_1 = 0.03339, A_2 = -0.00017$$

将结果 A_0、A_1、A_2 值代入式(3-1),得出该泵的 Q-H 特性曲线方程为:

$$H = 71.95879 + 0.03339Q - 0.00017Q^2$$

将上式与该水泵装置的管道特性曲线方程 $H = H_{st} + SQ^2$ 联立,即可求得其工况点的 (Q,H) 值。

C++ 语言计算程序如下:

```
#include <iostream>
#include <cmath>
#include <iomanip>
#include <fstream>
using namespace std;
class St                                          //由已知的 Q、H 构造线性方程组
{public:
    St(float q[4],float h[4]);                    //构造函数。q 为输入流量向量;h 为输入水头向量
    float getq(int i)                             //输出流量向量函数
    {return Q[i];}
    float geth(int i)                             //输出水头向量函数
    {return H[i];}
    float geta(int i,int j)                       //输出系数阵 A 函数
    {return A[i][j];}
    float getb(int i)                             //输出向量 B
    {return B[i];}
    ~St(){}                                       //析构函数
private:
    float Q[4],H[4],A[3][3],B[3];                 //私有变量分别表示:流量、水头、系数矩阵、系数向量
};
St::St(float q[4],float h[4])                     //构造函数定义
    {int i,j,k;
     float a1[3][3],b1[3];
     for(i=0;i<3;i++)
       for(j=0;j<3;j++)
           a1[i][j]=0;
       for(i=0;i<3;i++)
           b1[i]=0;
```

```
        for(i=0;i<4;i++)
        {Q[i]=q[i];
        H[i]=h[i];}
                                            //采用最小二乘法构造正规方程组
    for(i=0;i<3;i++)
      for(j=0;j<3;j++)
        for(k=0;k<4;k++)
          a1[i][j]+=pow(q[k],(i+j));
    for(i=0;i<3;i++)
        for(k=0;k<4;k++)
          b1[i]+=h[k]*pow(q[k],i);
      for(i=0;i<3;i++)
        for(j=0;j<3;j++)
            A[i][j]=a1[i][j];
      for(i=0;i<3;i++)
            B[i]=b1[i];
      }
class gauss                                 //列主元消去法解正规方程组
{public:
    gauss(float a[3][3],float b[3]);        //构造函数。a[3][3]为系数阵;b[3]为向量
    float geta1(int i,int j)                //输出系数阵函数
     {return A[i][j];}
     float getb1(int i)                     //输出向量函数
     {return B[i];}
     float gett(int i)                      //输出回归系数向量函数
     {return T[i];}
     ~gauss(){}                             //析构函数
private:
    float A[3][3],B[3],T[3];
};
gauss::gauss(float a[3][3],float b[3])      //构造函数定义
{int i,j,k,k1,L;
float bmax,t;
for(i=0;i<3;i++)
    for(j=0;j<3;j++)
        A[i][j]=a[i][j];
for(i=0;i<3;i++)
    B[i]=b[i];
for(k=0;k<3;k++)
    {bmax=0;
    for(i=k;i<3;i++)
      if(bmax<fabs(a[i][k]))
```

```
        {bmax = fabs(a[i][k]);
         L = i;}                                          //确定主元行,并将主元所在行标赋值给 L
        if(L!  =k)                                        //交换主元行与第 K 行
        {t = b[L]; b[L] = b[k]; b[k] = t;
          for(j = k;j < 3;j + + )
          {t = a[L][j]; a[L][j] = a[k][j]; a[k][j] = t; }
        }
  t = 1/a[k][k];   k1 = k + 1;   b[k] = b[k] * t;
  for(i = k1;i < 3;i + + )
        b[i] = b[i] - a[i][k] * b[k];
  for(j = k1;j < 3;j + + )
        {a[k][j] = a[k][j] * t;
        for(i = k1;i < 3;i + + )
        a[i][j] = a[i][j] - a[i][k] * a[k][j];
        }
    }
  for(k = 1;k > =0;k - - )                                //回代求回归系数
    for(j = k + 1;j < 3;j + + ) b[k] = b[k] - a[k][j] * b[j];
    for(i = 0;i < 3;i + + )
    T[i] = b[i];
}
void main( )
{float a1[3][3],b1[3];
int i,j;
float q[4] = {0,240,340,380};                             //直接输入原始数据
float h[4] = {72,70,65,60};
/ * float q[4],h[4];
char infile[20],outfile[20];
cout < <"请输入原始数据文件名(含扩展名)" < <endl;   //采用文件输入原始数据
cin > >infile;
ifstream istrm(infile);
for(i = 0;i < 4;i + + )
      istrm > >q[i];
for(i = 0;i < 4;i + + )
      istrm > >h[i];
istrm. close( ); * /
St st(q,h);
for(i = 0;i < 3;i + + )
    for(j = 0;j < 3;j + + )
          a1[i][j] = st. geta(i,j);
for(i = 0;i < 3;i + + )
    b1[i] = st. getb(i);
```

```
gauss ga(a1,b1);
cout<<"初始条件为:"<<endl;                              //输出已知条件(流量和与之对应的水头)
cout<<"No.    Q    H"<<endl;
for(i=0;i<3;i++)
cout<<i<<setw(8)<<st.getq(i)<<setw(8)<<st.geth(i)<<endl;
cout<<"正规方程为:"<<endl;                              //输出正规方程组
for(i=0;i<3;i++)
    {for(j=0;j<3;j++)
     cout<<setw(18)<<setprecision(12)<<setiosflags(ios::showpoint) <<st.geta(i,j);
cout<<setw(4)<<"|"<<setw(14)<<setprecision(10)<<setiosflags(ios::showpoint)<<st.getb(i)<
<endl;}
cout<<"回归系数为:"<<endl;                              //输出计算结果(回归系数:H0、A1、A2)
cout<<setw(8)<<"H[0]="<<ga.gett(0)<<endl;
for(i=1;i<3;i++)
      cout<<setw(5)<<"A["<<i<<"]="<<ga.gett(i)<<endl;

/*cout<<"请输入存储计算结果的文件名(含扩展名)"<<endl;
                                                        //将计算结果以文件格式输出
cin>>outfile;
ofstream ostrm(outfile);
ostrm<<"初始条件为:"<<endl;                             //输出已知条件(流量和与之对应的水头)
ostrm<<"No.    Q    H"<<endl;
for(i=0;i<3;i++)
ostrm<<i<<setw(8)<<st.getq(i)<<setw(8)<<st.geth(i)<<endl;
ostrm<<"正规方程为:"<<endl;                             //输出正规方程组
for(i=0;i<3;i++)
      {for(j=0;j<3;j++)
       ostrm<<setw(18)<<setprecision(12)<<setiosflags(ios::showpoint) <<st.geta(i,j);

ostrm<<setw(4)<<"|"<<setw(14)<<setprecision(10)<<setiosflags(ios::showpoint)<<st.getb(i)
<<endl;}
ostrm<<"回归系数为:"<<endl;                             //输出计算结果(回归系数:H0、A1、A2)
ostrm<<setw(8)<<"H[0]="<<ga.gett(0)<<endl;
for(i=1;i<3;i++)
        ostrm<<setw(5)<<"A["<<i<<"]="<<ga.gett(i)<<endl;*/
}
```

初始条件为:

No.	Q	H
0	0	72
1	240	70
2	340	65

正规方程为:

4.00000000000　960.000000000　317600.000000　|　267.0000000
960.000000000　317600.000000　108000000.000　|　61700.00000
317600.000000　108000000.000　37532479488.0　|　20210000.00

回归系数为:

A[0] =71.95879364

A[1] =0.03338835761

A[2] = -0.0001665239397

3.2　单泵多塔供水系统工况数解算例

已知水池水位 H_0,水泵型号(可推知虚总扬程 H_X 和虚摩阻 S_X),各水塔水位标高 H_1,H_2,H_3,…,H_j(图 3-1),输水干管及各分支管道的管长(L_j)、管径(D_j),可求出管道摩阻 S_j。要求求出水泵工况(H,Q_0)及各支管中的流量 Q_j。

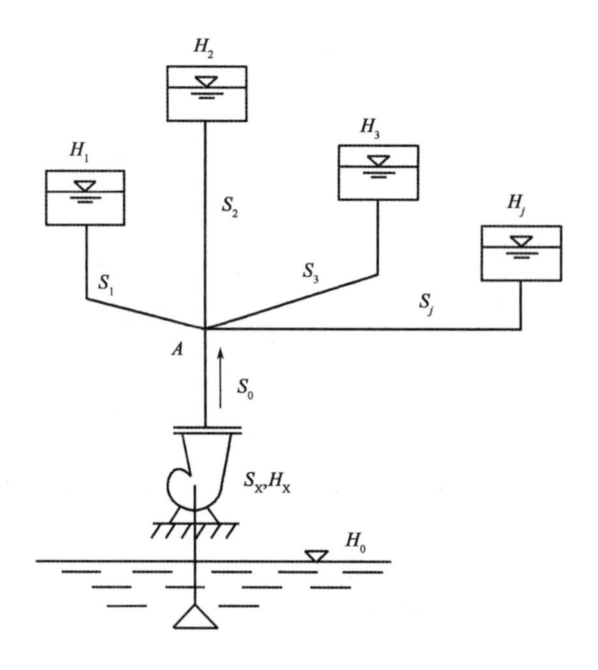

图 3-1　单泵多塔供水系统

如果能求出公共节点 A 的总水头 H_A,所有问题将迎刃而解。

3.2.1　二分法求未知节点水压

根据水力学知识,我们知道:

水泵出流量
$$Q_0 = \sqrt{\frac{H_X + H_0 - H_A}{S_X + S_0}} \tag{3-5}$$

各支管中流量
$$Q_j=\begin{cases}-\sqrt{\dfrac{H_A-H_j}{S_j}} & ,H_A\geqslant H_j\\ \sqrt{\dfrac{|H_A-H_j|}{S_j}} & ,H_A<H_j\end{cases} \tag{3-6}$$

这里假定水流流进 A 节点,流量为正;水流流出 A 节点,流量为负。

节点 A 的连续性方程为:

$$Q_0+\sum_{j=1}^{n}Q_j=\sqrt{\frac{H_X+H_0-H_A}{S_X+S_0}}\pm\sum_{j=1}^{n}\sqrt{\frac{|H_A-H_j|}{S_j}}=0 \tag{3-7}$$

上式中,未知数只有一个,就是公共节点 A 的总水头 H_A。

这样就构造了一个一元方程式:

$$f(H_A)=\sqrt{\frac{H_X+H_0-H_A}{S_X+S_0}}\pm\sum_{j=1}^{n}\sqrt{\frac{|H_A-H_j|}{S_j}}=0 \tag{3-8}$$

可采用二分法或牛顿迭代法来求解节点 A 的总水头 H_A。二分法计算框图如图 3-2 所示。

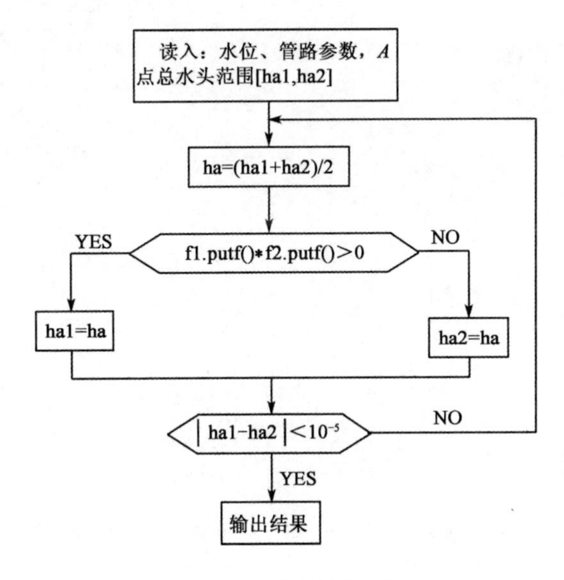

图 3-2　二分法计算框图

【例 3-2】　现有 10SA-6 型离心泵装置向 4 个水塔输水,该泵转速为 1450r/min,叶轮直径为 530mm。已知清水池 $H(0)=4.5\text{m}$,$S(0)=200\text{s}^2/\text{m}^5$,海曾公式中 $C=100$,$Z=0.001$,各水塔水位标高、管径、管长如下表 3-2 所示。

水塔水位、管径、管长　　表 3-2

水 塔 序 号	水塔水位标高(m)	管长(m)	管径(m)
1	70	150	0.200
2	108	900	0.150
3	80	500	0.150
4	60	800	0.100

求:泵的工况点(Q,H)和各支管中流量(Q_j)。

解 C++语言计算程序如下:

```
#include <iostream>
#include <cmath>
#include <iomanip>
#include <fstream>
using namespace std;
class F                                                              //二分法求解单泵供水系统类
{public:
        F(double s[5],double h[5],double sx,double hx,double ha);    //构造函数
        void getf(double ha);                                        //更新 f1 值函数定义
        double putf()                                                //输出累加和
        {return F1;}
      double putq(int i)                                             //输出各个水池的流量
        {return Q[i];}
        double puth(int i)                                           //输出各个节点的水头
        {return H[i];}
        double putha()                                               //输出节点 a 的水头
        {return Ha;}
        ~F(){};                                                      //析构函数
private:
      double F1;
      double Q[5];
      double H[5];
      double Sx;
      double Hx;
      double Ha;
      double S[5];
};
F::F(double s[5],double h[5],double sx,double hx,double ha)          //构造函数定义
{int i;
for(i=0;i<5;i++)
      {H[i]=h[i];
      S[i]=s[i];
    }
Sx=sx;
Hx=hx;
Ha=ha;
Q[0]=sqrt(fabs((H[0]+Hx-Ha)/(S[0]+Sx)));
if(H[0]+Hx>Ha)
       F1=Q[0];
```

```
      else F1 = -Q[0];
for(i=1;i<5;i++)
{Q[i]=sqrt(fabs((Ha-H[i])/S[i]));
  if(Ha<H[i])
     Q[i]=Q[i]*(-1);
  F1=F1-Q[i];
}
};
void F::getf(double ha)                          //更新 f1 值函数定义
{int i;
Ha=ha;
Q[0]=sqrt(fabs((H[0]+Hx-Ha)/(S[0]+Sx)));
if(H[0]+Hx>Ha)
       F1=Q[0];
      else F1 = -Q[0];
for(i=1;i<5;i++)
{Q[i]=sqrt(fabs((Ha-H[i])/S[i]));
  if(Ha<H[i])
        Q[i]=Q[i]*(-1);
  F1=F1-Q[i];
}
};
void main()
{ double s[5];
double ha,ha1,ha2;
int i,ok=0;
/*double h[5]={4.5, 70, 108, 79.9, 60};           //直接输入原始数据
double d[5]={0, 0.2, 0.15, 0.15, 0.1};
double l[5]={0, 150, 900, 500, 800};
double s0=2e-4,sx=2.86e-4,hx=100.83;
char outfile[20];*/
double h[5];
double d[5];
double l[5];
double s0,sx,hx;
char infile[20],outfile[20];
cout<<"请输入原始数据文件名(含扩展名)"<<endl;  //采用文件格式输入原始数据
cin>>infile;
ifstream istrm(infile);
for(i=0;i<5;i++)
     istrm>>h[i];
for(i=0;i<5;i++)
```

```
    istrm > >d[i];
for(i =0;i <5;i + +)
    istrm > >l[i];
istrm > >s0 > >sx > >hx;
istrm. close( );
for(i =1;i < =4;i + +)                                          //求各管段的摩阻
    {if(d[i] < =0.25)
    d[i] - =0.001;}
s[0] =s0;
for(i =1;i <5;i + +)
    s[i] =0.001736e -6/pow(d[i],5.3) * l[i];
F f(s,h,sx,hx,ha),f1(s,h,sx,hx,ha1),f2(s,h,sx,hx,ha2);
do{
cout < <"Please input:  ha1 =? (m)\n";                          //输入一个节点 a 的水头 ha1
cin > >ha1;
f1. getf(ha1);                                                  //计算新的 f1 的值
cout < <"Please input:  ha2 =? (m)\n";                          //输入另一个节点 a 的水头 ha2
cin > >ha2;
f2. getf(ha2);                                                  //计算新的 f2 的值
}
while(f1. putf( ) * f2. putf( ) >0);                            //判断 f1 与 f2 是否同号
                                                                //直接输出计算结果
for(i =0;i <5;i + +)
    cout < <"s[" < <i < <"] =" < <s[i] < <endl;                 //输出各管段的摩阻
do{
    ok + +;
    ha =(ha1 +ha2)/2.0;
    f. getf(ha);                                                //计算 f 值
    if(f. putf( ) * f1. putf( ) >0)
    { ha1 =ha;
    f1. getf(ha1);}
    else
    {ha2 =ha;
    f2. getf(ha2);}
cout < <"ok =" < <ok < <"\t" < <setw(8) < <"Ha =" < <f. putha( ) < <"\t" < <setw(8) < <"F =" <
<f. putf( ) < <endl;
}
while(fabs(f. putf( )) >0.001);                                 //循环判断语句
cout < <"sigama:Q =" < <f. putf( ) < <"\t" < <setw(8) < <"Ha =" < <ha < <endl;
for(i =0;i <5;i + +)
    cout < <"Q[" < <i < <"] =" < <f. putq(i) < <"L/s" < <"\t" < <endl;
```

```
cout < <"Pump:H =" < <hx - sx * f. putq(0) * f. putq(0) < <"m   Q =" < <f. putq(0) < <"L/s" < <
endl;
                                                        //采用文件格式输出计算结果
/ * cout < <"请输入保存计算结果的文件(含扩展名,长度小于 18 个字节)" < <endl;
cin > >outfile;
ofstream ostrm(outfile);
for(i =0;i <5;i + +)
      ostrm < <"s[" < <i < <"] =" < <s[i] < <endl;
do{
      ok + +;
      ha = (ha1 +ha2)/2.0;
   f. getf(ha);
      if(f. putf() * f1. putf() >0)
      {ha1 =ha;
      f1. getf(ha1);}
      else
      {ha2 =ha;
      f2. getf(ha2);}
ostrm < <"ok =" < <ok < <"\t" < <setw(8) < <"Ha =" < <f. putha() < <"\t" < <setw(8) < <"F ="
 < <f. putf()
 < <endl;
}
while(fabs(f. putf()) >10e -5);                           //循环判断语句
ostrm < <"sigama:Q =" < <f. putf() < <"\t" < <setw(8) < <"Ha =" < <f. putha() < <endl;
for(i =0;i <5;i + +)
      ostrm < <"Q[" < <i < <"] =" < <f. putq(i) < <"L/s" < <"\t" < <endl;
ostrm < <"Pump:H =" < <hx - sx * f. putq(0) * f. putq(0) < <"m   Q =" < <f. putq(0) < <"L/s" < <
endl; * /
}
```

变量说明:

ha、ha1、ha2——公共节点 A 的总水头,m(单精度实型变量,开始读入初始给定区间值);

sx——水泵泵体内虚阻耗系数,m · s^2/L^2(单精度实型变量,已知水泵型号即可推求);

hx——水泵在 Q =0 时所产生的虚总扬程,m(单精度实型变量,已知水泵型号即可推求);

h[i]——第 i 个水塔的水位标高(即总水头),m,i =1,2,3,4(单精度实型一维数组);

h[0]——清水池水位标高(即总水头),m(单精度实型一维数组);

l[i]——通向第 i 个水塔的管长,m(单精度实型一维数组);

d[i]——从节点 A 至第 i 个水塔的管段管径,m,i =1,2,3,4(单精度实型一维数组);

s[i]——从节点 A 至第 i 个水塔的连接管段的摩阻,m · s^2/L^2,i =1,2,3,4(单精度实型一维数组),管段摩阻计算公式为:

$$s = \frac{1.736 \times 10^{-9}}{d^{5.3}} \times L \tag{3-9}$$

s0——输水干管(水泵吸水管路)的摩阻,m · s^2/L^2(对应流量以 L/s 计)(单精度实型一维数组);

q[i]——输水干管及各分支管道的流量,L/s(单精度实型一维数组);

sigma:Q——累加和。

计算结果为:

(1)4 个水塔同时工作时

按提示" Please input: ha1 = ? (m) "

输入 0(回车)

按提示" Please input: ha2 = ? (m) "

输入 200(回车)

输出计算结果

s[0] =0.0002

s[1] =0.00135431

s[2] =0.0376621

s[3] =0.0209234

s[4] =0.292263

ok =1	Ha =100	F = -72.2284
ok =2	Ha =50	F =541.83
ok =3	Ha =75	F =226.794
ok =4	Ha =87.5	F =72.4374
ok =5	Ha =93.75	F =4.91222
ok =6	Ha =96.875	F = -31.4994
ok =7	Ha =95.3125	F = -12.9215
ok =8	Ha =94.5313	F = -3.9262
ok =9	Ha =94.1406	F =0.511042
ok =10	Ha =94.3359	F = -1.70288
ok =11	Ha =94.2383	F = -0.59477
ok =12	Ha =94.1895	F = -0.0415792
ok =13	Ha =94.165	F =0.234802
ok =14	Ha =94.1772	F =0.0966292
ok =15	Ha =94.1833	F =0.0275294
ok =16	Ha =94.1864	F = -0.00702381
ok =17	Ha =94.1849	F =0.0102531
ok =18	Ha =94.1856	F =0.00161471
ok =19	Ha =94.186	F = -0.00270453

ok =20　　Ha =94.1858　　F = -0.000544909
ok =21　　Ha =94.1857　　F =0.0005349
ok =22　　Ha =94.1858　　F = -5.00425e -006
sigma:Q = -5.00425e -006　Ha =94.1858
Q[0] =151.428L/s
Q[1] =133.635L/s
Q[2] = -19.1518L/s
Q[3] =26.1298L/s
Q[4] =10.8152L/s
Pump:H =94.2719m　Q =151.428L/s
水泵工况 Q =151.428L/s,H =94.2719m
1 号水塔 Q[1] =133.635L/s(进水)
2 号水塔 Q[2] = -19.1518L/s(出水)
3 号水塔 Q[3] =26.1298L/s(进水)
4 号水塔 Q[4] =10.8152L/s(进水)

(2)4 号水塔关闭时,1、2、3 号水塔工作情况

将连接 4 号水塔的管段管径改为 0.005m(即 5mm),摩阻无穷大,管段流量近似为零(相当于该号水塔关闭),这样,计算程序其他部分不需要修改,计算结果如下。

s[0] =0.0002
s[1] =0.00135431
s[2] =0.0376621
s[3] =0.0209234
s[4] =7.10758e +006
ok =1　　Ha =100　　F = -60.5319
ok =2　　Ha =50　　F =535.982
ok =3　　Ha =75　　F =233.956
ok =4　　Ha =87.5　　F =82.1356
ok =5　　Ha =93.75　　F =15.6561
ok =6　　Ha =96.875　　F = -20.2691
ok =7　　Ha =95.3125　　F = -1.93172
ok =8　　Ha =94.5313　　F =6.94135
ok =9　　Ha =94.9219　　F =2.52624
ok =10　　Ha =95.1172　　F =0.302833
ok =11　　Ha =95.2148　　F = -0.813023
ok =12　　Ha =95.166　　F = -0.254743
ok =13　　Ha =95.1416　　F =0.0241321
ok =14　　Ha =95.1538　　F = -0.115284

```
ok = 15          Ha = 95.1477          F = -0.0455703
ok = 16          Ha = 95.1447          F = -0.0107177
ok = 17          Ha = 95.1431          F = 0.00670753
ok = 18          Ha = 95.1439          F = -0.00200502
ok = 19          Ha = 95.1435          F = 0.00235128
ok = 20          Ha = 95.1437          F = 0.000173137
ok = 21          Ha = 95.1438          F = -0.000915938
ok = 22          Ha = 95.1437          F = -0.0003714
ok = 23          Ha = 95.1437          F = -9.91317e-005
sigma:Q = -9.91317e-005    Ha = 95.1437
Q[0] = 144.774L/s
Q[1] = 136.256L/s
Q[2] = -18.4759L/s
Q[3] = 26.9916L/s
Q[4] = 0.00222363L/s
Pump:H = 94.8356m    Q = 144.774L/s
水泵工况 Q = 147.774L/s,H = 94.8356(m)
1 号水塔 Q[1] = 136.256L/s(进水)
2 号水塔 Q[2] = -18.4759L/s(出水)
3 号水塔 Q[3] = 26.9916L/s(进水)
```

(3)3、4 号水塔关闭时,1、2 号水塔工作情况

将连接 3、4 号水塔的管段管径均改为 0.005m,程序其他部分不变,计算结果如下。

```
s[0] = 0.0002
s[1] = 0.00135431
s[2] = 0.0376621
s[3] = 4.44224e+006
s[4] = 7.10758e+006
ok = 1           Ha = 100              F = -29.5398
ok = 2           Ha = 50               F = 498.182
ok = 3           Ha = 75               F = 218.654
ok = 4           Ha = 87.5             F = 101.193
ok = 5           Ha = 93.75            F = 41.3825
ok = 6           Ha = 96.875           F = 8.21214
ok = 7           Ha = 98.4375          F = -9.88728
ok = 8           Ha = 97.6563          F = -0.676655
ok = 9           Ha = 97.2656          F = 3.8047
ok = 10          Ha = 97.4609          F = 1.57364
```

ok = 11　　Ha = 97.5586　　F = 0.450948
ok = 12　　Ha = 97.6074　　F = -0.112233
ok = 13　　Ha = 97.583　　F = 0.169512
ok = 14　　Ha = 97.5952　　F = 0.0286778
ok = 15　　Ha = 97.6013　　F = -0.0417681
ok = 16　　Ha = 97.5983　　F = -0.00654274
ok = 17　　Ha = 97.5967　　F = 0.0110681
ok = 18　　Ha = 97.5975　　F = 0.00226285
ok = 19　　Ha = 97.5979　　F = -0.00213991
ok = 20　　Ha = 97.5977　　F = 6.14797e-005
sigma:Q = 6.14797e-005　Ha = 97.5977
Q[0] = 126.135L/s
Q[1] = 142.75L/s
Q[2] = -16.6193L/s
Q[3] = 0.00199599L/s
Q[4] = 0.00229996L/s
Pump:H = 96.2797m　Q = 126.135L/s
水泵工况 Q = 126.135L/s,H = 96.2797m
1 号水塔 Q[1] = 142.75L/s(进水)
2 号水塔 Q[2] = -16.6193L/s(出水)

(4)2、3、4 号水塔关闭时,1 号水塔工作情况

将连接2、3、4 号水塔的管段管径均改为0.005m,程序其他部分不变,计算结果如下。

s[0] = 0.0002
s[1] = 0.00135431
s[2] = 7.99603e+006
s[3] = 4.44224e+006
s[4] = 7.10758e+006
ok = 1　　Ha = 100　　F = -44.1132
ok = 2　　Ha = 50　　F = 458.942
ok = 3　　Ha = 75　　F = 189.055
ok = 4　　Ha = 87.5　　F = 77.864
ok = 5　　Ha = 93.75　　F = 21.9323
ok = 6　　Ha = 96.875　　F = -8.97358
ok = 7　　Ha = 95.3125　　F = 6.85412
ok = 8　　Ha = 96.0938　　F = -0.951718
ok = 9　　Ha = 95.7031　　F = 2.97621
ok = 10　　Ha = 95.8984　　F = 1.01873

```
ok = 11          Ha = 95.9961          F = 0.0351581
ok = 12          Ha = 96.0449          F = -0.457863
ok = 13          Ha = 96.0205          F = -0.211249
ok = 14          Ha = 96.0083          F = -0.0880194
ok = 15          Ha = 96.0022          F = -0.0264242
ok = 16          Ha = 95.9991          F = 0.00436861
ok = 17          Ha = 96.0007          F = -0.0110274
ok = 18          Ha = 95.9999          F = -0.00332928
ok = 19          Ha = 95.9995          F = 0.000519687
ok = 20          Ha = 95.9997          F = -0.00140479
ok = 21          Ha = 95.9996          F = -0.00044255
ok = 22          Ha = 95.9996          F = 3.8569e-005
sigma:Q = 3.8569e-005   Ha = 95.9996
Q[0] = 138.558L/s
Q[1] = 138.555L/s
Q[2] = -0.00122507L/s
Q[3] = 0.00190373L/s
Q[4] = 0.00225055L/s
Pump:H = 95.3393m   Q = 138.558L/s
水泵工况 Q = 138.558L/s,H = 95.3393m
1 号水塔 Q[1] = 138.555L/s(进水)
```

3.2.2 牛顿迭代法求未知节点水压

公共节点 A 的连续性方程为一非线性方程组,问题就转化为求该非线性方程组的根 H_A,可采用牛顿迭代法来求解。

这里,令函数:

$$f(H_A) = \sqrt{\frac{H_x + H_0 - H_A}{S_X + S_0}} - \sum_{j=1}^{n}\sqrt{\frac{H_A - H_j}{S_j}} \tag{3-10}$$

相应的牛顿迭代公式为:

$$H_A^{(m+1)} = H_A^{(m)} - \frac{f[H_A^{(m)}]}{f'[H_A^{(m)}]} \tag{3-11}$$

式中:$H_A^{(m+1)}$——节点 A 第$(m+1)$次校正后的总水头,m;

$H_A^{(m)}$——节点 A 第 m 次校正后的总水头,m;$H_A^{(0)}$ 即为节点 A 在校正前初始假设的水头,m。

$$f'[H_A^{(m)}] = \frac{\mathrm{d}f[H_A^{(m)}]}{\mathrm{d}H_A^{(m)}} = \frac{\mathrm{d}Q_0}{\mathrm{d}H_A^{(m)}} - \sum_{j=1}^{n}\frac{\mathrm{d}Q_j^{(m)}}{\mathrm{d}H_A^{(m)}}$$

$$= \frac{\mathrm{d}}{\mathrm{d}H_A^{(m)}}\left(\sqrt{\frac{H_X + H_0 - H_A}{S_X + S_0}}\right) - \sum_{j=1}^{n}\frac{\mathrm{d}}{\mathrm{d}H_A^{(m)}}\left[\frac{H_A^{(m)} - H_j^{(m)}}{S_j}\right]^{0.5}$$

$$= -\frac{1}{2}\{(S_X + S_0)[H_X + H_0 - H_A^{(m)}]\}^{-0.5} -$$

$$\frac{1}{2}\sum_{j=1}^{n}\{S_j[H_A^{(m)} - H_j^{(m)}]\}^{-0.5} \tag{3-12}$$

式中：$Q_j^{(m)}$——第 m 次校正后的节点总水头按式(3-6)计算的管段 j 的流量，L/s。

牛顿迭代法计算框图如图 3-3 所示。

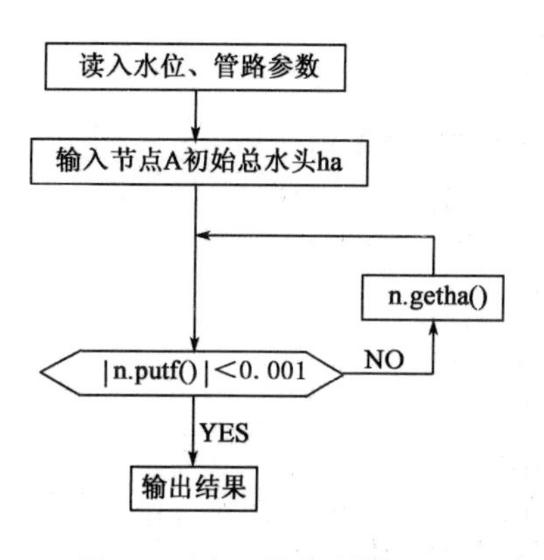

图 3-3 牛顿迭代法计算框图

用牛顿迭代法求解【例 3-2】(4 个水塔同时工作)的 C++ 语言计算程序如下：

```
#include <iostream>
#include <cmath>
#include <iomanip>
#include <fstream>
using namespace std;
   class N                              //牛顿迭代法求解单泵供水系统类
   {public:
        N(double s[5],double h[5],double sx,double hx,double ha);
                                        //构造函数声明
        void getha();                   //得到新的 ha 的函数
        double putf()                   //输出累加和的函数
        {return F;}
        double putq(int i)              //输出各第 i 个水池流量的函数
        {return Q[i];}
        double puth(int i)              //输出第 i 个节点水头的函数
        {return H[i];}
        double putha()                  //输出节点 A 水头的函数
        {return Ha;}
        ~N(){};
private:
     double Q[5];
     double H[5];
     double Sx;
     double Hx;
     double Ha;
     double S[5];
     double F;
     double F1;
};
N::N(double s[5],double h[5],double sx,double hx,double ha)
```

```
                                        //构造函数定义
{int i;
for(i=0;i<5;i++)
    {H[i]=h[i];
    S[i]=s[i];
   }
Sx=sx;
Hx=hx;
Ha=ha;
Q[0]=sqrt(fabs((H[0]+Hx-Ha))/(S[0]+Sx));
if(H[0]+Hx>Ha)
     F=Q[0];
    else F=-Q[0];
    F1=0.5/sqrt(fabs(H[0]+Hx-Ha)*(S[0]+Sx));
for(i=1;i<5;i++)
{Q[i]=sqrt(fabs(Ha-H[i])/S[i]);
  if(Ha<H[i])
       Q[i]=Q[i]*(-1);
  F=F-Q[i];                             //求出流量累加和
  F1+=0.5/sqrt(fabs(Ha-H[i])*S[i]);     //求出流量累加和的导数
  }
};
void N::getha()                         //得到新的ha的函数定义
{ int i;
    Q[0]=sqrt(fabs((H[0]+Hx-Ha))/(S[0]+Sx));
if(H[0]+Hx>Ha)
     F=Q[0];
    else F=-Q[0];
    F1=0.5/sqrt(fabs(H[0]+Hx-Ha)*(S[0]+Sx));
for(i=1;i<5;i++)
{Q[i]=sqrt(fabs(Ha-H[i])/S[i]);
  if(Ha<H[i])
       Q[i]=Q[i]*(-1);
  F=F-Q[i];                             //求出流量累加和
  F1+=0.5/sqrt(fabs(Ha-H[i])*S[i]);}    //求出流量累加和的导数
  Ha=Ha+F/F1;                           //更新Ha
};
void main()                             //主函数定义
{double s[5];
double ha;
int i;
                                        //直接输入原始数据
```

```
double h[5] = {4.5, 70, 108, 79.9, 60};
double d[5] = {0, 0.2, 0.15, 0.15, 0.1};
double l[5] = {0, 150, 900, 500, 800};
double s0 = 2e - 4, sx = 2.86e - 4, hx = 100.83;
                                                    //采用文件输入原始数据
/* double h[5];
double d[5];
double l[5];
double s0, sx, hx;
char infile[20], outfile[20];
cout < < "请输入原始数据文件名(含扩展名)" < < endl;
cin > > infile;
ifstream istrm(infile);
for(i = 0; i < 5; i + +)
     istrm > > h[i];
for(i = 0; i < 5; i + +)
     istrm > > d[i];
for(i = 0; i < 5; i + +)
     istrm > > l[i];
istrm > > s0 > > sx > > hx;
istrm.close(); */
  for(i = 1; i < 5; i + +)
   {if(d[i] < = 0.25)
  d[i] - = 0.001;}
s[0] = s0;
for(i = 1; i < 5; i + +)
     s[i] = 1.736e - 9 * l[i]/pow(d[i], 5.3);
                                                    //直接输出计算结果
cout < < "Please input:  ha = ? (m)\n";             //输入节点A的水头ha1
cin > > ha;
N n(s, h, sx, hx, ha);
for(i = 1; i < 5; i + +)
      cout < < "S[" < < i < < "] = " < < s[i] < < endl;     //将第i个管段的摩阻输出
do { n.getha();
  cout < < "Ha = " < < n.putha() < < "\t" < < setw(8) < < "F = " < < n.putf() < < endl;}
while(fabs(n.putf()) > 0.001);
cout < < "F = " < < n.putf() < < "\t" < < setw(8) < < "Ha = " < < n.putha() < < endl;
for(i = 0; i < 5; i + +)
      cout < < "Q[" < < i < < "] = " < < n.putq(i) < < "L/s" < < "\t" < < endl;
cout < < "Pump:H = " < < hx - sx * n.putq(0) * n.putq(0) < < setw(8) < < "Q = " < < n.putq(0) < < "L/
s" < < endl;
```

```
                                        //采用文件格式输出计算结果
/ * cout < < "请输入保存计算结果的文件(含扩展名,长度小于 18 个字节)" < < endl;
cin > > outfile;
ofstream ostrm(outfile);
for(i = 0;i < 5;i + +)
      ostrm < < "S[" < < i < < "] =" < < s[i] < < endl;
do{
      n. getha();
   ostrm < < "Ha =" < < n. putha() < < "\t" < < setw(8) < < "F =" < < n. putf() < < endl;
}
while(fabs(n. putf()) > 0.001);
ostrm < < "F =" < < n. putf() < < "\t" < < setw(8) < < "Ha =" < < n. putha() < < endl;
for(i = 0;i < 5;i + +)
      ostrm < < "Q[" < < i < < "] =" < < n. putq(i) < < "L/s" < < "\t" < < endl;
ostrm < < "Pump:H =" < < hx - sx * n. putq(0) * n. putq(0) < < setw(8) < < "Q =" < < n. putq(0) < < "L/
s" < < endl;
ostrm. close(); * /
}
```

变量说明:

H_A——公共节点 A 的总水头,m(单精度实型变量,开始读入初始给定区间值);

Sx、Hx、H[i]、H[0]、L[i]、D[i]、S[i]、Q[i]——同二分法程序设计,管段摩阻计算同式(3-9);

F——节点 A 的流量代数和,即 $f(H_A)$,L/s;

F1——节点 A 的流量代数和 $f(H_A)$ 对 H_A 的一阶导数值,即 $f'(H_A)$。

输出结果为:

S[0] =0.0002

S[1] =0.00135431

S[2] =0.0376621

S[3] =0.0209234

S[4] =0.292263

Ha =72.2441　F = -441.838

Ha =89.8731　F =263.679

Ha =94.2901　F =47.1976

Ha =94.1859　F = -1.18255

Ha =94.1858　F = -0.0013142

Ha =94.1858　F = -1.60637e -009

Ha =94.1858　F = -1.60637e -009

Q[0] =151.428L/s

Q[1] =133.635L/s
Q[2] = -19.1518L/s
Q[3] =26.1298L/s
Q[4] =10.8152L/s
Pump:H =94.2719m　Q =151.428L/s

3.3 多泵多塔单节点供水系统工况分析

N 台同型号水泵与 M 个不同水位水塔联合工作，如图 3-4 所示。已知单台水泵的虚总扬程 H'_X、虚摩阻 S'_X 及流量（抽水量）Q'，则 N 台同型号水泵同水位并联运行，并联后总的虚扬程 H_X、虚摩阻 S_X 及流量（抽水量）Q 的计算公式为：

$$\begin{cases} S_X = \dfrac{S'_X}{N^2} \\ H_X = H'_X \\ Q = N \times Q' \end{cases} \tag{3-13}$$

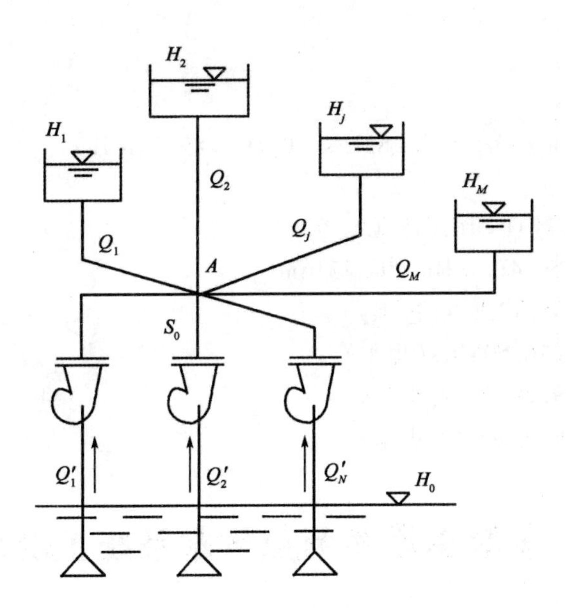

图 3-4　多泵多塔单节点供水系统

只需在计算程序中插入求 S_X 及 H_X 的语句，即可求得并联时各水泵的工况。改动如下：

令：N ——同型号水泵的台数；

S(M+2)——N 台同型号水泵并联时，每一台水泵的虚阻耗，s^2/m^5；

Q(M+2)——N 台同型号水泵并联时，每一台水泵的出水量，L/s；

H(M+3)——N 台同型号水泵并联时，每一台水泵的虚扬程，m。

【例 3-3】 现有 2 台 10SA-6 型离心泵在定速运行下并联工作，向 4 个水塔供水。水塔的水位标高同【例3-2】,该泵转速、叶轮直径及清水池水位、输水干管的阻耗系数 S_0 等均同上例。

解 源程序与单泵多塔供水系统基本相同,只是在变量说明中增加一个单精度实型变量Sxz(即"float Sxz;"),用来存放2泵并联后总的虚摩阻,增加一条赋值语句"Sxz = Sx/4;",位置放在语句顺序的第1句即可。

计算结果为:

S[1] =0.00135431

S[2] =0.0376621

S[3] =0.0209234

S[4] =0.292263

Ha =75.5189　　　F = -500.55

Ha =97.7478　　　F =304.078

Ha =97.7416　　　F = -0.0952799

Ha =97.7416　　　F = -1.33345e -005

F = -1.33345e -005　　　Ha =97.7416

Q[0] =167.183L/s

Q[1] =143.122L/s

Q[2] = -16.504L/s

Q[3] =29.2012L/s

Q[4] =11.3638L/s

Pump:H =98.8316m　Qz =167.183L/s　Q[0] =83.5914L/s

计算结果说明:

并联时泵站总出水量 Q =167.183L/s

每台泵的 Qn =83.5914L/s,Hn =98.8316m

1号水塔 Q[1] =143.122L/s(进水)

2号水塔 Q[2] = -16.504L/s(出水)

3号水塔 Q[3] =29.2012L/s(进水)

4号水塔 Q[4] =11.3638L/s(进水)

3.4 多泵多塔多节点供水系统工况分析

多泵多塔多节点供水系统是指 N 台不同型号水泵与 M 个不同水位水塔联合工作于多节点上。

【例3-4】 分析如图3-5所示的供水系统,离心泵型号为10SA-6型(转速 n_1 =1450r/min,轮径 D_2 =466mm)。各管段的阻耗系数 $S[(s/L)^2 \cdot m]$ 为:$S_1=32$,$S_2=39$,$S_3=32$,$S_4=46$,$S_5=52$,$S_6=43$,$S_7=25$,$S_8=29$,$S_9=33$;水塔水位标高:$H_6=53$m,$H_7=59$m,$H_8=51$m,$H_9=48$m;清水池水位标高 $Z=0$。

解 本算例属于多水源供水系统中的水力平衡计算问题,由于多节点和多泵站的存在,除了考虑泵站与节点间的水力平衡外，还要使各节点之间水力平衡。计算时，管网中如有 i 个公共节点，就有 i 个待定的节点总水头值 H_i，能列出 i 个水量平衡的非线性方程组，有多种途径来求解。本算例采用牛顿迭代法逐次逼近，对各公共节点进行水头校正。考虑到管段识别和编程的方便，对系统所有节点进行统一编号，如图 3-6 所示，图中⑤表示第 5 号节点。

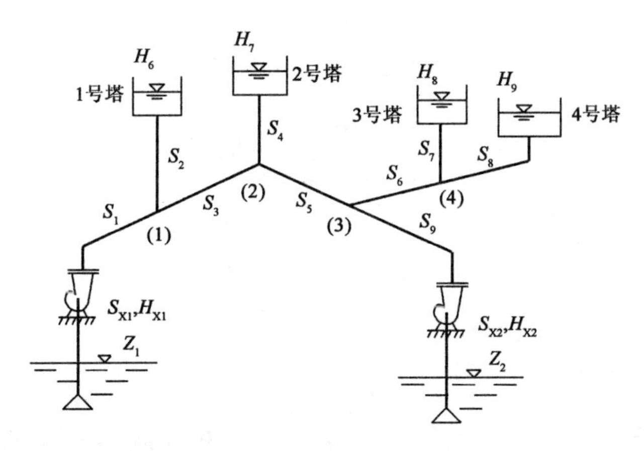

图 3-5 多泵多塔多节点供水系统

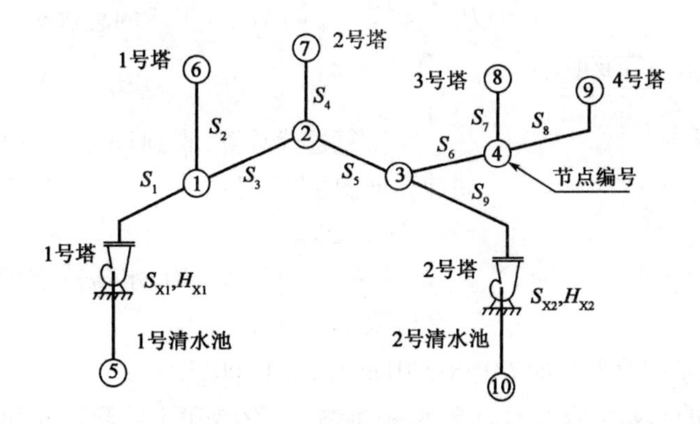

图 3-6 节点及管段编号识别

设管段 ij 中有流量 Q_{ij} 从节点 i 流向节点 j，或者有流量 Q_{ji} 从节点 j 流向节点 i。分析该管段水头损失 h_{ij}、节点总水头 H_i、H_j 与流量 Q_{ij} 之间的水力平衡关系，有：

$$h_{ij} = H_i - H_j = S_{ij} Q_{ij}^2 \tag{3-14}$$

式中：h_{ij}——管段的水头损失，m；

H_i、H_j——节点 i、j 的总水头，m；

S_{ij}——管段 ij 的摩阻，m · s²/L²，已知：$S_{ij} = k_{ij} \cdot \dfrac{1.736 \times 10^{-9}}{d_{ij}^{5.3}} L_{ij}$，阻力平方区 $k_{ij} = 1.0$；

d_{ij}——管段 ij 的计算内径，m；

L_{ij}——管段长度，m。

计算中采用的公式为公共节点 $i(i = 1,2,3,4)$ 的连续性方程（流量代数和为零）：

$$F_i = \sum_{ij \in V_i} Q_{ij} = 0 \tag{3-15}$$

式中:V_i——与节点 i 相邻的管段集合;

Q_{ij}——通过管段 ij 的流量,L/s,这里假定水流流离 i 节点,流量为正;水流流进 i 节点,流量为负。

管段 ij 的流量:

$$Q_{ij}=\begin{cases}\sqrt{\dfrac{H_i-H_j}{S_{ij}}},H_i\geqslant H_j\\-\sqrt{\dfrac{H_j-H_i}{S_{ij}}},H_j>H_i\end{cases}\tag{3-16}$$

公共节点总水头校正值:

$$\Delta H_i=-\frac{F_i^{(n)}[H_i^{(n)},H_j^{(n)}]}{\sum\dfrac{\partial Q_{ij}^{(n)}}{\partial H_i^{(n)}}}\tag{3-17}$$

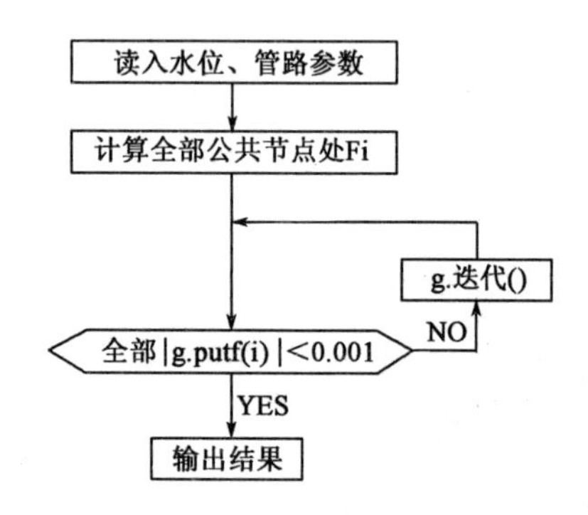

图 3-7 计算框图

水泵扬程:

$$H_{Pi}=H_{Xi}-S_{Xi}\times Q_{ij}^2\tag{3-18}$$

上式中,设公共节点 i 的第 n 次校正后的总水头为 $H_i^{(n)}$,则第($n+1$)次校正后的总水头为:

$$H_i^{(n+1)}=H_i^{(n)}+\Delta H_i\tag{3-19}$$

经反复迭代计算,直到 $|F_i|<\varepsilon$ 时为止,其计算过程如计算框图(图 3-7)。

变量说明:

管段数 9,节点数 10,水压待定的节点数 4,水泵数 2,水塔数 4,清水池数 2。

e——允许流量闭合差(可取 0.000001m³/s,即 0.001L/s);

b[i]——管段 i 的起始节点编号,(整型一维数组,存放第 i 号管段的起始节点号,因弃用第 0 个元素,故容量大小为 10,为管段数加 1);

e[i]——管段 i 的终止节点编号,(整型一维数组,存放第 i 号管段的终止节点号,因弃用第 0 个元素,故容量大小为 10,为管段数加 1);

s[i]——管段 i 的摩阻,s^2/m^5(注:要求对应流量单位使用 m^3/s),(双精度浮点型一维数组,容量大小为 10,存放各管段的摩阻);

q[i]——管段 i 的流量,m^3/s(双精度浮点型一维数组,容量大小为 10,存放各管段的流量);

h[i]——节点 i 的总水头,m(双精度浮点型一维数组,存放各节点总水头,因弃用第 0 个元素,故容量大小为 9,为节点数减 1);说明:水塔清水池输入水位值,4 个未知节点输入初始假定值。

h——临时变量,存放管段水头损失,m;

sx1、sx2——1、2 号水泵泵体内虚阻耗系数,s^2/m^5(双精度浮点型变量,已知水泵型号即可推求);

hx1、hx2——1、2 号水泵虚总扬程，m(双精度浮点型变量，已知水泵型号即可推求)；

F[i]——公共节点 i(水压未知节点)的流量代数和，m^3/s；

F1[i]——公共节点 i(水压未知节点)的流量代数和对 h[i]的一阶偏导数值。

C++ 语言计算程序如下：

```
#include <iostream>
#include <cmath>
#include <iomanip>
#include <fstream>
using namespace std;
class G
{public:
        G(int b[10],int e[10],double h[11],double s[10],double hx1,double hx2,double sx1,double sx2);
                                                //构造函数声明
        void diedai();                          //迭代函数声明
        double putf(int i)                      //输出第 i 个节点的流量累加和函数
        {return F[i];}
        double putq(int i)                      //输出第 i 个流量函数
        {return Q[i];}
        double puth(int i)                      //输出第 i 个水头函数
        {return H[i];}
        double puthx1()                         //输出 Hx1 函数
        {return Hx1;}
        double puthx2()                         //输出 Hx2 函数
        {return Hx2;}
        double putsx1()                         //输出 Sx1 函数
        {return Sx1;}
        double putsx2()                         //输出 Sx2 函数
        {return Sx2;}
        ~G(){};                                 //析构函数
private:
    int B[10];
    int E[10];
    double H[11];
    double S[10];
    double Q[10];
    double Hx1;
    double Hx2;
    double Sx1;
    double Sx2;
    double F[5],F1[5];
};
```

```
G::G(int b[10],int e[10],double h[11],double s[10],
     double hx1,double hx2,double sx1,double sx2)          //构造函数定义
{int i,m,n;
double dh;
for(i=0;i<10;i++)
     {B[i]=b[i];
     E[i]=e[i];
     S[i]=s[i];
     }
  S[1]+=sx1;
  S[9]+=sx2;
  Sx1=sx1;
  Sx2=sx2;
  for(i=0;i<11;i++)
    H[i]=h[i];
  Hx1=hx1;
  Hx2=hx2;
  H[5]+=hx1;
  H[10]+=hx2;
  for(i=1;i<=9;i++)
     { m=B[i];n=E[i];
       dh=H[m]-H[n];
       if( fabs(dh)<.001 )
            dh=.001;
       if(dh>0)
            Q[i]=sqrt(dh/S[i]);
       else Q[i]=-sqrt(-dh/S[i]);
     }
  for(i=0;i<5;i++)
     { F[i]=0;
       F1[i]=0;
     }
};
void G::diedai()                                      //迭代函数定义
{double dh;
int i,j,m,n;
for(i=1;i<5;i++)
     {F[i]=0; F1[i]=0;
     for(j=1;j<10;j++)
          {if(B[j]==i)
               { F[i]+=Q[j]; F1[i]+=0.5/fabs(Q[j]); }
          if(E[j]==i)
```

```
            { F[i] - =Q[j]; F1[i] + =0.5/fabs(Q[j]); }
        }
        H[i] =H[i] -0.5 * F[i]/F1[i];
    }
  for(i =1;i <10;i + +)
    { m =B[i];n =E[i];
      dh =H[m] -H[n];
      if( fabs(dh) <.001 )
        dh =.001;
        if(dh >0)
          Q[i] =sqrt(dh/S[i]);
        else Q[i] = -sqrt( -dh/S[i]);
      }
};
void main()                                              //主函数定义
{int i;
double max;
                                                         //直接输入原始数据
/ * int b[10] ={0,  5,  1,  1,  2,  2,  3,  4,  4, 10 },
      e[10] ={0,  1,  6,  2,  7,  3,  4,  8,  9,  3 };
double s[10] ={0, 32, 39, 32, 46, 52, 43, 25, 29, 33 },
       h[11] ={0, 55, 55, 55, 55, 0, 53, 59, 51, 48, 0 };
double d =0.001,hx1 =76.25,sx1 =100,hx2 =100.43,sx2 =286; * /
                                                         //采用文件输入原始数据
int b[10],e[10];
double s[10],h[11],d,hx1,sx1,hx2,sx2;
char infile[20],outfile[20];
cout< <"请输入原始数据文件名(含扩展名)" < <endl;
cin> >infile;
ifstream istrm(infile);
for(i =0;i <10;i + +)
      istrm> >b[i];                                      //从文件读入 b[i]
for(i =0;i <10;i + +)
      istrm> >e[i];                                      //从文件读入 e[i]
for(i =0;i <10;i + +)
      istrm> >s[i];                                      //从文件读入 s[i]
for(i =0;i <11;i + +)
      istrm> >h[i];                                      //从文件读入 h[i]
istrm> >d> >hx1> >sx1> >hx2> >sx2;                       //从文件读入 d,hx1,sx1,hx2,sx2
istrm.close();
G g(b, e, h, s, hx1, hx2, sx1, sx2);
do
```

```
{ max =0;
  g. diedai( ) ;
  for( i =1;i <5;i + + )
     if( fabs( g. putf( i) ) > max)
          max = fabs( g. putf( i) ) ;                 //将各节点流量累加和的绝对值赋值给 max
}
     while( max > d) ;
                                                      //直接输计算结果
/ * cout < < "Q1 = " < <1000 * g. putq(1) < < "  L/s,   " < < "Q2 = " < <1000 * g. putq(9) < < "  L/s;" <
 < endl;
cout < < "H1 = " < < g. puthx1( ) - g. putsx1( ) * g. putq(1) * g. putq(1) < < "  m,   " < < "H2 = " < < g.
puthx2( ) - g. putsx2( ) * g. putq(9) * g. putq(9) < < "  m;" < < endl;
cout < < "q1 = " < <1000 * g. putq(2) < < "  L/s,   q2 = " < <1000 * g. putq(4) < < "  L/s,   q3 = " < <
1000 * g. putq(7) < < "  L/s,   q4 = " < <1000 * g. putq(8) < < "  L/s;" < < endl;
cout < < "各管段流量为:" < < endl;
for( i =1;i <10;i + + )
      cout < < "q[" < < i < < "] = " < <1000 * g. putq( i) < < "  L/s;" < < endl;
cout < < "各节点水头为:" < < endl;
for( i =1;i <11;i + + )
      cout < < "H[" < < i < < "] = " < < g. puth( i) < < "  m;" < < endl; * /
                                                      //采用文件输出计算结果
cout < < "请输入保存计算结果的文件(含扩展名,长度小于 18 个字节)" < < endl;
cin > > outfile;
ofstream ostrm( outfile) ;
ostrm < < "Q1 = " < <1000 * g. putq(1) < < "L/s,   " < < "Q2 = " < <1000 * g. putq(9) < < "L/s;" < <
endl;
ostrm < < "H1 = " < < g. puthx1( ) - g. putsx1( ) * g. putq(1) * g. putq(1) < < "m,   " < < "H2 = " < < g.
puthx2( ) - g. putsx2( ) * g. putq(9) * g. putq(9) < < "m;" < < endl;
ostrm < < "q1 = " < <1000 * g. putq(2) < < "L/s,   q2 = " < <1000 * g. putq(4) < < "L/s,   q3 = " < <
1000 * g. putq(7) < < "L/s,   q4 = " < <1000 * g. putq(8) < < "L/s;" < < endl;
ostrm < < "各管段流量为:" < < endl;
for( i =1;i <10;i + + )
      ostrm < < "q[" < < i < < "] = " < <1000 * g. putq( i) < < "L/s;" < < endl;
ostrm < < "各节点水头为:" < < endl;
for( i =1;i <11;i + + )
      ostrm < < "H[" < < i < < "] = " < < g. puth( i) < < "m;" < < endl;
}
```

计算结果为:

Q1 =364.285L/s   Q2 =362.131L/s

H1 =62.9796m   H2 =62.9242m

q1 =383.409L/s   q2 = -74.3565L/s   q3 =84.3241L/s   q4 =331.026L/s

各管段流量为:

q[1] =364.285L/s
q[2] =383.409L/s
q[3] = -19.8259L/s
q[4] = -74.3565L/s
q[5] =53.532L/s
q[6] =415.37L/s
q[7] =84.3241L/s
q[8] =331.026L/s
q[9] =362.131L/s
各节点水头为:
H[1] =58.7331m
H[2] =58.7457m
H[3] =58.5967m
H[4] =51.1778m
H[5] =76.25m
H[6] =53m
H[7] =59m
H[8] =51m
H[9] =48m
H[10] =100.43m
计算结果说明:
1 号泵(12SA-10) Q_1 =364.285L/s, H_1 =62.9796m
2 号泵(10SA-6) Q_2 =362.131506L/s, H_2 =62.9242m
1 号水塔 Q[2] =383.409 L/s(流量同 2 号管段)
2 号水塔 Q[4] = -74.3565 L/s(流量同 4 号管段)
3 号水塔 Q[7] =84.3241 L/s (流量同 7 号管段)
4 号水塔 Q[8] =331.026 L/s (流量同 8 号管段)

3.5 取水泵站调速运行下并联工作的计算

给水工程中,输配水系统的泵站,一般由取水泵站与送水泵站这两种类型水泵站组成。对于调速运行下水泵并联工作的数解方法,本节主要结合取水泵站调速运行的特点,详述其电算程序设计。

通常取水泵站由于水源水位涨落,导致水泵流量发生变化。为了保证净水厂中净化构筑物的水力负荷均匀,可采用调速运行的方法来实现取水泵站的均匀供水,在工程实践中有一定应用价值。

设某净水厂的取水泵站有两台不同型号的离心泵(一定一调)并联工作(图 3-8)。其中 1 号泵为定速泵,其 Q-H 曲线高效段的方程为 $H = H_{X1} - S_{X1}Q^2$。2 号泵为可调速泵,当转速为额

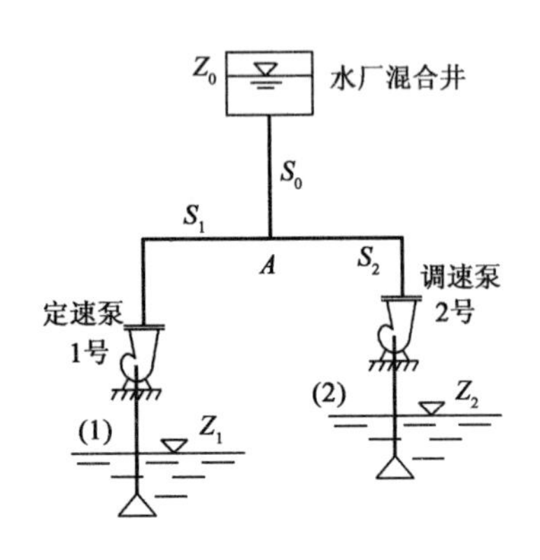

图 3-8 调速泵站示意

定转速 n_0 时,其 Q-H 曲线高效段的方程为 $H = H_{X2} - S_{X2}Q^2$。图 3-8 中 Z_1、Z_2 分别为 1 号泵、2 号泵吸水井水位标高(m)。Z_0 为水厂混合进水面标高(m),S_0、S_1、S_2 为管道摩阻,其单位为 s^2/m^5,水厂要求取水泵站供水量为 Q_0(m^3/s)。

提出的问题是:实现取水泵站均匀供水的调速泵转速 n^* 值为多少?

(1)计算公共节点 A 的总水压 H_A 值

$$H_A = Z_0 + S_0 Q_0^2 \tag{3-20}$$

由于 Z_0、S_0、Q_0 均为定值,因此 H_A 可求得。

(2)计算水泵的出水量

1 号定速泵的出水量可按 $Q_1 = \sqrt{\dfrac{H_{X1} - H_{ST}}{S_{X1} + S_1}}$ 计算,此时 $H_{ST} = H_A - Z_1$,而不是 $H_{ST} = Z_0 - Z_1$,因此:

$$Q_1 = \sqrt{\frac{H_{X1} + Z_1 - H_A}{S_1 + S_{X1}}} \tag{3-21}$$

2 号调速泵的出水量 Q_2 与水泵转速有关,设水泵运行时转速为 n,则相应的 Q-H 曲线高效段方程为 $H_2 = \left(\dfrac{n}{n_0}\right)^2 H_{X2} - S_{X2}Q_2^2$,此为 2 号泵在转速 n 条件下的扬程。

$$Q_2 = \sqrt{\frac{\left(\dfrac{n}{n_0}\right)^2 H_{X2} + Z_2 - H_A}{S_2 + S_{X2}}} \tag{3-22}$$

(3)计算实现均匀供水的调速泵转速 n^* 值

实现均匀供水,就是使泵站中运行水泵的出水量之和保持水厂所要求的供水量 Q_0。按连续性方程,在图 3-8 上公共节点 A 处应有 $Q_1 + Q_2 = Q_0$,亦即:

$$Q_0 = \sqrt{\frac{H_{X1} + Z_1 - H_A}{S_1 + S_{X1}}} + \sqrt{\frac{\left(\dfrac{n}{n_0}\right)^2 H_{X2} + Z_2 - H_A}{S_2 + S_{X2}}} \tag{3-23}$$

解上式即可求出实现均匀供水的调速泵转速 n^* 值(即 $n = n^*$ 值)。

通常,取水泵站中多台定速泵与一台调速泵并联运行,计算时可将并联运行的定速泵合并,求出并联后水泵的 Q-H 曲线,并视它们为一当量水泵。这样,就转换为一台定速泵(当量水泵)与一台调速泵的联合运行,再按上述步骤求出调速泵的转速 n^* 值。更适合于计算机的数解方式则是先对每台定速泵按式(3-21)求出其水量,然后按公共节点连续性方程列出类似于式(3-23)的方程并求解出 n^* 值。

(4)求水泵的实际工况点

前面已经指出,水泵调速有一定的范围限制,在限定范围内才有等效率工况相似点。当求得的 n^* 值小于允许的最低转速 n_{min},应取 $n^* = n_{min}$,此时有必要计算出相应于 $n^* = n_{min}$ 时的各水泵的工况点和总出水量，以便采取其他措施实现均匀供水。

(5)计算框图与程序

为便于实际工程中的应用，给出求解 n^* 值的计算框图(图 3-9)及 C++ 语言计算程序。

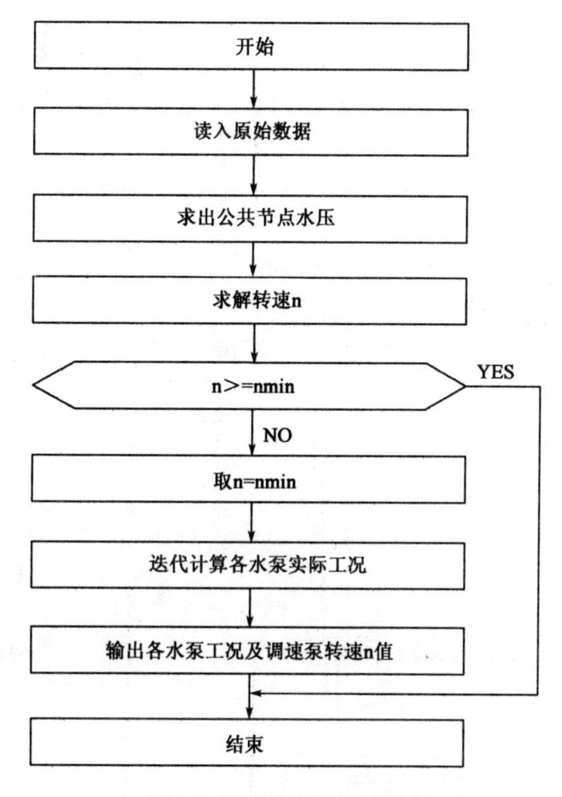

图 3-9 取水泵站调速计算框图

程序符号说明：

输入变量

q0、s0、z0——公共节点 A 到水厂混合井输入管的流量，m^3/s，摩阻，s^2/m^5，混合井水位，m；

z1、s1、hx1、sx1——1 号清水池水位，m，1 号管段摩阻，s^2/m^5，1 号泵虚总扬程，m，1 号泵虚阻耗系数，s^2/m^5；

z2、s2、hx2、sx2——2 号清水池水位、2 号管段摩阻、2 号泵虚总扬程、2 号泵虚阻耗系数(单位同上)；

n0、nmin——2 号泵(调速泵)额定转速，r/min，最小转速，r/min。

输出变量：

n——计算求得的 n*，r/min；

q2、h2——调速泵的实际工况点；

q1、h1——定速泵实际工况点；

q0——泵站实际供水量；

ha——公共节点 A 的总水头 m。

【例 3-5】 某水厂取水泵站采用 3 台 24Sh-19 型离心泵(二用一备)。水泵转速 $n=960$r/min，

Q-H 特性曲线方程采用 $H=47.208-20.833Q^2$,其中 2 号泵可调速运行($n_{min}=768r/min$)。

已知:$S_1=5s^2/m^5$,$S_2=2s^2/m^5$,$S_3=0.6944s^2/m^5$,$Z_0=60.5m$,泵站吸水井水位 $Z_1=Z_2$,水位标高洪水位 37.50m,常水位 32.80m,枯水位 28.90m。

试求:

(1)调速泵及定速泵均按额定转速运行时泵站在三个不同水位下的出水量。

(2)设水厂取水泵站的出水量为 $1.4m^3/s$,$Z_1=Z_2=32.80m$(常水位)时,调速泵的转速 n^* 及水泵工况点为多少?

(3)若水厂要求取水泵站的出水量为 $1.2\ m^3/s$,$Z_1=Z_2=37.50m$(洪水位)时,调速泵的转速 n^* 及水泵工况点为多少?

解 调速泵按额定转速运行时,可利用本节中"多泵多塔多节点供水系统"工况求解程序进行计算,本例中,需事先编制原始数据文件。

C++ 语言计算程序如下(水泵一定一调,1 号泵恒速运行,2 号泵调速运行):

```
#include <iostream>
#include <cmath>
#include <fstream>
using namespace std;
class Csp                                                          //恒速泵类声明
{public:
        Csp(float ha,float hx1,float z1,float s1,float sx1);      //构造函数声明
        float putq1()                                             //输出流量 Q1 函数
        {return Q1;}
        ~Csp(){};                                                 //析构函数
private:
     float Ha,Hx1,S1,Sx1,Z1,Q1;
};
Csp::Csp(float ha,float hx1,float z1,float s1,float sx1)          //构造函数定义
{Ha = ha;Hx1 = hx1;Z1 = z1;S1 = s1;Sx1 = sx1;
Q1 = sqrt((Hx1 + Z1 - Ha)/(S1 + Sx1));
}
class Rsp                                                          //调速泵类声明
{public:
        Rsp(float ha,float hx2,float z2,float s2,float sx2,float q2,float n0);  //调速泵构造函数声明
        float putq2()                                             //输出流量 Q2 函数
        {return Q2;}
        float putn()                                              //输出调速泵转速函数
        {return N;}
        float putt()                                              //输出 t 函数
        {return T;}
        ~Rsp(){};                                                 //析构函数
private:
```

```
    float Ha,Hx2,S2,Sx2,Z2,Q2,N0,N,T;
};
Rsp::Rsp(float ha,float hx2,float z2,float s2,float sx2,float q2,float n0)    //调速泵构造函数定义
{Ha = ha;Hx2 = hx2;Z2 = z2;S2 = s2;Sx2 = sx2;Q2 = q2;N0 = n0;
N = (int)(N0 * sqrt((Q2 * Q2 * (S2 + Sx2) + Ha - Z2)/Hx2));
T = N * N/N0/N0;
}
class diedai                                                            //采用牛顿迭代对供水系统数解类
{public:
        diedai(float hx1,float sx1,float z1,float s1,float hx2,
            float sx2,float z2,float s2,float t,float ha,float s0,float z0);
                                                                        //类的构造函数声明
        float putf()                                                    //输出f函数
        {return F;}
        float putf1()                                                   //输出f函数
        {return F1;}
        float putha()                                                   //输出公共节点a的水头函数
        {return Ha;}
        int putok()                                                     //输出迭代次数ok的函数
        {return ok;}
        float putq1()                                                   //输出迭代数据流量Q1函数
        {return Q1;}
        float putq2()                                                   //输出迭代数据流量Q2函数
        {return Q2;}
        float putt()                                                    //输出t函数
        {return T;}
        void getha(float ha);                                           //输入公共节点a的水头函数声明
        ~diedai(){};                                                    //析构函数
private:
    float  Hx1, Sx1, Z1, S1, Hx2, Sx2, Z2, S2, T, Ha,S0, H2, Q2, Q0 ,Z0 ,H, F, F1, H1, Q1;
    int ok;
};
diedai::diedai(float hx1,float sx1,float z1,float s1,float hx2,
                float sx2,float z2,float s2,float t,float ha,float s0,float z0)
                                                                        //类的构造函数定义
{Hx1 = hx1; Sx1 = sx1; Z1 = z1; S1 = s1;
Hx2 = hx2; Sx2 = sx2; Z2 = z2; S2 = s2;
T = t; Ha = ha; S0 = s0;Z0 = z0;
ok = 0;
H1 = Z1 + Hx1 - Ha;
if(H1 >0)
```

```
    Q1 = sqrt( fabs( H1/( S1 + Sx1 ) ) ) ;
else Q1 = - sqrt( fabs( H1/( S1 + Sx1 ) ) ) ;
H2 = Z2 + T * Hx2 - Ha;
if( H2 > 0 )
    Q2 = sqrt( fabs( H2/( S2 + Sx2 ) ) ) ;
else Q2 = - sqrt( fabs( H2/( S2 + Sx2 ) ) ) ;
H = Ha - Z0;
if( H > 0 )
    Q0 = sqrt( fabs( H/S0 ) ) ;
else Q0 = - sqrt( fabs( H/S0 ) ) ;
F = Q0 - Q1 - Q2;
F1 = 0.5/sqrt( fabs( H1 ) * ( S1 + Sx1 ) ) + 0.5/sqrt( fabs( H2 ) * ( S2 + Sx2 ) ) + 0.5/sqrt( fabs( H ) * S0 ) ;
}
void diedai::getha( float ha)                         //输入公共节点 a 的水头函数定义
{ Ha = ha;
H1 = Z1 + Hx1 - Ha;
if( H1 > 0 )
    Q1 = sqrt( fabs( H1/( S1 + Sx1 ) ) ) ;
else Q1 = - sqrt( fabs( H1/( S1 + Sx1 ) ) ) ;
H2 = Z2 + T * Hx2 - Ha;
if( H2 > 0 )
    Q2 = sqrt( fabs( H2/( S2 + Sx2 ) ) ) ;
else Q2 = - sqrt( fabs( H2/( S2 + Sx2 ) ) ) ;
H = Ha - Z0;
if( H > 0 )
    Q0 = sqrt( fabs( H/S0 ) ) ;
else Q0 = - sqrt( fabs( H/S0 ) ) ;
F = Q0 - Q1 - Q2;
F1 = 0.5/sqrt( fabs( H1 ) * ( S1 + Sx1 ) ) + 0.5/sqrt( fabs( H2 ) * ( S2 + Sx2 ) ) + 0.5/sqrt( fabs( H ) * S0 ) ;
ok + = 1;
}
void main( )
{ float q0, z0, s0, z1, s1, hx1, sx1, z2, s2, hx2, sx2, n0, nmin;
float n, ha, t, q1, q2, h1, h2;
                                                  //采用文件输入原始数据
char infile[ 20 ], outfile[ 20 ];
cout < < "请输入原始数据文件名(含扩展名)" < < endl;
cin > > infile;
ifstream istrm( infile) ;
istrm > > q0 > > z0 > > s0 > > z1 > > s1 > > hx1 > > sx1 > > z2 > > s2 > > hx2 > > sx2 > > n0 > > nmin;
istrm. close( ) ;
```

```
/ * q0 = 1.4; z0 = 60.5; s0 = 0.6944;
z1 = 28.9; s1 = 5; hx1 = 47.208; sx1 = 20.833;
z2 = 28.9; s2 = 2; hx2 = 47.208; sx2 = 20.833;
n0 = 960; nmin = 960; * /
ha = z0 + s0 * q0 * q0;
Csp p1( ha, hx1, z1, s1, sx1);
q2 = q0 - p1.putq1( );
Rsp p2( ha, hx2, z2, s2, sx2, q2, n0);
/ *
if( p2.putn( ) < = n0&&p2.putn( ) > = nmin)            //若调速泵转速大于最小转速 nmin 则输出以下结果
{
h2 = p2.putt( ) * hx2 - sx2 * p2.putq2( ) * p2.putq2( );
cout < < "Q0 = " < < q0 < < "(m^/s)   Z0 = " < < z0 < < "(m)   S0 = " < < s0 < < "(s^2/m^5)" < < endl;
cout < < "Z1 = " < < z1 < < "(m)   S1 = " < < s1 < < "(s^2/m^5)" < < endl;
cout < < "Z2 = " < < z2 < < "(m)   S2 = " < < s2 < < "(s^2/m^5)" < < endl;
cout < < "pump_1#: H = " < < hx1 < < " - " < < sx1 < <  " * Q^2" < < endl;
cout < < "pump_2#: H = " < < hx2 < < " - " < < sx2 < <  " * Q^2" < < endl;
cout < < "n * = " < < p2.putn( ) < < "  nMin = " < < nmin < < "    nNorm = " < < n0 < < endl;
cout < < "Constant_speed pumb1: Q = " < < p1.putq1( ) < < "(m^3/s)   H = " < < hx1 - sx1 * p1.putq1( ) *
p1.putq1( ) < < "(m)" < < endl;
cout < < "Regulate_speed pumb2: Q = " < < p2.putq2( ) < < "(m^3/s)   H = " < < p2.putt( ) * hx2 - sx2 *
p2.putq2( ) * p2.putq2( ) < < "(m) n * = " < < p2.putn( ) < < "(r/min)" < < endl;
cout < < "Total Qz = " < < p1.putq1( ) + p2.putq2( ) < < "(m^3/s)" < < endl;}
else  //若调速泵转速小于最小转速 nmin 则通过牛顿迭代对供水系统工况数解并输出计算结果
{ if( p2.putn( ) < nmin)
{ n = nmin;
  t = nmin * nmin/n0/n0;}
else if( p2.putn( ) > n0)
          { n = n0;
            t = 1;}
diedai d( hx1, sx1, z1, s1, hx2, sx2, z2, s2, t, ha, s0,z0); //
while( fabs( d.putf( ) ) > 1e - 5&&d.putok( ) < 500)
{ d.getha( d.putha( ) - d.putf( )/d.putf1( ) );}
h2 = d.putt( ) * hx2 - sx2 * d.putq2( ) * d.putq2( );
cout < < "Q0 = " < < q0 < < "(m^/s)   Z0 = " < < z0 < < "(m)   S0 = " < < s0 < < "(s^2/m^5)" < < endl;
cout < < "Z1 = " < < z1 < < "(m)   S1 = " < < s1 < < "(s^2/m^5)" < < endl;
cout < < "Z2 = " < < z2 < < "(m)   S2 = " < < s2 < < "(s^2/m^5)" < < endl;
cout < < "pump_1#: H = " < < hx1 < < " - " < < sx1 < <  " * Q^2" < < endl;
cout < < "pump_2#: H = " < < hx2 < < " - " < < sx2 < <  " * Q^2" < < endl;
cout < < "n * = " < < n < < "nMin = " < < nmin < < "nNorm = " < < n0 < < endl;
cout < < "Constant_speed pumb1: Q = " < < d.putq1( ) < < "(m^3/s)   H = " < < hx1 - sx1 * d.putq1( ) * d.
putq1( ) < < "(m)" < < endl;
```

```
cout < < "Regulate_speed pumb2: Q = " < < d. putq2( ) < < "( m^3/s)    H = " < < d. putt( ) * hx2 - sx2 * d.
putq2( ) * d. putq2( ) < < "(m)  n * = " < < n < < "(r/min)" < < endl;
cout < < "Total Qz = " < < d. putq1( ) + d. putq2( ) < < "( m^3/s)" < < endl;
} */
                                                  //以文件格式输出计算结果
cout < < "请输入存储计算结果的文件名(含扩展名)" < < endl;
cin > > outfile;
ofstream ostrm( outfile);
if( p2. putn( ) < = n0&&p2. putn( ) > = nmin)        //若调速泵转速大于最小转速 nmin 则输出以下结果
{h2 = p2. putt( ) * hx2 - sx2 * p2. putq2( ) * p2. putq2( );
ostrm < < "Q0 = " < < q0 < < "(m^/s)   Z0 = " < < z0 < < "(m)   S0 = " < < s0 < < "(s^2/m^5)" < < endl;
ostrm < < "Z1 = " < < z1 < < "(m)   S1 = " < < s1 < < "(s^2/m^5)" < < endl;
ostrm < < "Z2 = " < < z2 < < "(m)   S2 = " < < s2 < < "(s^2/m^5)" < < endl;
ostrm < < "pump_1#: H = " < < hx1 < < " - " < < sx1 < <  " * Q^2" < < endl;
ostrm < < "pump_2#: H = " < < hx2 < < " - " < < sx2 < <  " * Q^2" < < endl;
ostrm < < "n * = " < < p2. putn( ) < < "   nMin = " < < nmin < < "   nNorm = " < < n0 < < endl;
ostrm < < "Constant_speed pumb1: Q = " < < p1. putq1( ) < < "( m^3/s)    H = " < < hx1 - sx1 * p1. putq1( ) *
p1. putq1( ) < < "(m)" < < endl;
ostrm < < "Regulate_speed pumb2: Q = " < < p2. putq2( ) < < "( m^3/s)    H = " < < p2. putt( ) * hx2 - sx2 *
p2. putq2( ) * p2. putq2( ) < < "(m)  n * = " < < p2. putn( ) < < "(r/min)" < < endl;
ostrm < < "Total Qz = " < < p1. putq1( ) + p2. putq2( ) < < "( m^3/s)" < < endl;}
else  //若调速泵转速小于最小转速 nmin 则通过牛顿迭代对供水系统工况数解并输出计算结果
{if( p2. putn( ) < nmin)
{n = nmin;
  t = nmin * nmin/n0/n0;}
else if( p2. putn( ) > n0)
          {n = n0;
            t = 1;}
diedai d( hx1, sx1, z1, s1, hx2, sx2, z2, s2, t, ha, s0,z0); //
while( fabs( d. putf( )) > 1e - 5&&d. putok( ) < 500)
{d. getha( d. putha( ) - d. putf( )/d. putf1( )) ;}
h2 = d. putt( ) * hx2 - sx2 * d. putq2( ) * d. putq2( );
ostrm < < "Q0 = " < < q0 < < "(m^/s)   Z0 = " < < z0 < < "(m)   S0 = " < < s0 < < "(s^2/m^5)" < < endl;
ostrm < < "Z1 = " < < z1 < < "(m)   S1 = " < < s1 < < "(s^2/m^5)" < < endl;
ostrm < < "Z2 = " < < z2 < < "(m)   S2 = " < < s2 < < "(s^2/m^5)" < < endl;
ostrm < < "pump_1#: H = " < < hx1 < < " - " < < sx1 < <  " * Q^2" < < endl;
ostrm < < "pump_2#: H = " < < hx2 < < " - " < < sx2 < <  " * Q^2" < < endl;
ostrm < < "n * = " < < n < < "nMin = " < < nmin < < "   nNorm = " < < n0 < < endl;
ostrm < < "Constant_speed pumb1: Q = " < < d. putq1( ) < < "( m^3/s)    H = " < < hx1 - sx1 * d. putq1( ) * d.
putq1( ) < < "(m)" < < endl;
ostrm < < "Regulate_speed pumb2: Q = " < < d. putq2( ) < < "( m^3/s)    H = " < < d. putt( ) * hx2 - sx2 * d.
putq2( ) * d. putq2( ) < < "(m)  n * = " < < n < < "(r/min)" < < endl;
```

```
ostrm<<"Total Qz="<<d.putq1()+d.putq2()<<"(m^3/s)"<<endl;
}
ostrm.close();
}
```

原始数据文件名111,内容为:

1.4　60.5　0.6944　/* 分别为:Q0,S0,Z0

28.9　5　47.208　20.833　/* 分别为:Z1,S1,Hx1,Sx1　*/

28.9　2　47.208　20.833　/* 分别为:Z2,S2,Hx2,Sx2　*/

960　768　/* 分别为:n0,nMin　*/

结果文件名222,内容为:

(1)两台泵均恒速运行

(原始数据文件中最小转速rMin取额定转速值960)

①枯水位时

(原始数据文件中Z1、Z2取28.9)

Q0=1.4m^/s　Z0=60.5m　S0=0.6944s^2/m^5

Z1=28.9m　S1=5s^2/m^5

Z2=28.9m　S2=2s^2/m^5

pump_1#: H=47.208-20.833*Q^2

pump_2#: H=47.208-20.833*Q^2

n*=960　nMin=960　nNorm=960

Constant_speed pumb1: Q=0.736294m^3/s　H=35.9138m

Regulate_speed pumb2: Q=0.783172m^3/s　H=34.4299m n*=960r/min

Total Qz=1.51947m^3/s

②常水位时

(原始数据文件中Z1、Z2取32.8)

Q0=1.4m^/s　Z0=60.5m　S0=0.6944s^2/m^5

Z1=32.8m　S1=5s^2/m^5

Z2=32.8m　S2=2s^2/m^5

pump_1#: H=47.208-20.833*Q^2

pump_2#: H=47.208-20.833*Q^2

n*=960　nMin=960　nNorm=960

Constant_speed pumb1: Q=0.823159m^3/s　H=33.0918m

Regulate_speed pumb2: Q=0.875567m^3/s　H=31.237m n*=960r/min

Total Qz=1.69873m^3/s

③洪水位时

(原始数据文件中Z1、Z2取37.5)

Q0=1.4m^/s　Z0=60.5m　S0=0.6944s^2/m^5

Z1=37.5m　S1=5s^2/m^5

Z2=37.5m　S2=2s^2/m^5

pump_1#: H =47.208 -20.833 * Q^2

pump_2#: H =47.208 -20.833 * Q^2

n * =960 nMin =960 nNorm =960

Constant_speed pumb1: Q =0.916973m^3/s H =29.6908m

Regulate_speed pumb2: Q =0.975355m^3/s H =27.3892m n * =960r/min

Total Qz =1.89233m^3/s

④常水位时 2 号泵调速运行时

(原始数据文件中 Z1、Z2 取 32.8,最小转速 rMin 取题目给定的 768)

Q0 =1.4m^/s Z0 =60.5m S0 =0.6944s^2/m^5

Z1 =32.8m S1 =5s^2/m^5

Z2 =32.8m S2 =2s^2/m^5

pump_1#: H =47.208 -20.833 * Q^2

pump_2#: H =47.208 -20.833 * Q^2

n * =841 nMin =768 nNorm =960

Constant_speed pumb1: Q =0.838136m^3/s H =32.5734m

Regulate_speed pumb2: Q =0.561864m^3/s H =29.653m n * =841r/min

Total Qz =1.4m^3/s

(2)洪水位时 2 号泵调速运行

(原始数据文件中 Z1、Z2 取 37.5,最小转速 rMin 取题目给定的 768)

Q0 =1.4m^/s Z0 =60.5m S0 =0.6944s^2/m^5

Z1 =37.5m S1 =5s^2/m^5

Z2 =37.5m S2 =2s^2/m^5

pump_1#: H =47.208 -20.833 * Q^2

pump_2#: H =47.208 -20.833 * Q^2

n * =768 nMin =768 nNorm =960

Constant_speed pumb1: Q =0.938746m^3/s H =28.849m

Regulate_speed pumb2: Q =0.50271m^3/s H =24.9483m n * =768r/min

Total Qz =1.44146m^3/s

计算结果说明:

(1)计算结果如表 3-3(Q:m^3/s,H:m)所示。

两台泵恒速运行时的工况 表 3-3

水 位	定速泵工况点		调速泵工况点		总供水量(m^3)
	流量(Q)	扬程(H)	流量(Q)	扬程(H)	
枯水位	0.736294	35.9138	0.783172	34.4299	1.51947
常水位	0.823159	33.0918	0.875567	31.237	1.69873
洪水位	0.916973	29.6908	0.975355	27.3892	1.89233

(2)计算结果如下。

定速泵 $Q=0.838136m^3/s$,$H=32.5734m$

调速泵 $Q=0.561864\text{m}^3/\text{s}, H=29.653\text{m}$

转速 $n^*=841\text{r/min}$

实际总供水量为 1.4 m^3/s(等于要求出水量)。

(3)计算结果如下。

定速泵 $Q=0.938746\text{m}^3/\text{s}, H=28.849\text{m}$

调速泵 $Q=0.50271\text{m}^3/\text{s}, H=24.9483\text{m}$

转速 $n^*=768\text{r/min}$

实际总供水量为 1.44146m^3/s(稍大于要求出水量)。此情况下调速泵已采用最低转速 $n_{\min}$,因此为实现均匀供水,可考虑适当切削水泵叶轮来进行调整。

【思考题与习题】

1. 分别用数解法及 Excel 图表法拟合 12Sh-19 型离心泵的 Q-H 特性曲线方程。①抛物线法;②最小二乘法。

2. 采用海曾·威廉公式$\left(i=\dfrac{h_y}{l}=\dfrac{10.67q^{1.852}}{C_h^{1.852}d_j^{4.87}}\right)$来编制单泵多塔供水系统工况计算程序。

3. 某机场附近一个工厂区的供水设施如图 3-10 所示。已知:采用一台 14SA-10 型离心泵工作,转速 $n=1450\text{r/min}$,叶轮直径 $D=466\text{mm}$,管道阻力系数 $S_{AB}=200\text{s}^2/\text{m}^5$,$S_{BC}=130\text{s}^2/\text{m}^5$,编程上机求解:

(1)当水泵与密闭压力水箱同时向管路上 B 点的 4 层楼房供水时,若 B 点的实际水压等于保证 4 层楼用水所必需的自由水头,B 点出流的流量为多少?

(2)当水泵向密闭压力水箱输水,B 点的出流量为 40L/s 时,水泵的输水量及扬程为多少?输入密闭压力水箱的流量是多少?

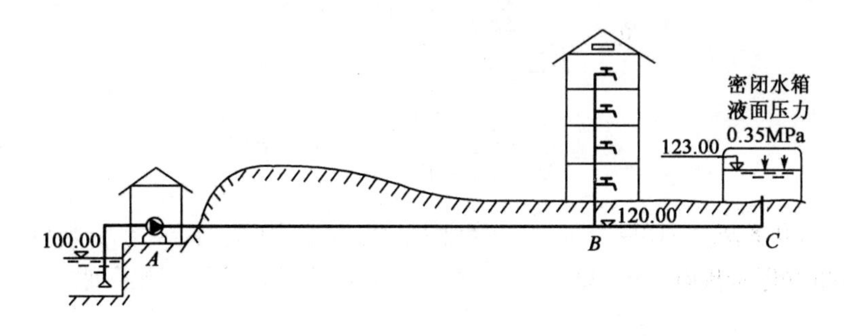

图 3-10 厂区供水系统

第4章　水文学与水文地质学计算程序设计

4.1　频率分析综合程序

4.1.1　问题的提出

频率分析综合程序的内容包括三个部分:相关分析、一般频率分析、含特大值系列的频率分析。我们只需要将实测样本系列值和参证站系列值抽象为两个随机变量系列 x,y,它们分别为 $x_1,x_2,\cdots,x_n;y_1,y_2,\cdots,y_m$;其中 $m>n$。然后对这两组数据进行相关分析、一般频率分析或含特大值系列的频率分析。

4.1.2　计算方法

1)相关分析

当实测样本系列较短或者系列内有缺测项时,样本的代表性差,应先进行相关分析,尽可能插补或延展系列。通常是求相关系数 R,建立回归方程式,然后延展和插补系列,最后进行频率分析。一般情况下,设实测样本系列值构成数组 X_i,参证站系列值构成数组 Y_i^*。很显然,数组 Y_i^* 的项数多于数组 X_i的项数,把数组 Y_i^* 中对应于数组 X_i的项选出,构成与数组 X_i 项数相等的新数组 Y_i。X_i可以看成是变量 x 的一系列值,Y_i可以看成是变量 y 的一系列值($i=1,2,\cdots,n$)。为了确定变量 x 系列与变量 y 系列的相关程度,必须求得相关系数 R 和回归线的标准误差 S_x。

$$R=\frac{\sum(x_i-\bar{x})(y_i-\bar{y})}{\sqrt{\sum(x_i-\bar{x})^2\cdot\sum(y_i-\bar{y})^2}}$$

$$S_x=\sqrt{\frac{\sum(x_i-\bar{x})^2}{n-1}}\cdot\sqrt{1-R^2}$$

如果 $|R|>0.8$,$S_x\leqslant(10\sim15)\%\bar{x}$,说明两个变量之间关系比较密切,则可以建立回归方程,并根据回归方程延展和插补实测系列。否则,不能延展和插补实测系列。

计算回归系数 $a=R\sqrt{\frac{\sum(x_i-\bar{x})^2}{\sum(y_i-\bar{y})^2}}$,建立回归方程 $x-\bar{x}=a(y-\bar{y}_i)$。可以利用回归方程和数组 Y_i^* 对实测系列 X_i进行延展或插补,使得数组 X_i和数组 Y_i^* 项数相同。

2)一般频率分析

对于实测系列 $x_i(i=1,2,\cdots,n)$较长,或者经调查系列内外无特大值洪水(暴雨)的情况,可以直接进行频率分析。计算过程如下：

①经验频率计算。

$$P=\frac{m}{n+1}\times 100\%$$

式中：P——经验频率；

m——x_m 在 n 项观测资料中按递减顺序排列的序号；

n——观测资料的总项数。

②计算统计参数。

样本系列的均值 $\bar{x}=\frac{\sum x_i}{n}$，离差系数 $C_v=\frac{s_x}{x}=\frac{1}{x}\sqrt{\frac{\sum(x_i-\bar{x})^2}{n-1}}$，其中 s_x 为系列 x_i 的均方差。

③假定 C_s 值（在经验范围内选用），确定线型（一般采用皮尔逊Ⅲ型曲线）。

④根据 C_s、P_i 查离均系数 Φ_P 值表。（P_i 为一组已知的频率值，查表后可以得到一组 Φ_{Pi} 值）

⑤计算理论频率曲线纵坐标 $x_i=\bar{x}(\Phi_{Pi}C_v+1)$，相应的横坐标为 P_i。

⑥根据①中的（P_i，x_i），绘制经验频率曲线；根据⑤中的（P_i，x_i），绘制理论频率曲线。如果两条曲线配合得好，便得到合适的统计参数，根据设计频率 P，利用 $x_P=\bar{x}(\Phi_P C_v+1)$ 求得水文特征值。否则，返回③步调整。

3）含有特大值的频率分析

对于系列内含有特大值的资料，应按含特大值的情况进行分析。

①经验频率计算。

a. 不连续 N 年系列中前 a 项特大值的经验频率。计算式：

$$P_M=\frac{M}{N+1}\times 100\%$$

式中：P_M——不连续 N 年系列第 M 项的经验频率；

M——特大值由大到小排位的顺序号，$M=1,2,\cdots,n$；

N——调查考证的年数（包括实测期），通常称为首项特大值的重现期，用下式计算：

$$N=T_2-T_1+1$$

式中：T_1——调查或考证到的最远年份；

T_2——实测连续系列最近的年份。

b. 实测 n 年系列普通项的经验频率。计算式：

$$P_m=\frac{m}{n+1}\times 100\%$$

式中：P_m——连续 n 年系列第 m 项的经验频率；

m——由大到小排位的顺序号，$m=1,2,\cdots,n$。

如果实测期内有需要做特大项处理的项次为 L 个，则把此 L 个项加入到历史行列中，在 N 年中统一排位。但它们在 n 年实测系列中的原有位置空着，使系列中其他项的序号保持不变，此时公式中由大到小排位的序号则为 $m=L+1,L+2,\cdots,n$。

②计算统计参数:

$$\overline{X}_N = \frac{1}{N}\left(\sum_{j=1}^{a} X_{Nj} + \frac{N-a}{n-L}\sum_{i=L+1}^{n} X_i\right)$$

$$C_{vN} = \frac{1}{\overline{X}_N}\sqrt{\frac{1}{N-1}\left[\sum_{j=1}^{a}(X_{Nj}-\overline{X}_N)^2 + \frac{N-a}{n-L}\sum_{i=L+1}^{n}(X_i-\overline{X}_N)^2\right]}$$

式中:X_{Nj}——特大洪水值;

X_i——实测洪水值;

$\overline{X}_N$、C_{vN}——N年不连续系列的均值及变差系数。

③同一般频率分析中的③~⑥步。

4.1.3 计算框图及源程序清单(图4-1)

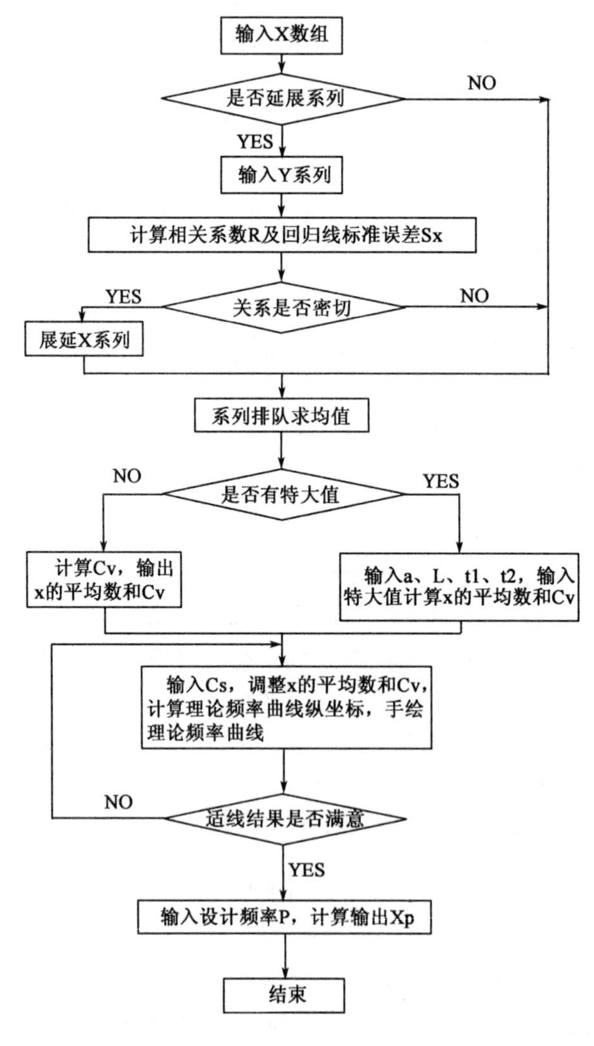

图4-1　频率分析框图

C++语言计算程序如下:

```
#include <iostream>
#include <string>
#include <fstream>
#include <iomanip>
#include <stdio.h>
#include <math.h>
#include <conio.h>
#include <stdlib.h>
using namespace std;

void Put(int m,int n,int N,float x[],float xv,float *Q)
{
    int i;
    float s,s1,p,ST=0,T=0;
    *Q=0;
    for(i=m-1; i<n; i++)
    {
        s=x[i]-xv;                          //x_i - x̄
        T=T+s;                              //∑(x_i - x̄)
        s1=s*s;                             //(x_i - x̄)^2
        *Q=*Q+s1;                           //∑(x_i - x̄)^2
        p=(i+1)*100.0/(N+1);                //求频率
        ST=ST+x[i];                         //∑x_i
        cout<<setw(2)<<i+1<<' '<<setw(12)<<setprecision(0)<<x[i]<<' '<<setw(12)<
<setprecision(2)<<s<<' '<<setw(12)<<setprecision(2)<<s1<<' '<<setw(12)<<setprecision
(1)<<p<<endl;
        //printf("%2d %12.0f %12.2f %12.2f% 12.1f\n",i+1,x[i],s,s1,p);
    }
        cout<<"-----------------------------------"<<endl;
        cout<<"sum "<<setw(12)<<setprecision(2)<<ST<<' '<<setw(10)<<setprecision(2)<
<T<<' '<<setw(11)<<setprecision(2)<<Q<<endl;
    //printf("--------------------------------------
------------\n"); printf("sum %12.2f  %10.2f  %11.2f\n",ST,T,*Q);
}
void  M (float x[],int n)                   //定义一个由大到小排序的函数
{
    int i,j;
    float t;
    for(i=0; i<n-1; i++)
```

```
            for(j = i + 1; j < n; j + + )
                if(x[i] < x[j])
                {
                t = x[i];
                x[i] = x[j];
                x[j] = t;
            }
}
int main( )
{
    char filename[80];
    char Za,Ya,Ma;
    float x[100] = {0},y[100] = {0},p[13] = {0.01,0.1,1,5,10,25,50,75,90,95,97,99,99.9};
    float S1 = 0,S2 = 0,T1 = 0,T2 = 0,ST = 0,sum = 0,Xv = 0,Yv = 0;
    float S,T,Cs,Cv,TT,ss,Q,R,c,Sx,P,F,Xp,A,B,kp;
    float XN[100],f[13];
    float  * q;
    int i,m,n,a,t1,t2,L,N1,k;
    cout < < "please Input data filenane:" < < endl;
    //printf( "please Input data filenane:\n" );
    cin > > filename;
    //scanf( "%s",filename);
    fstream fin;
    fin.open(filename);
    if( ! fin.is_open( ) )
    {
        cout < < "can't open file:" < < endl;
        exit(0);
    }
    else
    {
        fin > > m;
                                                    //从文件读入数据
        i = 0;
        while(fin.good( ) )
        {
          fin > > x[i];
          i + + ;
        }
        fin.close( );
  }
  cout < < "Is unflod? Y or N" < < endl;
```

```
//printf("Is unflod? Y or N\n");                    //原始数据是否延展
getchar();                                          //getchar()作用:读取上句输入语句的回车符
cin>>Za;
//scanf("%c",&Za);
if(Za=='Y')
{
    cout<<"please Input other filenane:"<<endl;
    //printf("please Input other filenane:\n");     //输入参照站的数据文件
    cin>>filename;
    //scanf("%s",filename);
    fstream fin;
    fin.open(filename);
    if(! fin.is_open())
    {
        cout<<"can't open file:"<<endl;
        exit(0);
    }
    else
    {
        fin>>n;                                     //从文件读入数据
        i=0;
        while(fin.good())
        {
            fin>>y[i];
            i++;
        }
        fin.close();
}
for(i=0; i<m; i++)
{
    Xv=Xv+x[i];
    Yv=Yv+y[i];
}
Xv=Xv/m;
Yv=Yv/m;                                            //分别求原始数据和参照站数据的平均值
for(i=0; i<m; i++)
{
    S=x[i]-Xv;                                      //x_i - x̄
    S2-S2+S*S;                                      //∑(x_i - x̄)^2
    T=y[i]-Yv;                                      //y_i - ȳ
    T2=T2+T*T;                                      //∑(y_i - ȳ)^2
```

```
        ST = ST + S * T;                        //∑(xi - x̄)(yi - ȳ)
        S1 = S1 + S;                            //∑(xi - x̄)
        T1 = T1 + T;                            //∑(yi - ȳ)
    }
    R = ST/sqrt(S2 * T2);                       //求相关系数 R = ∑(xi - x̄)(yi - ȳ) / sqrt(∑(xi - x̄)^2 · ∑(yi - ȳ)^2)
    c = sqrt(S2/(m - 1));                       //原始数据均方差 sx = sqrt(∑(xi - x̄)^2 / (m - 1))
    Sx = sqrt(1 - R * R) * c;                   //回归线的标准误差 Sx = sx sqrt(1 - R^2)
    if(R > 0.8&&Sx < 0.15 * Xv)                 //判断相关性
    {
      A = R * sqrt(S2/T2);                      //回归系数 A = R sx/sy
      B = Xv - A * Yv;
      cout < < "please Input  result of  filename:";
      //printf("please Input  result of  filename:");
      cin > > filename;
      //scanf("%s",filename);                   //输入存储结果的文件名
      ofstream foin(filename);
      if(! foin.good())
      {
          cout < < "can't open file:" < < endl;
          exit(0);
      }
      foin < < "   R = " < < R < < "\n";
                                                //从文件读入数据
      foin < < "   Sx = " < < Sx < < "\n";
      foin < < "   Xv = " < < Xv < < "\n";
      foin < < "X = " < < A < < "Y + (" < < B < < ")\n";
      foin < < "--------------------------------\n";
      for(i = m; i < n; i + +)
      {
        x[i] = A * y[i] + B;                    //延展原始数据
        foin < < i + 1 < < ", " < < y[i] < < ", " < < x[i] < < "\n";
                                                //输出延展后的数据
      }
      foin < < "--------------------------------\n";
      foin.close();
      m = n;                                    //为了统一调用函数,变量赋值
    }
```

```
}
M (x,m);                                        //原始数据或者延展后数据从大到小排序
  for(i=0; i<m; i++)
    sum+=x[i];
  Xv=sum/m;
  cout<<"Have max number? Y or N"<<endl;
  //printf("Have max number? Y or N\n");         //是否有特大值
  getchar();
  cin>>Ya;//scanf("%c",&Ya);
  if(Ya=='Y')
  {
    cout<<"please Input a,L,t1,t2"<<endl;
    //printf("please Input a,L,t1,t2\n");        //输入特征值
      cin>>a>>L>>t1>>t2;
    //scanf("%d%d%d%d",&a,&L,&t1,&t2);
    cout<<"please Input max datas:"<<endl;
    //printf("please Input max datas:\n");
    for(i=0; i<a; i++)
      cin>>XN[i];
    //scanf("%f",&XN[i]);                        //从小到大输入特大值
  N1=t2-t1+1;                                    //计算首项特大值的重现期
  if(L!=0)                                       //原始数据内有特大值
  {
      T=0;
      for(i=0; i<a; i++)
      {
          T=T+XN[i];                             //特大值系列的和
          if(i+1<=L)sum=sum-x[i];                //实测系列的和(扣除实测系列内的特大值)
      }
      Xv=sum/(m-L);                              //实测系列的平均值(扣除实测系列内的特大值)
      k=L+1;                                     //记录实测系列次最大值的位置序号
  }
  else
  {
      T=0;
      for(i=0; i<a; i++)
          T=T+XN[i];
      k=1;
  }
  M (XN,a);
  Xv=(T+(N1-a)*Xv)/N1;
```

```
    cout<<"please Input Xv="<<setprecision(2)<<Xv<<endl;
    //printf("please Input Xv=%.2f\n",Xv);
    cout<<" M   X[i]   X[i]-Xv   (X[i]-Xv)^2   p(%)"<<endl;
    //printf(" M   X[i]   X[i]-Xv   (X[i]-Xv)^2   p(%)\n");
    cout<<"-------------------------------------------
-------------"<<endl;
    //printf("-----------------------------------------
-------------\n");
    i=1;
    q=&TT;                              //TT 变量的地址赋给指针变量 q
    Put(i,a,N1,XN,Xv,q);                //调用函数处理特大值
    q=&ss;
    Put(k,m,m,x,Xv,q);                  //调用函数处理实测系列(已经扣除了系列内的特大值)
    Cv=sqrt((TT+(N1-a)*ss/(m-L))/(N1-1))/Xv;
    cout<<"Cv="<<setprecision(2)<<Cv<<'\t'<<"Xv="<<setprecision(2)<<Xv<<endl;
    //printf("Cv=%.2f\tXv=%.2f\n",Cv,Xv);
  }
  else
  {
    cout<<"M\tX[i]\tX[i]-Xv\t(X[i]-Xv)^2\tp(%)\t\n";
    //printf("M\tX[i]\tX[i]-Xv\t(X[i]-Xv)^2\tp(%)\t\n");
    cout<<"------------------------------------------"
<<endl;
    //printf("----------------------------------------\
n");
    i=1;
    q=&Q;
    Put(i,m,m,x,Xv,q);
    Cv=sqrt(Q/(m-1))/Xv;
cout<<"Cv="<<setprecision(3)<<Cv<<'\t'<<"Xv="<<setprecision(3)<<Xv<<'\t'<<endl;
    //printf("Cv=%.3f\tXv=%.3f\t\n",Cv,Xv);
  }
  do
  {
    cout<<"please Input Xv: Cv: Cs:"<<endl;
    //printf("please Input Xv: Cv: Cs:\n");   //输入平均值、变差系数、偏态系数
    cin>>Xv>>Cv>>Cs;
    //scanf("%f%f%f",&Xv,&Cv,&Cs);
    cout<<"please Input FAIPI'data  filename:";
    //printf("please Input FAIPI'data  filename:");
    cin>>filename;
    //scanf("%s",filename);             //输入存储对应离均系数值的文件名
```

```
fstream fin;
fin. open(filename);
if(! fin. is_open())
{
    cout<<"can't open file:"<<endl;
    exit(0);
}
else
{
    fin>>n;
                                        //从文件读入数据
    i=0;
    while(fin. good())
    {
        fin>>f[i];
        i++;
    }
    fin. close();
}
cout<<"please Input   result of   filename:";//printf("please Input   result of   filename:");
cin>>filename;//scanf("%s",filename);       //输入存储计算结果的文件名
ofstream foin(filename);
if(! foin. good())
{
    cout<<"can't open file:"<<endl;
    exit(0);
}
foin<<"\tCs="<<Cs<<"\tCv="<<Cv<<"\tXv="<<Xv<<"\t\n";
foin<<"p(%)\t FAIPI\t FAIPI*Cv+1\tXp=kp*Xv\t\n";
foin<<"-------------------------------------------------
----------------\n";
for(i=0; i<13; i++)
{
    kp=f[i]*Cv+1;
    Xp=kp*Xv;
    foin<<p[i]<<"\t "<<f[i]<<"\t "<<kp<<"\t "<<Xp<<"\t\n";
}
foin<<"-------------------------------------------------
----------------\n";
foin. close();
cout<<"Is line   content? Y or N"<<endl;
//printf("Is line   content? Y or N\n");          //适线是否满意
```

```
        getchar();
        cin>>Ma;//scanf("%c",&Ma);
        if(Ma=='Y') break;
    }
    while(1);
    cout<<"please Input Cs="<<setprecision(3)<<Cs<<" Correspondence P=(%)and F="<<endl;
    //printf("please Input Cs=%.3f Correspondence P=(%)and F=\n",Cs);
                                            //请分别输入设计频率和对应的离均系数值
    cin>>P>>F;
    //scanf("%f%f",&P,&F);
    Xp=(F*Cv+1)*Xv;
    cout<<"P="<<setprecision(1)<<P;
    cout<<"Xp="<<setprecision(2)<<Xp<<endl;//printf("P=%.1f%",P);printf("Xp=%.2f\n",
Xp);
    return 0;
}
```

(1)变量说明

m——实测系列的项数；

n——参证站系列的项数；

N1——首项特大洪水的重现期；

L——系列内的特大值个数；

Xv、Cv、Cs、c——样本系列的均值、变差系数、偏态系数,均方差；

Yv——参证站系列的均值；

R——相关系数；

a——系列内含有特大值的个数；

t1、t2——调查或考证到的最远年代、实测连续序列最近的年代；

za、Ya、Ma——判断系列是否展开的字符串变量、是否有特大值的字符串变量、适线结果是否满意的字符串变量；

x[100]、Y[100]——实测样本系列数组、参证站系列数组；

XN[100]——特大值数组；

p[13]、f[13]——绘图使用的频率和相应的离均系数；

TT、SS——特大值与平均值差的平方和、非特大值与平均值差的平方和；

Q——实测系列值与平均值差的平方和。

(2)程序说明

程序中数组p[13]存储一组已知的频率值。也可以根据需要增加、减少或改变数组中的频率值。0.8和$0.15\bar{x}$分别是判断R和S_x精度的条件,可以依需要改变大小。

程序中,①是否延展系列;②有无特大值;③适线结果是否满意,这三个判断语句不是由计算机判断的,而是由人根据相关知识判断后将结果传递给计算机的。

程序在进行特大值频率分析需要向计算机输入特大值时,应该保证特大值从小到大输入。

程序中数组 f[i]存储的是离均系数 Φ_p 值，是根据频率 p[i]和偏态系数 Cs 值查表后得到的一组已知值。

4.1.4 程序分析

本程序内容包括三个部分：相关分析、一般频率分析、含特大值系列的频率分析。因为程序处理问题的多样性，所以程序中判断语句较多。

程序中定义了两个调用函数 void Put( ) 、void M ( )。对调用函数 void Put( )来说，虽然没有返回值，但是调用函数的形参中定义了指针变量，可以向主函数传递数值。例如 TT、SS、Q 的值就是通过调用函数传递给主函数的。对调用函数 void M( )来说，其作用是将一个数组元素从大到小降序排列。

系列延展是根据求得的回归方程进行的。如果求得的相关系数不满足精度要求，则不可以延展系列。

程序运行结果的优劣，一定程度上取决于人调整均值、变差系数、偏态系数的水平。因此，虽然程序的人机互动比较频繁，但还是实现了运行的自动化，大大减少了手算工作量。所以有其应用价值。

4.1.5 应用例题

1) 不含特大值的频率分析问题

已知黄河上诠站和兰州站所控制的流域面积上的自然地理特征基本相似，上诠站有 1943 ~ 1957 年的不连续年平均径流量资料，兰州站有 1935 ~ 1957 年连续 23 年的年平均径流量资料(表 4-1)。①试用相关分析法插补、延展上诠站的年径流资料，②求上诠站 $P = 98\%$ 时的年径流量。

两站实测年径流量(单位：m^3/s)　　表 4-1

年份\站名	兰州站	上诠站	年份\站名	兰州站	上诠站
1935	1298		1947	1077	922
1936	1013		1948	995	827
1937	1031		1949	1259	1098
1938	1267		1950	1011	870
1939	990		1951	1203	930
1940	1312		1952	970	778
1941	782		1953	898	773
1942	779		1954	984	823
1943	1247	1004	1955	1320	1140
1944	950	791	1956	731	617
1945	1168		1957	852	649
1946	1404	1131			

(1)上机前的准备工作

将上诠站的实测年径流量资料存入文件1,格式为:

14　1004　791　1131　922　827　1098　870　930　778　773　823　1140　617　649

将兰州站的实测年径流量资料存入文件2,格式为:

23　1247　950　1404　1077　995　1259　1011　1203　970　898　984　1320　731　852　1298　1013　1031　1267　990　1312　782　779　1168

注:存入每个文件的第一个数值为数据的个数。

(2)运行程序

①根据计算机提示,输入文件1名。

②根据计算机提示(是否延展系列),输入"Y"。

③根据计算机提示,输入文件2名。

④根据计算机提示,输入存储结果的文件名。

运行结果为:

R =0.974

Sx =37.60

Xv =882.36

X =0.829Y +(-0.143)

\- -

15	1298	1076
16	1013	840
17	1031	855
18	1267	1050
19	990	821
20	1312	1088
21	782	648
22	779	646
23	1168	968

\- -

即为问题①的结果。

⑤根据计算机提示(是否有特大值),输入"N"。

⑥计算机输出Cv =0.185,Xv =884.548,调整均值、变差系数、偏态系数为Xv =890,Cv =0.2,Cs =0.4。根据计算机提示,输入调整后的Xv、Cv、Cs值890　0.2　0.4;根据Cs =0.4,查皮尔逊Ⅲ型曲线的离均系数Φ_p值表,得到一组Φ_p值,存入文件3,其格式为:13　4.61　3.66　2.61　1.75　1.32　0.63　-0.07　-0.71　-1.23　-1.52　-1.70　-2.03　-2.54。

注:存入文件的第一个数值为数据的个数。

⑦根据计算机提示,输入文件3名。

⑧根据计算机提示,输入存储中间结果的文件名。

计算机输出的中间结果为:

Cs =0.40　Cv =0.20　Xv =890.00

```
p(%)          FAIPI        FAIPI * Cv + 1        Xp = kp * Xv
-------------------------------------------------------------
0.01          4.61         1.922                 1710.58
0.10          3.66         1.732                 1541.48
1.00          2.61         1.522                 1354.58
5.00          1.75         1.350                 1201.50
10.00         1.32         1.264                 1124.96
25.00         0.63         1.126                 1002.14
50.00         -0.07        0.986                 877.54
75.00         -0.71        0.858                 763.62
90.00         -1.23        0.754                 671.06
95.00         -1.52        0.696                 619.44
97.00         -1.70        0.660                 587.40
99.00         -2.03        0.594                 528.66
99.90         -2.54        0.492                 437.88
-------------------------------------------------------------
```

根据计算机输出的中间结果,绘制理论频率曲线,检查与经验点是否配合较好。

⑨根据计算机提示(配线是否满意),输入“Y”(如果不满意,返回⑥)。

⑩根据计算机提示,输入设计频率值98 和对应的离均系数值 -1.865。

计算机最终输出结果:

P =98% Xp =558.03

即为问题②的结果。

2)含特大值的频率分析问题

已知某坝址断面有 19 年的洪峰流量实测资料,如表 4-2 所示。经洪水调查得知 1922 年曾发生过一次特大洪水,据考证,它是 1922 年以来最大的一次,$Q = 2700\ m^3/s$;1963 年的洪水为第二特大洪水。试用试错适线法推求洪峰频率曲线。

某坝址洪峰流量(单位:m^3/s) 表 4-2

年 份	流 量	年 份	流 量
1954	1400	1964	818
1955	568	1965	1020
1956	1490	1966	464
1957	800	1967	488
1958	400	1968	334
1959	474	1969	774
1960	956	1970	610
1961	1320	1971	1000
1962	1770	1972	216
1963	2320		

(1)上机前的准备工作

将坝址洪峰流量存入文件1,格式为:

19 1400 568 1490 800 400 474 956 1320 1770 2320 818 1020 464 488 334 774 610 1000 216

注:存入文件的第一个数值为数据的个数。

(2)运行程序

①根据计算机提示,输入文件1名。

②根据计算机提示(是否延展系列),输入“N”。

③根据计算机提示,输入特征值a、L、t1、t2的值2　1　1922　1972。

④根据计算机提示,从小到大依次输入特大值2320　2700。

⑤计算机输出Cv = 0.6,Xv = 893.85,调整均值、变差系数、偏态系数为Xv = 920,Cv = 0.65,Cs = 1.8。根据计算机提示,输入调整后的Xv、Cv、Cs值920　0.65　1.8;根据Cs = 1.8,查皮尔逊Ⅲ型曲线的离均系数 Φ_p 值表,得到一组 Φ_p 值,存入文件2,其格式为:13　7.76　5.64　3.5　1.98　1.32　0.42　-0.28　-0.72　-0.94　-1.02　-1.06　-1.09　-1.11。

注:存入文件的第一个数值为数据的个数。

⑥根据计算机提示,输入文件2名。

⑦根据计算机提示,输入存储结果的文件名。

计算机输出的结果为:

```
Cs = 1.80    Cv = 0.65    Xv = 920.00

p(%)          FAIPI          FAIPI * Cv + 1          Xp = kp * Xv
-----------------------------------------------------------------
0.01          7.76           6.044                   5560.48
0.10          5.64           4.666                   4292.72
1.00          3.50           3.275                   3013.00
5.00          1.98           2.287                   2104.04
10.00         1.32           1.858                   1709.36
25.00         0.42           1.273                   1171.16
50.00         -0.28          0.818                   752.56
75.00         -0.72          0.532                   489.44
90.00         -0.94          0.389                   357.88
95.00         -1.02          0.337                   310.04
97.00         -1.06          0.311                   286.12
99.00         -1.09          0.292                   268.18
99.90         -1.11          0.279                   256.22
-----------------------------------------------------------------
```

根据计算机输出的结果,绘制理论频率曲线,看与经验点是否配合较好,如果配合不满意,返回⑤;反之,采用它作为设计频率曲线,即为所求结果。

4.2 城市暴雨强度公式推求

4.2.1 数学模型

把不同重现期的不同降雨历时与暴雨强度(i-t-T)对应的数据,绘制到普通方格纸上,可以看出暴雨强度随历时的增加而递减。这种曲线基本上属幂函数类型,我们可以采用下面形式的暴雨强度公式:

$$i=\frac{A}{t^n},\text{其中 } A=A_1(1+C\lg T) \tag{4-1}$$

式中:A_1、C——地方参数;

A——雨力,mm/min;

n——暴雨衰减指数;

t——暴雨历时,min;

T——重现期,a;

i——暴雨强度,mm/min。

参数 A_1、C、n 的推求,可以采用图解法。但用图解法推求暴雨强度公式中的参数,完全由目估定线,个人的工作经验对成果好坏起一定的作用。所以对于初学者来说,往往不能得到满意的结果。而采用最小二乘法原理推求暴雨强度公式中的参数,可以克服以上不足。并且,当数据点比较散乱时,用最小二乘法推求更为理想。

4.2.2 计算方法

将式(4-1)两边取对数,得:

$$\lg i=\lg A-n\lg t \tag{4-2}$$

这表明暴雨强度曲线在双对数坐标纸上是一条直线,n 为直线斜率。此处将每一重现期的暴雨强度 i 与降雨历时 t 看作一组观测系列,每组有 m_1 对(i,t)值。由式(4-2)可知:

$$\lg i-(\lg A-n\lg t)\neq 0$$

根据最小二乘法原理,求得的参数为最佳时,可使观测值与其匹配直线之间的误差平方和,即上式之差的平方和为最小。

设:

$$\sum[\lg i-(\lg A-n\lg t)]^2=M$$

令$\frac{\partial M}{\partial n}=0$,得:

$$\sum(\lg i \cdot \lg t) - \sum(\lg A \cdot \lg t) - n\sum \lg^2 t = 0$$

对某一重现期 T 而言,$\lg A$ 为常数,所以:

$$\sum(\lg i \cdot \lg t) - \lg A\sum \lg t + n\sum \lg^2 t = 0 \tag{4-3}$$

又令$\frac{\partial M}{\partial(\lg A)}=0$,得:

$$\sum \lg i - \sum \lg A + n\sum \lg t = 0$$

同理:

$$\sum \lg i - m_1\sum \lg A + n\sum \lg t = 0 \tag{4-4}$$

式中:m_1——降雨历时的总项数。

联立解式(4-3)、式(4-4),可得到式(4-5):

$$n = \frac{\sum \lg i \cdot \sum \lg t - m_1\sum(\lg i \cdot \lg t)}{m_1\sum \lg^2 t - (\sum \lg t)^2} \tag{4-5}$$

此式所得为只属于某一重现期 T 的暴雨衰减指数 n_T。对于不同重现期,则有多个略有差异的 n_T 值。取其平均值作为计算值,即 $\bar{n} = \frac{\sum n_T}{m_2}$,统一在一个暴雨强度公式中,即得:

$$\lg A = \frac{1}{m_1}(\sum \lg i + \bar{n}\sum \lg t) \tag{4-6}$$

最后,为了求得参数 A_1 及 B 值,对式 $A=A_1+B\lg T$ 运用最小二乘法,得:

$$A_1 = \frac{\sum \lg^2 T \cdot \sum A - \sum \lg T \cdot \sum(A\lg T)}{m_2\sum \lg^2 T - (\sum \lg T)^2} \tag{4-7}$$

$$B = \frac{\sum A - m_2 A_1}{\sum \lg T}$$

式中:m_2——重现期的总项数。

又因为 $A=A_1(1+C\lg T)$,所以 $C=B/A_1$。

经过上述推求,便得到了暴雨参数 A_1、C、n,从而可得到暴雨强度公式。

4.2.3 计算框图及源程序清单

计算框图如图 4-2 所示。

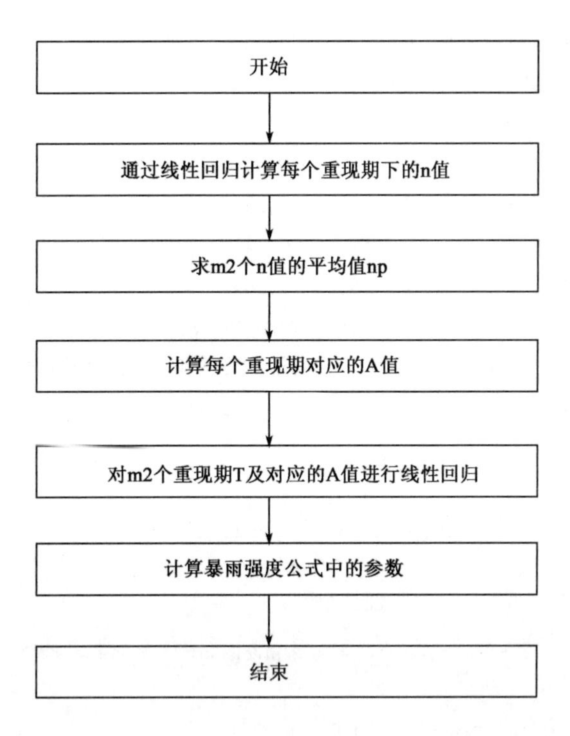

图 4-2　计算框图

C++ 语言计算程序如下：

```
#include  < math. h >
#include  < stdio. h >
#include < iostream >
#include < iomanip. h >
void LINE( int m,float x[30],float y[30],float a[2])
{
//int m;//
//float x[30],y[30],a[2];//
int i;
float sx =0,sy =0,sxx =0,sxy =0;
for( i =0;i < =m -1;i + + )
{ sx = sx + x[i]; sy = sy + y[i]; sxx = sxx + x[i] * x[i]; sxy = sxy + x[i] * y[i]; }
a[1] = (m * sxy - sx * sy)/(m * sxx - sx * sx);  a[0] = sy/m - a[1] * sx/m; }

main( )
{ int i,k,m1 =7,m2 =8;
```

```
  float I[8][7] = { {.318,.218,.189,.169,.141,.117,.103},
                    {.432,.308,.258,.230,.191,.155,.143},
                    {.557,.446,.366,.325,.266,.227,.198},
                    {.813,.652,.544,.470,.395,.330,.288},
                    {1.18,.863,.712,.631, .52,.435,.382},
                    {1.35,.973, .81,.715,.596,.496,.434},
                    {1.53,1.12,.931, .82,.682,.575,.497},
                    {1.83,1.34,1.11, .98,.818, .68,.596} };
  float t[30] = {5,10,15,20,30,45,60},T[30] = {.25,.33,.5,1,2,3,5,10};
  float lgt[30],lgT[30],lgI[30],A[30],n[30],a[2],s1,s2,np=0,A1,C;

for(k=0;k<=7;k++)
  { for(i=0;i<=m1-1;i++) { lgt[i]=log10(t[i]); lgI[i]=log10(I[k][i]); }
   LINE(m1,lgt,lgI,a);
   n[k] = -a[1];
   cout<<endl<<""<<"T="<<setw(5)<<setprecision(2)<<T<<""<<"n="<<setw(9)<
<setprecision(6)<<n;}
   //printf("\n   T=%5.2f   n=%9.6f",T[k],n[k]);//
  for(k=0;k<=m2-1;k++) np=np+n[k]; np=np/m2;
  cout<<endl<<' '<<"np="<<setw(9)<<setprecision(6)<<np<<endl;
  //printf("\n   np=%9.6f\n",np);
  for(k=0;k<=m2-1;k++)
  { s1=s2=0; lgT[k]=log10(T[k]);
    for(i=0;i<=m1-1;i++) { s1=s1+log10(I[k][i]); s2=s2+log10(t[i]); }
    A[k]=pow(10,(s1+np*s2)/m1);
    cout<<endl<<' '<<"T="<<setw(5)<<setprecision(2)<<T<<"   A="<<setw(9)<<set-
precision(6)<<A;}
    // printf("\n   T=%5.2f   A=%9.6f",T[k],A[k]); //
  LINE(8,lgT,A,a);
  A1=a[0]; C=a[1]/a[0];

cout<<endl<<"A1="<<setw(10)<<setprecision(6)<<A1<<endl<<"C="<<setw(10)<<set-
precision(6)<<C<<endl<<"n="<<setw(10)<<setprecision(6)<<np;
  //printf("\nA1=%10.6f\n C=%10.6f\n n=%10.6f",A1,C,np)//
  return 0;}
```

(1)函数程序 LINE（m,x,y,a)（功能:求两个线性回归系数值)变量说明

m——整型变量,为给定样本的个数;

x——单精度实型一维数组,定义大小范围 30(定义得偏大,一般 m<30,目的是为了程序

的通用),存放给定 m 个样本点的值 x[i],i=0, 1, 2, …,m-1。

y——单精度实型一维数组,定义大小范围 30(定义得偏大,一般 m<30),存放 m 个样本点的值 y[i],i=0, 1, 2, …,m-1。

a——单精度实型一维数组,定义大小范围 2,存放两个线性回归系数值。

(2)主函数变量说明

m1——整型变量,为降雨历时 t 的个数;

m2——整型变量,存放重现期 T 的个数;

i、k——整型变量,循环语句中使用的循环变量;

I——单精度实型二维数组,定义大小范围 m1 * m2,存放"暴雨强度 i-降雨历时 t-重现期 T 关系表"中的 i 值,行顺序对应重现期由小到大(升序)、列顺序对应降雨历时由小到大(升序)排列的 i 值;

lgI——单精度实型一维数组,定义大小范围 30,每次存放二维数组暴雨强度 I 的某一行(即某一重现期的一组 i 值)的对数值(以 10 为底);

t——单精度实型一维数组,定义大小范围 30(定义得偏大,一般 m<30,目的是为了程序的通用),存放给定 m1 个降雨历时的值(按升序);

lgt——单精度实型一维数组,定义大小范围 30,存放给定 m1 个降雨历时的对数值(以 10 为底);

T——单精度实型一维数组,定义大小范围 30,存放给定 m2 个重现期的值(按升序);

lgT——单精度实型一维数组,定义大小范围 30,存放给定 m2 个重现期的对数值(以 10 为底);

n——单精度实型一维数组,定义大小范围 30,程序计算中只用到 m2 个,存放对应于 m2 个不同重现期的暴雨强度公式中的指数 n 值;

np——单精度实型变量,存放 m2 个暴雨强度公式中的指数 n 值的平均值;

a——单精度实型一维数组,定义大小范围 2(和函数程序 LINE 中的变量 a 对应),存放两个线性回归系数值;

A——单精度实型一维数组,定义大小范围 30,程序计算中用到 m2 个,存放对应于 m2 个不同重现期的暴雨强度公式中的 A 值;

C——单精度实型变量,存放暴雨强度公式中的 C 值;

s1——单精度实型变量,对应于重现期 T[k]的暴雨强度对数累加和($\sum_{i=0}^{m1-1}\lg I[k][i]$);

s2——单精度实型变量,对应于重现期 T[k]的降雨历时对数累加和($\sum_{i=0}^{m1-1}\lg t[i]$)。

(3)程序说明

程序定义数组大小为 30,也可根据需要重新选择该值。本程序推求的是形式为 $i=\frac{A}{t^n}$,其中 $A=A_1(1+C\lg T)$ 的暴雨强度公式,不能推求形式为 $i=\frac{A}{(t+b)^n}$ 的暴雨强度公式。

4.2.4 应用例题

暴雨强度 i-降雨历时 t-重现期 T 的关系如表 4-3 所示,试推求暴雨强度公式:

$$i=\frac{A}{t^{n}},\text{其中 } A=A_1(1+C\lg T)$$

暴雨强度 *i*-降雨历时 *t*-重现期 *T* 关系表 表 4-3

T(a)	t(min)						
	5	10	15	20	30	45	60
	i(mm/min)						
0.25	0.318	0.218	0.189	0.169	0.141	0.117	0.103
0.33	0.432	0.308	0.258	0.230	0.191	0.155	0.143
0.5	0.557	0.446	0.366	0.325	0.266	0.227	0.198
1	0.813	0.652	0.544	0.470	0.395	0.330	0.288
2	1.180	0.863	0.712	0.631	0.520	0.435	0.382
3	1.350	0.973	0.810	0.715	0.596	0.496	0.434
5	1.530	1.120	0.931	0.820	0.682	0.575	0.497
10	1.830	1.340	1.110	0.980	0.818	0.680	0.596

运行程序,计算机的输出结果为 $n=0.444044$, $A_1=1.784543$, $B=1.912212$, $C=1.071541$。于是,得到暴雨强度公式 $i=\frac{1.784543(1+1.071541\lg T)}{t^{0.444044}}$,即为结果。

4.3 简单水文地质参数的计算

4.3.1 抽水试验可以确定的水文地质参数

抽水试验是获取多项水文地质参数最直接、最可靠、最常用的手段。通过不同性质(稳定流或非稳定流)、不同场地配置(带观测孔或不带观测孔,以及带多个观测孔)、不同试验方案(稳定流抽水试验布置几个落程、要求稳定的时间,非稳定流抽水试验抽水延续的时间)的抽水试验,可以分别获取含水层渗透系数 K、影响半径 R、承压含水层导水系数 K、压力传导系数 a、弹性储水(释水)系数 S 等参数。

利用抽水试验资料分别计算上述水文地质参数时,其繁简、难易程度差别较大。一般而言,稳定流抽水试验资料能计算的水文地质参数少但过程简单。例如在无界承压含水层中,一个主孔抽水、布置有两个观测孔的稳定流抽水试验,可以借助下式利用其抽水试验资料计算含水层渗透系数 K:

$$K=\frac{Q}{2\pi MS_{w}}\ln\frac{r_2}{r_1}$$

式中:K——渗透系数,m/d;

Q——抽水试验主井的稳定涌水量,m^3/d;

M——承压含水层厚度,m;

S_w——主孔的稳定水位降深,m;

r_1——观测孔 1 的主距，即观测孔 1 的孔心到主孔孔心的距离，m；

r_2——观测孔 2 的主距，即观测孔 2 的孔心到主孔孔心的距离，m。

这个计算很简单，可以不用编制计算程序，在抽水试验现场用计算器就可以完成计算。但是，有些稳定流抽水试验求取水文地质参数就不像上式那样简单。例如无界承压含水层，一个主孔抽水、没有观测孔的稳定流抽水试验，则需要借助下列两个公式利用其抽水试验资料计算含水层渗透系数 K 和影响半径 R：

$$K = \frac{Q}{2\pi MS_w}\ln\frac{R}{r_w}$$

$$R = 10S_w\sqrt{K}$$

式中：R——抽水试验的影响半径，m；

r_w——主孔的井半径，m。

其他符号意义同前。

这个计算就不那么简单了，因为用到的两个公式中，均包含有两个未知数，不能用解方程组的方法求解，需要用逐渐逼近、多次迭代的方法求其近似解。用计算器虽然也可以完成计算，但是要反反复复地迭代若干次，所以最好用编制程序的方法完成计算。

4.3.2 承压含水层稳定流单孔抽水试验计算 *K*、*R* 值

本程序适用于无界承压含水层，一个主孔抽水、没有观测孔的稳定流抽水试验，利用稳定流抽水试验资料计算含水层渗透系数 K 和影响半径 R，计算公式如下：

$$K = \frac{Q}{2\pi MS_w}\ln\frac{R}{r_w}$$

$$R = 10S_w\sqrt{K}$$

计算框图如图 4-3 所示。

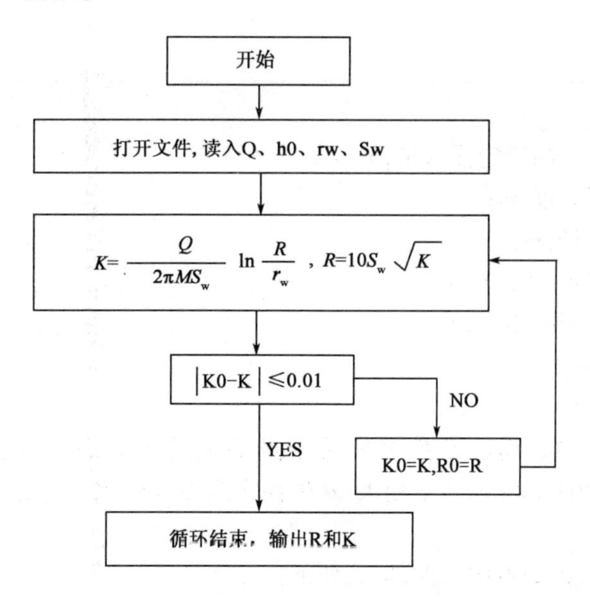

图 4-3 计算框图

C++ 语言计算程序如下：

```
#include <iostream>
#include <iomanip>
#include <cmath>
#include <fstream>
using namespace std;
int main()
{int i;
float R,K,m;
float R0,K0,Q,M,rw,Sw,wk;
char infile[20];
cout<<"请输入原始数据文件名(含扩展名)"<<endl;                    //采用文件输入原始数据
cin>>infile;
ifstream istrm(infile);
istrm>>Q>>M>>rw>>Sw;
istrm.close();
K0=R0=wk=1;
for (i=0;wk>0.01;i++)
{ m=log(R0/rw);
K=Q/(2*3.1415926*M*Sw)*m;
R=10*Sw*sqrt(K);
wk=fabs(K-K0);
K0=K;R0=R;}
cout<<"R="<<R<<endl;
cout<<"K="<<K<<endl;
    return 0;
}
```

(1)变量说明

Q——抽水试验主井的稳定涌水量，m^3/d；

M——承压含水层厚度，m；

rw——主孔的井半径，m；

Sw——主孔的稳定水位降深，m；

R——抽水试验的影响半径，m；

K——渗透系数，m/d。

(2)应用例题

某承压含水层厚100m，均质等厚、各向同性、水平无限延展，布置一个单孔抽水试验，主孔井半径为0.15m，用2000m^3/d的流量抽水，水位稳定后主孔的水位降深为5m，试计算含水层的渗透系数。

将抽水试验原始数据编辑成文件，格式如下：

2000.00	100.00	0.15	5.00
Q(m^3/d)	M(m)	rw(m)	Sw(m)

运行程序,输出 R = 101.871,K = 4.15112,计算结束。

4.3.3 潜水含水层稳定流单孔抽水试验计算 *K*、*R* 值

本程序适用于潜水含水层,一个主孔抽水、没有观测孔的稳定流抽水试验,利用稳定流抽水试验资料计算含水层渗透系数 K 和影响半径 R,计算公式如下:

$$K = \frac{Q}{\pi(2h_0 - S_w)S_w}\ln\frac{R}{r_w}$$

$$R = 2S_w\sqrt{h_0 K}$$

式中:h_0——潜水含水层厚度,m;

其他符号意义同前。

计算框图如图 4-4 所示。

C++ 语言计算程序如下:

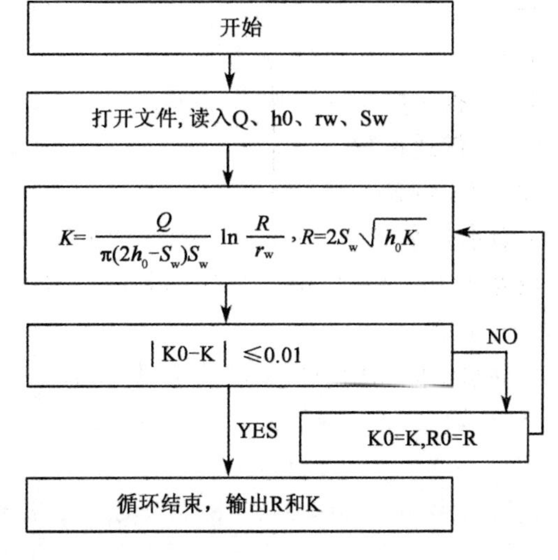

图 4-4 计算框图

```
#include <iostream>
#include <fstream>
#include <cmath>
using namespace std;
int main()
{int i;
float R,K,m;
float R0,Q,h0,rw,Sw,K0,wk;
char infile[20];
char filename[80];
cout<<"请输入原始数据文件名(含扩展名)"<<endl;          //采用文件输入原始数据
cin>>infile;
ifstream istrm(infile);
istrm>>Q>>h0>>rw>>Sw;
istrm.close();
K0=R0=wk=1;
for (i=0;wk>0.01;i++)
{ m=log(R0/rw);
K=Q/(3.1415926*(2*h0-Sw)*Sw)*m;
R=2*Sw*sqrt(h0*K);
wk=fabs(K-K0);
K0=K,R0=R;}
cout<<"R="<<R<<endl;
cout<<"K="<<K<<endl;
return 0;
}
```

(1)变量说明

Q——抽水试验主井的稳定涌水量,m^3/d;

H0——潜水含水层厚度,m;

rw——主孔的井半径,m;

Sw——主孔的稳定水位降深,m;

R——抽水试验的影响半径,m;

K——渗透系数,m/d。

(2)应用例题

某潜水含水层厚42m,均质等厚、各向同性、水平无限延展,布置一个单孔抽水试验,主孔井半径为0.2m,用3853m^3/d的流量抽水,水位稳定后主孔的水位降深为5.18m,试计算含水层的渗透系数。

将抽水试验原始数据编辑成文件,格式如下:

3853.00	42.00	0.2	5.18
Q(m^3/d)	h0(m)	rw(m)	Sw(m)

运行程序,输出R=315.789,K=22.1221,计算结束。

【思考题与习题】

1. 试用C++语言程序设计编写分布式流域降雨径流蒸发计算程序。

2. 根据河段上、下游断面的实测流量过程,用最小二乘法计算出河道的马斯京根演算参数x和K值。

3. 利用降雨要素摘录表中所示的降水过程,用计算机完成等时段雨量序列的生成(提示:插补成等时间间隔的降雨时间序列)。

4. 试编制程序,按非线性最小二乘估计来求解暴雨强度公式$i=\frac{A_1(1+C\lg T)}{(t+b)^n}$中的参数,已知暴雨强度$i$-降雨历时$t$-重现期$T$关系值如表4-4。

***i-t-T*关系表** 表4-4

T(a)	t(min)						
	5	10	15	20	30	45	60
	i(mm/min)						
1	2.04	1.61	1.34	1.21	0.98	0.785	0.654
2	2.39	1.88	1.59	1.44	1.15	0.952	0.802
3	2.53	2.03	1.74	1.56	1.26	1.04	0.875
5	2.75	2.18	1.86	1.72	1.37	1.12	0.960
10	3.04	2.42	2.06	1.90	1.53	1.29	1.09

第5章 投资决策指标计算

5.1 内部收益率 *IRR* 的计算

内部收益率(*IRR*)是一个被广泛采用的投资方案评价判据,它是指方案(或项目)在寿命期(或计算期)内使各年净现金流量的折现值累计等于零的折现率。通常在实际问题中,*IRR* 取值为[0, +∞),内部收益率可由下列形式的公式获得,即:

$$NPV(IRR) = \sum_{t=0}^{n} CF_t (1 + IRR)^{-t} = 0$$

式中:*IRR*——方案的内部收益率;

n——方案的寿命期;

CF_t——方案在 t 年的净现金流量,CF_t 由下式计算:

$$CI - CO = CF_t$$

式中:*CI*——现金流入量;

CO——现金流出量。

计算时,*CI*、*CO*、t 都为已知量,以这些已知量为基础,寻求 $NPV(IRR) = 0$ 时的内部收益率。

5.1.1 计算方法

内部收益率可采用二分法寻求。定义 $f(i)$ 为 $NPV(IRR)$,首先选取包含 *IRR* 的根区间 $[i_1, i_2]$,只要保证 $f(i_1) \times f(i_2) < 0$,即可满足 *IRR* 在 $[i_1, i_2]$ 区间。取 i_1、i_2 的中点 $i = (i_1 + i_2)/2$,并计算 $f(i)$ 的值,如果 $f(i)$ 与 $f(i_1)$ 同号,则方程的根必在 $[i, i_2]$ 区间;反之,$f(i)$ 与 $f(i_1)$ 异号,则根在 $[i_1, i]$ 区间。通过这样的方法找出并确定新的有根区间 $[i_1, i]$ 或 $[i, i_2]$,然后再将新的有根区间二分为两个小区间,如此继续下去,直到函数 $f(i)$ 的绝对值小于给定的精度 ε。i 为第 k 次二分时的中点值,i 也就是我们要寻求的 *IRR* 的近似值。在给定的精度内,$IRR = i$,即得所求结果。

5.1.2 计算框图

计算框图如图 5-1 所示。

5.1.3 源程序清单

C++ 语言计算程序如下:

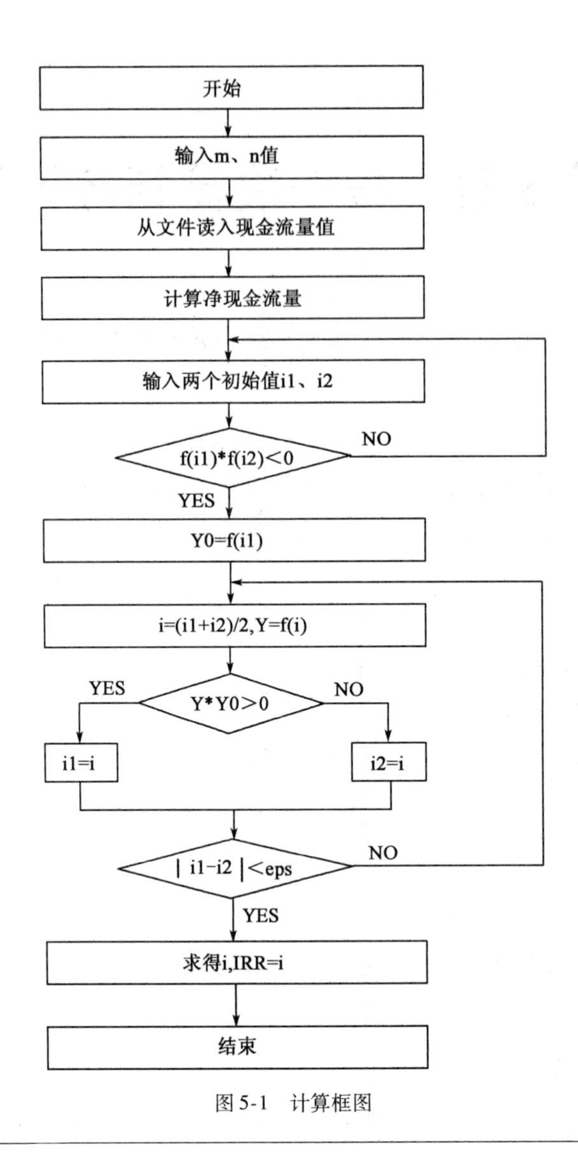

图 5-1　计算框图

```
#include  < iostream >
#include  < iomanip >
#include  < math. h >
#include  < fstream >
#include  < string >
using namespace std;
#define A 50
#define e 0. 000001

float NPV( float F[ ],int m,int n,float i)          //定义函数 NPV(IRR) = ∑(t=0..n) CF_t (1 + IRR)^-t
      { int j;float f =0;
      for( j = m;j < = n;j + + ) f + = F[ j ] * pow( (1 + i) , - j) ;    return f; }
main( )
```

```
{ string filename;
  float X[A][2],F[A],i1,i2,i,Y,Y0;
  int k,m,n,ko=0;
  cout<<"please input   m=   n="<<endl;
  cin>>m>>n;                          //输入 m、n 值
  cout<<"please input filename:"<<endl;
  cin>>filename;                      //输入存储原始数据的文件名
  ifstream fin(filename.c_str());     //读取 TXT 文件操作
  if(!fin){
       cout<<"can't open file"<<endl;
       return 1;
    }
  for(k=m;k<=n;k++)
  {fin>>X[k][0]>>X[k][1];             //从文件读入数据
   F[k]=X[k][0]+X[k][1];              //计算净现金流量
  }
do{ cout<<ko++<<endl;
     cout<<"please input  i1=   i2="<<endl;
     cin>>i1>>i2;                     //给 i1、i2 赋值
   }while(NPV(F,m,n,i1)*NPV(F,m,n,i2)>0);
  Y0=NPV(F,m,n,i1);

do{i=(i1+i2)/2;Y=NPV(F,m,n,i);
        if(Y*Y0>0) i1=i;
        else i2=i;
        }while(fabs(i1-i2)>e);
cout<<"IRR="<<i*100<<endl;            //输出结果
}
```

(1)变量说明

i——内部收益率；

i1、i2——内部收益率的两个初始值；

m、n——现金流动的开始年份、寿命期；

ko——统计选定初始值的次数；

Y——$Y = NPV(i) = \sum_{t=0}^{n} CF_t (1+i)^{-t}$；

X[A][2]——存储现金流出、流入值的数组；

F[A]——存储净现金流量值的数组。

(2)程序说明

程序中设定 e=0.000001，此即 IRR 的计算精度，也可以根据需要重新选择 e 值。

程序定义 A=50，它决定数组大小，也可根据需要重新选择 A 值。

X[k][0]存储的是现金流出量(现金流出量为负),X[k][1]存储的是现金流入量(现金流入量为正)。

5.1.4 程序分析

本程序采用二分法寻求内部收益率。调用函数 NPV(),采用二分法寻求内部收益率。在进行迭代的过程中,以达到给定的精度 e 作为迭代结束的条件,求得内部收益率 IRR。

程序中需要试给出 i1、i2 两个初始值,决定所选的 i1、i2 是否合适,主要看 NPV(F,m,n,i1) * NPV(F,m,n,i2)是否小于零。如果小于零,所选 i1、i2 两个初始值合适;反之,则需重新给出 i1、i2 初始值。i1、i2 相差越大,试给出 i1、i2 初始值合适的成功率越高。因此,通常可使给出的 i1、i2 相差大一点,从而减少试赋值的次数。

本程序只适合求常规投资项目的内部收益率(常规投资项目是指计算期内各年的净现金流量开始年份为负,以后各年均为正值的项目)。

【例 5-1】 假定某项目的有关数据如表 5-1 所示,试求其内部收益率。

某项目有关数据(单位:万元)　　表 5-1

年份	1	2	3	4	5	6
初始投资	-1500					
经营投资		-400	-400	-400	-400	-400
销售收入		800	800	800	800	800

解 依题意:

(1)根据表格数据,将数据存入文件 1

-1500　0

-400　800

-400　800

-400　800

-400　800

-400　800

(2)运行程序

①根据计算机提示,输入 m、n 值:1　6;

②根据计算机提示,输入文件 1 名;

③根据计算机提示,输入 i1、i2 值:0.01　0.9。

(3)计算机输出结果

IRR=10.42%,即得结果。

5.1.5 利用 Excel 表计算 *IRR*

在 Excel 中,可以利用 IRR 函数来计算内部收益率。IRR 返回由数值代表的一组现金流的内部收益率。内部收益率为投资的回收利率,其中包含定期支付(负值)和定期收入(正值)。

函数语法为:IRR(values,guess)。

values 为数组或单元格的引用,包含用来计算返回的内部收益率的数据。values 必须包含至少一个正值和一个负值,以计算返回的内部收益率。

函数 IRR 根据数值的顺序来解释现金流的顺序。故应确定按需要的顺序输入了支付和收入的数值。

guess 为对函数 IRR 计算结果的估计值。

Excel 使用迭代法计算函数 IRR。从 guess 开始,函数 IRR 进行循环计算,直至结果的精度达到 0.00001%。如果函数 IRR 经过 20 次迭代,仍未找到结果,则返回错误值 #NUM!。

在大多数情况下,并不需要为函数 IRR 的计算提供 guess 值。如果省略 guess,则默认它为 0.1(10%)。

如果函数 IRR 返回错误值 #NUM!,或结果没有靠近期望值,可用另一个 guess 值再试一次。

同样求解【例 5-1】。

(1)打开 Excel 工作表,在工作表中输入各项目名称及相应的数据,并完成“净现金流量”的计算,如图 5-2 所示。

Microsoft Excel - 投资决策模型.xls

B6 =B3+B4+B5

	A	B	C	D	E	F	G
1			某项目有关数据		单位:万元		表5.1
2	年 份	1	2	3	4	5	6
3	初始投资	-1500					
4	经营投资		-400	-400	-400	-400	-400
5	销售收入		800	800	800	800	800
6	净现金流量	-1500	400	400	400	400	400

图 5-2 计算净现金流量

(2)在 G7 单元格中输入公式“=IRR(B6:G6)”,按回车键后,Excel 算出:“10.425%”,如图 5-3 所示。

	A	B	C	D	E	F	G
1			某项目有关数据		单位:万元	表5.1	
2	年 份	1	2	3	4	5	6
3	初始投资	-1500					
4	经营投资		-400	-400	-400	-400	-400
5	销售收入		800	800	800	800	800
6	净现金流量	-1500	400	400	400	400	400
7			投资6年后的IRR=				10.425%

图 5-3 IRR 函数的使用

5.2 利用 Excel 表计算净现值 *NPV*

净现值的经济含义是指任何投资方案(或项目)在整个寿命期(或计算期)内,把不同时间上发生的净现金流量,通过某个规定的折现率 i,统一折算为现值(0 年),然后求其代数和,从而用一个单一的数字来反映工程技术方案(或项目)的经济性。假定方案的寿命期为 n,净现金流量为 $CF_t(t=0,1,2,\cdots,n)$,则净现值为:

$$NPV(i)=\sum_{t=0}^{n}CF_t(1+i)^{-t}=\sum_{t=0}^{n}(CI_t-CO_t)(1+i)^{-t}$$

在 Excel 中,可以利用 *NPV* 函数来计算净现值。通过使用贴现率以及一系列的未来支出(负值)和收入(正值),返回一项投资的净现值。

函数语法为:NPV(rate,value1,value2, …)。

rate 为某一期间的贴现率,是一固定值;value1, value2, …为 1 到 29 个参数,代表支出及收入;value1, value2, …在时间上必须具有相等的间隔,并且都发生在期末。

NPV 函数使用 value1,value2, … 的顺序来解释现金流的顺序。所以务必保证支出和收入的数额按正确的顺序输入。

参数为数值、空白单元格、逻辑值或数字的文本表达式时,都会被计算在内。

函数 NPV 假定投资开始于 value1 现金流所在日期的前一期,并结束于最后一笔现金流的当期。函数 NPV 依据未来的现金流来进行计算。如果第一笔现金流发生在第一个周期的期初,则第一笔现金必须添加到函数 NPV 的结果中,而不应包含在 values 参数中。如果数值参数表中的现金流的次数为 n,则 NPV 的公式如下(注:t 从 1 起始):

$$NPV(i)=\sum_{t=1}^{n}CF_t(1+i)^{-t}=\sum_{t=1}^{n}(CI_t-CO_t)(1+i)^{-t}$$

【例 5-2】 有一投资方案,其现金流量如表 5-2 所示,年贴现率为 10%,用净现值法对该方案进行经济评价。

净现值法评价方案数据(单位:元)($i=10\%$)　　表 5-2

年	收　入	支　出
0	0	-5000
1	4000	-2000
2	5000	-1000
3	0	-1000
4	7000	0

解　依题意:

①打开 Excel 工作表,在工作表中输入各项目名称及相应的数据,并完成“净现金流量”的计算,如图 5-4 所示。

②在 D8 单元格中输入公式“=NPV(B8,D4:D7)+D3”,按回车键后,Excel 算出“¥4,153.75”,如图 5-5 所示。

限于篇幅,以上只介绍了 IRR、NVP 函数,Excel 中还有许多有关经济、财务分析及管理方面的函数,请读者参阅相关书籍了解其实际应用。

D3 =B3+C3

	A	B	C	D
1	净现值法评价方案			单位：元 ic=10%
2	年末(t)	收入	支出	净现金流量(Ft) =收入CI-支出CO
3	0	0	-5000	-5000
4	1	4000	-2000	2000
5	2	5000	-1000	4000
6	3	0	-1000	-1000
7	4	7000	0	7000

图 5-4 计算净现金流量

D8 =NPV(B8,D4:D7)+D3

	A	B	C	D
1	净现值法评价方案			单位：元 ic=10%
2	年末(t)	收入	支出	净现金流量(Ft) =收入CI-支出CO
3	0	0	-5000	-5000
4	1	4000	-2000	2000
5	2	5000	-1000	4000
6	3	0	-1000	-1000
7	4	7000	0	7000
8	年贴现率	10%	NPV=	¥4,153.75

图 5-5 NPV 函数的使用

5.3 盈亏平衡分析

盈亏平衡分析(analysis of profit and loss)是在一定的市场、生产能力的条件下，研究成本与收益的平衡关系的方法。对于一个项目而言，盈利与亏损之间一般至少有一个转折点，我们称这种转折点为盈亏平衡点 BEP(break even point)，盈亏平衡分析就是要找出项目方案的盈亏平衡点。

5.3.1 线性盈亏平衡分析

线性盈亏平衡分析是在下面的基本假定下进行的：

①产品的产量等于销售量。

②单位产品的可变成本不变。

③单位产品的销售价格不变。

④生产的产品可以换算成单一产品计算。

线性盈亏平衡分析可以通过下列公式计算：

$$BEP(\text{产量}) = Q_{\text{BEP}} = \frac{C_{\text{F}}}{P - C_{\text{q}} - r}$$

$$BEP(\text{单位产品售价}) = P_{\text{BEP}} = \frac{C_{\text{F}}}{Q} + C_{\text{q}} + r$$

$$BEP(\text{单位产品可变成本}) = C_q^* = P - r - \frac{C_F}{Q}$$

$$BEP(\text{总固定成本}) = C_F^* = (P - C_q - r)Q$$

式中:r——单位产品销售税金;

P——单位产品销售价格;

C_q——单位产品可变成本;

C_F——年总固定成本;

Q——年总产量。

5.3.2 源程序清单

C++语言计算程序如下:

```
#include <iostream>
#include <iomanip>
using namespace std;
void main(){
    float r,P,Cq,Cf,Q,QBEP,PBEP,Cq1,Cf1;
    int BEP1,BEP2,BEP3,BEP4;
    cout<<"欢迎使用线性盈亏平衡计算程序!"<<endl;
    cout<<"请分别输入单位产品销售税金、单位产品销售价格、单位产品可变成本、年总固定成本、年总产量"<<endl;
cin>>r>>P>>Cq>>Cf>>Q;                    //输入参数,代入公式计算
    QBEP=Cf/(P-Cq-r);PBEP=Cf/Q+Cq+r; Cq1=P-r-Cf/Q;Cf1=(P-Cq-r)*Q;
    BEP1=QBEP*100/Q;BEP2=PBEP*100/P;BEP3=Cq1*100/Cq;BEP4=Cf1*100/Cf;
    cout<<"------------------------------------------------------------------------------"<<endl;
    cout<<"项目   产量   售价   单位可变费用   年固定费用"<<endl;
    cout<<"BEP绝对量"<<setprecision(5)<<QBEP<<setw(11)<<PBEP<<setw(13)<<Cq1<<setw(26)<<Cf1<<endl;
    cout<<"BEP相对量(%)"<<BEP1<<setw(13)<<BEP2<<setw(14)<<BEP3<<setw(20)<<BEP4<<endl;
    cout<<"允许降低量(%)"<<100-BEP1<<setw(13)<<100-BEP2<<setw(13)<<100-BEP3<<setw(21)<<100-BEP4<<endl;
    cout<<"------------------------------------------------------------------------------"<<endl;
}
```

【例5-3】 某设计方案年生产量为12万吨,已知每吨产品销售价格为675元,每吨产品交付的税金为165元,单位产品可变成本为250元,年总固定成本为1500万元。试求盈亏平衡点和允许降低(增加)率。

解 运行程序输入:165 675 250 15000000 120000。

计算机输出结果:

项目	产量	售价	单位可变费用	年固定费用
BEP 绝对量	57692	540	385	3.12e+007
BEP 相对量(%)	48	80	154	208
允许降低量(%)	52	20	-54	-108

第6章　给水排水管网系统计算程序设计

6.1　设计用水量、水塔清水池调节容积计算电子表格

Excel 是一款功能强大的电子表格处理软件,Excel 的窗口是典型的 Windows 窗口,读者可以结合自己已经掌握的 Windows 系列其他软件的学习经验来学习 Excel。Excel 与 SAS 或 MATLAB 等许多数据统计分析软件都有很强的兼容性,使用起来非常方便。它适用于烦琐的试算过程,可避免查表反复计算。某些列表计算项目,采用 Excel 电子表格计算,会比编程计算更为直观、灵活方便。制作 Excel 表格,使表格电子化,将方便数据的保存与统计,提高计算的效率。以下通过举例,应用 Excel 制作设计用水量、水塔和清水池调节容积计算表,并说明如何利用 Excel 的统计功能,每个功能的实现都分步列出,同时给出相应的操作示意图,方便读者对照执行。操作时需要注意"相对引用"和"绝对引用"的异同点:①相同点为都引用单元格的格式(公式形式相同)。②区别为"相对引用"适用于在引用单元格格式的同时不需要引用单元格中的数据的情况,"绝对引用"适用于在引用单元格格式的同时需要始终引用某个单元格中的数据的情况。"绝对引用"符"$"必须在英文输入法状态下输入,"$"为上挡字符,要同时按住键盘上的 Shift 键进行输入。

6.1.1　设计用水量电子表格

陕西某县城区设计用水量利用 Excel 表计算的步骤如下(图 6-1、图 6-2)。

①计算最高日综合生活用水量。

②根据综合生活用水量 24h 变化规律求出逐时用水量。

③计算工业企业生产(均匀用水)、职工生活(均匀用水)、淋浴逐时用水量。

④计算市政浇洒道路、绿化逐时用水量。

⑤计算管网漏损及未预见总水量和逐时用水量。

⑥计算设计供水量和逐时水量。

图 6-1、图 6-2 中白色背景部分是输入的原始数据,灰色背景部分为电子表格计算得出的结果,若更改原始数据,则相应灰色部分的数据会自动刷新。

"填充"是 Excel 中一个非常实用的功能。用鼠标左键拖动填充柄经过需要填充数据的单元格,然后释放鼠标按键,即可将原来单元格中的公式复制过去。

使用 Excel 插入图表功能,数据源采用最后一栏(电子表格第 O 列)"每小时用水量占最高日用水量百分数",即可方便地绘制该城区最高日 24h 用水量变化曲线,如图 6-3 所示。

6.1.2　水塔清水池调节容积计算电子表格

已知用水量 24h 变化规律(图 6-4 中表格第 2 列)、二泵站分级供水曲线(图 6-4 中表格第 3 列),求清水池调节容积(分无水塔和有水塔两种情况)、水塔调节容积。

剪贴板 字体 对齐方式 数字 样式

E5 =$E$29/24

设计用水量计算表			设计年限计划人口数N=			119000	人	用水定额q(L/cap·d)=	200			自来水普及率f=	100%
时间	综合生活用水量		甲厂			乙厂			市政用水		未预见及管网漏失水量m³	每小时用水量	
	占一天用水量%	(m³)	生产用水 m³	职工生活用水m³	淋浴用水 m³	生产用水 m³	职工生活用水m³	淋浴用水 m³	浇洒道路 m³	绿化用水 m³		m³	(%)
0~1	0.36	85.68	41.67	2.25				10.00			241.63	381.23	1.10
1~2	0.36	85.68	41.67	2.2[illegible]							241.63	371.23	1.07
2~3	0.36	85.68	41.67	2.25							241.63	371.23	1.07
3~4	0.44	104.72	41.67	2.25							241.63	390.27	1.12
4~5	2.15	511.70	41.67	2.25							241.63	797.25	2.29
5~6	5.42	1289.96	41.67	2.25							241.63	1575.51	4.53
6~7	7.10	1689.80	41.67	2.25	30.00				266.67		241.63	2272.02	6.53
7~8	7.61	1811.18	41.67	2.25					266.67		241.63	2363.40	6.79
8~9	6.10	1451.80	41.67	2.25		100.00	2.00		266.67		241.63	2106.02	6.05
9~10	5.87	1397.06	41.67	2.25		100.00	2.00			100.00	241.63	1884.61	5.42
10~11	5.78	1375.64	41.67	2.25		100.00	2.00			100.00	241.63	1863.19	5.35

最高日生产用水量除24h

图6-1 建立“设计用水量计算表”

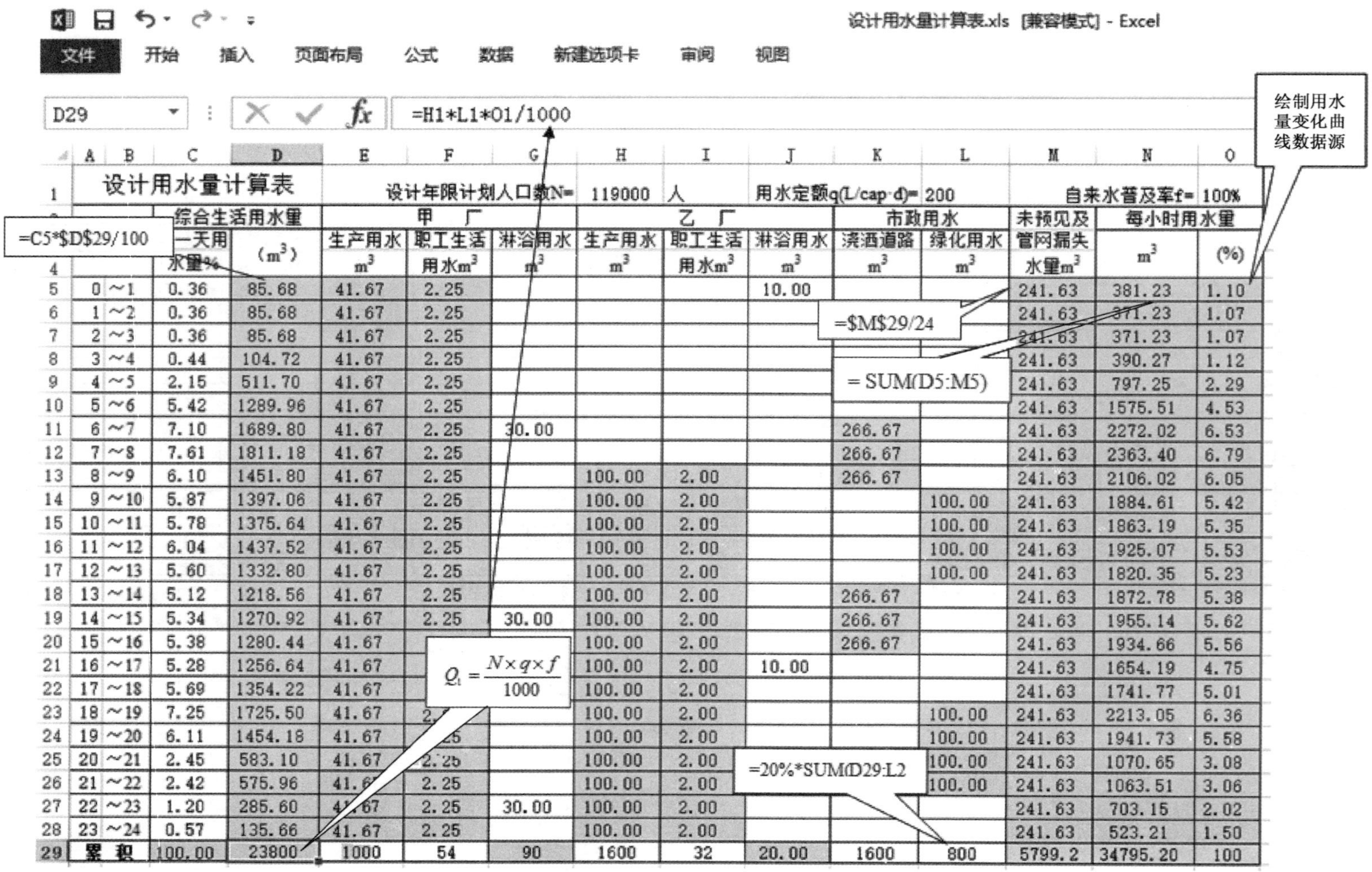
设计用水量计算表.xls [兼容模式] - Excel
文件 开始 插入 页面布局 公式 数据 新建选项卡 审阅 视图
D29
=H1*L1*O1/1000
绘制用水量变化曲线数据源
=C5*$D$29/100
=$M$29/24
= SUM(D5:M5)
$Q_t = \frac{N \times q \times f}{1000}$
=20%*SUM(D29:L2

	A–B	C	D	E	F	G	H	I	J	K	L	M	N	O
1	设计用水量计算表			设计年限计划人口数N=			119000	人	用水定额q(L/cap·d)=		200	自来水普及率f=		100%
2		综合生活用水量		甲 厂			乙 厂			市政用水		未预见及管网漏失水量m³	每小时用水量	
4		一天用水量%	(m³)	生产用水 m³	职工生活用水m³	淋浴用水 m³	生产用水 m³	职工生活用水m³	淋浴用水 m³	浇洒道路 m³	绿化用水 m³		m³	(%)
5	0～1	0.36	85.68	41.67	2.25				10.00			241.63	381.23	1.10
6	1～2	0.36	85.68	41.67	2.25							241.63	371.23	1.07
7	2～3	0.36	85.68	41.67	2.25							241.63	371.23	1.07
8	3～4	0.44	104.72	41.67	2.25							241.63	390.27	1.12
9	4～5	2.15	511.70	41.67	2.25							241.63	797.25	2.29
10	5～6	5.42	1289.96	41.67	2.25							241.63	1575.51	4.53
11	6～7	7.10	1689.80	41.67	2.25	30.00				266.67		241.63	2272.02	6.53
12	7～8	7.61	1811.18	41.67	2.25					266.67		241.63	2363.40	6.79
13	8～9	6.10	1451.80	41.67	2.25		100.00	2.00		266.67		241.63	2106.02	6.05
14	9～10	5.87	1397.06	41.67	2.25		100.00	2.00			100.00	241.63	1884.61	5.42
15	10～11	5.78	1375.64	41.67	2.25		100.00	2.00			100.00	241.63	1863.19	5.35
16	11～12	6.04	1437.52	41.67	2.25		100.00	2.00			100.00	241.63	1925.07	5.53
17	12～13	5.60	1332.80	41.67	2.25		100.00	2.00			100.00	241.63	1820.35	5.23
18	13～14	5.12	1218.56	41.67	2.25		100.00	2.00		266.67		241.63	1872.78	5.38
19	14～15	5.34	1270.92	41.67	2.25	30.00	100.00	2.00		266.67		241.63	1955.14	5.62
20	15～16	5.38	1280.44	41.67	[illegible]		100.00	2.00		266.67		241.63	1934.66	5.56
21	16～17	5.28	1256.64	41.67	[illegible]		100.00	2.00	10.00			241.63	1654.19	4.75
22	17～18	5.69	1354.22	41.67	[illegible]		100.00	2.00				241.63	1741.77	5.01
23	18～19	7.25	1725.50	41.67	2.[illegible]		100.00	2.00			100.00	241.63	2213.05	6.36
24	19～20	6.11	1454.18	41.67	[illegible]25		100.00	2.00			100.00	241.63	1941.73	5.58
25	20～21	2.45	583.10	41.67	2.25		100.00	2.00			100.00	241.63	1070.65	3.08
26	21～22	2.42	575.96	41.67	2.25		100.00	2.00			100.00	241.63	1063.51	3.06
27	22～23	1.20	285.60	41.67	2.25	30.00	100.00	2.00				241.63	703.15	2.02
28	23～24	0.57	135.66	41.67	2.25		100.00	2.00				241.63	523.21	1.50
29	累 积	100.00	23800	1000	54	90	1600	32	20.00	1600	800	5799.2	34795.20	100

图6-2 完整的设计用水量计算表

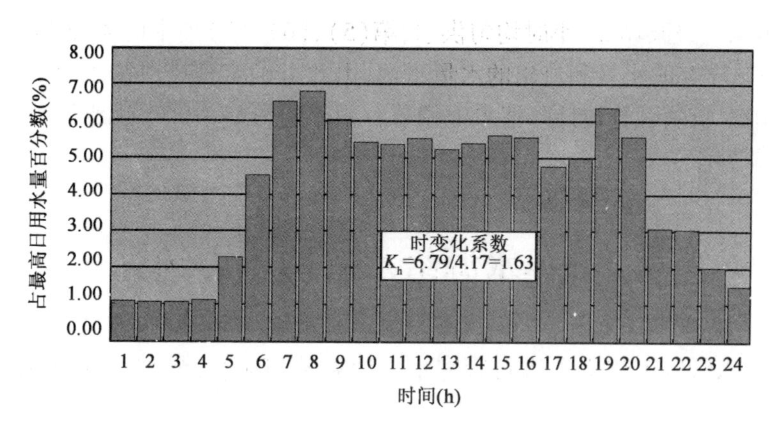

图 6-3 城区用水量变化曲线

文件 开始 插入 页面布局 公式 数据 新建选项卡 审阅 视图

F5 =C5-E5

清水池和水塔调节容积计算表

时间	用水量 (%)	二泵站供水量 (%)	一泵站供水量 (%)	清水池调节容积(%) 无水塔时	清水池调节容积(%) 有水塔时	水塔调节容积 (%)
(1)	(2)	(3)	(4)	(5)	(6)	(7)
0～1	1.70	2.78	4.17	-2.47	-1.39	-1.08
1～2	1.67	2.78	4.17	-2.50	-1.39	-1.11
2～3	1.63	2.78	4.17	-2.54	-1.39	-1.15
3～4	1.63	2.78	[illegible]	-2.54	-1.39	-1.15
4～5	2.56	2.77	[illegible]	-1.61	-1.40	-0.21
5～6	4.35	5.00	[illegible]	0.18	0.83	-0.65
6～7	5.14	5.00	4.17	0.97	0.83	0.14
7～8	5.64	5.00	4.17	1.47	0.83	0.64
8～9	6.00	5.00	4.17	1.83	0.83	1.00
9～10	5.84	5.00	4.17	1.67	0.83	0.84
10～11	5.07	5.00	4.17	0.90	0.83	0.07
11～12	5.15	5.00	4.17	0.98	0.83	0.15
12～13	5.15	5.00	4.17	0.98	0.83	0.15
13～14	5.15	5.00	4.17	0.98	0.83	0.15
14～15	5.27	5.00	4.17	1.10	0.83	0.27
15～16	5.52	5.00	4.17	1.35	0.83	0.52
16～17	5.75	5.00	4.17	1.58	0.83	0.75
17～18	5.83	5.00	4.17	1.66	0.83	0.83
18～19	5.62	5.00	4.17	1.45	0.83	0.62
19～20	5.00	5.00	4.17	0.83	0.83	0.00
20～21	3.19	2.77	4.17	-0.98	-1.40	0.42
21～22	2.69	2.78	4.17	-1.48	-1.39	-0.09
22～23	2.58	2.78	4.17	-1.59	-1.39	-0.20
23～24	1.87	2.78	4.17	-2.30	-1.39	-0.91
累计	100.00	100.00	100.00	17.98	12.50	6.55

第(2)列与第(4)列之差

第(2)列与第(3)列之差

第3列与第4列之差

=100/24

=SUM(F10:F24) 连续正值累加和

=SUM(G10:G24) 连续正值累加和

=SUM(H11:H25) 连续正值累加和

图 6-4 水塔和清水池调节容积计算表

第(4)列表示一级泵站24小时均匀供水,第(5)、(6)、(7)列中的累加正值与累加负值的绝对值相同,表明储存的水量和流出的水量平衡,由此可确定水塔或清水池所需的调节容积,其值以最高日用水量的百分数计。清水池调节容积分别为17.98%(无水塔时)、12.5%(有水塔时),水塔调节容积为6.55%。

6.2 单水源给水管网水力计算

设计供水配水管网工程必须进行管网水力计算及相应水力校核。在进行管网水力计算前,需完成以下准备工作。

计算设计水平年最高日用水量 Q_d;计算最高日最高时设计流量 Q_h;管网定线布置;管网统一编号(节点编号、环编号);提取大用户用水资料计算节点集中流量 q_i;计算管网比流量 q_s;计算管段沿线流量 q_L;将沿线流量 q_L 折半作为管段两端的节点折算流量;节点折算流量和节点集中流量叠加得出节点总流量 Q_i;初步确定管段流向并分配管段流量 q_{ij}(又称为管段计算流量);根据初分流量确定管段管径 $DN(d_{ij})$。

完成上述前期工作后,就进入管网水力计算阶段。

6.2.1 水力平衡方程

水力计算必须满足两个水力平衡条件。

(1)节点连续性方程

$$\sum_{ij \in V_i} q_{ij} + Q_i = 0 \quad (i = 1,2,\cdots,N) \tag{6-1}$$

式中:V_i——与节点 i 相邻的管段集合;

q_{ij}——通过管段 ij 的流量,L/s;

Q_i——节点 i 的流量,L/s;

N——管网节点总数。

这里假定:水流流进 i 节点,流量为正;水流流离 i 节点,流量为负。

在初步确定管段流向并分配管段流量 q_{ij}时,已满足管网节点连续性要求。

(2)能量方程

已知管段 ij 的水头损失 h_{ij}与流量 q_{ij}之间的关系为:

$$h_{ij} = s_{ij} q_{ij}^2 \tag{6-2}$$

式中:h_{ij}——管段 ij 的水头损失,m;

s_{ij}——管段 ij 的摩阻,$m \cdot s^2/L^2$;

对铸铁管和钢管(舍维列夫公式):

$$s_{ij} = k_{ij} \cdot \frac{1.736 \times 10^{-9}}{d_{ij}^{5.3}} L_{ij} \tag{6-3}$$

式中:k_{ij}——修正系数,当 $v_{ij} < 1.2$m/s 时,$k_{ij} = 0.852\left(1 + \frac{0.867}{v_{ij}}\right)^{0.3}$,当 $v_{ij} \geq 1.2$m/s 时,$k_{ij} =$

1.0；

d_{ij}——管段 ij 的计算内径，m；

L_{ij}——管段 ij 的长度，m；

v_{ij}——管段 ij 的平均流速，m/s。

根据初步分配的管段流量 q_{ij}，以及初分流量确定的管段管径 d_{ij}，求得的管段水头损失 h_{ij} 不可能保证满足闭合环上的能量方程 $\sum h_{ij}=0$ 或 $\sum s_{ij}q_{ij}^2=0$。因此解环方程组的管网水力计算过程，就是在按初步分配流量确定的管径基础上，重新校正各管段的流量，反复计算，直到同时满足连续性方程组和能量方程组时为止。本节介绍最常用的哈代—克罗斯法解环方程的电算程序设计。

哈代—克罗斯法校正流量计算公式为：

$$\Delta q_{ij}=-\frac{\Delta h_i}{2\sum|s_{ij}q_{ij}|} \tag{6-4}$$

管段流量校正计算公式为：

$$q_{ij}^{(m+1)}=q_{ij}^{(m)}+\Delta q_{\mathrm{S}}^{(m)}+\Delta q_{\mathrm{N}}^{(m)} \tag{6-5}$$

式中：$q_{ij}^{(m)}$——管段 ij 的第 m 次校正后的计算流量；

$\Delta q_{\mathrm{S}}^{(m)}$——本环的第 m 次校正流量；

$\Delta q_{\mathrm{N}}^{(m)}$——邻环的第 m 次校正流量。

6.2.2 管网编号及属性提取

如表6-1 所示，管段数据包括：起始节点号、终止节点号（根据初步假定的管段流向确定）、管长（m）、管径（m）、初分流量绝对值（L/s）、所属环号（本环）和所在环号（邻环）。每个管段共有7 个属性（数据）。每个属性均采用数组形式存储，数组容量大小即为管段个数，数组的下标代表管段的顺序号。

管段数据　　表6-1

序号	管段属性	定义数组	说　明
1	起始节点号	int B[P]	根据管网节点统一编号来提取数据，*P* 为管段总数
2	终止节点号	int E[P]	根据初步假定的管段流向确定
3	管长（m）	float L[P]	按比例尺在图纸上量取
4	管径（mm）	float D[P]	开始代入公称直径 *DN*，后变换为计算内径（m）参与运算，计算结束时再变换为公称直径输出
5	管段流量（L/s）	floatQ[P]	开始存放初分流量的绝对值，参与计算后存放校正后的管段流量（带 ± 号，原则：按流向顺正逆负）
6	本环环号（含流向）*IO*	int IO[P]	取0、正整数或负整数。当管段为枝状管时，*IO* 取0（此时 *JO* 亦为0）；当管段仅属于一个环时，*IO* 为该环环号（此时 *JO* 为0）；当管段是两环之间的公共管段时，*IO* 取两环环号的小号数值。流向采用“±”号识别，初分流量在 *IO* 环（本环）内为顺时针流向时，*IO* 值取正号，反之逆时针流向时，*IO* 值取负号
7	邻环环号 *JO*	int JO[P]	取0 或正整数。当管段不是两环之间的公共管段时，*JO* 为0；是公共管段时，*JO* 取两环环号的大号数值

以五环管网的环号数据确定为例,节点编号、环编号及管段水流方向如图6-5所示,14个管段的环号确定见图示及表6-2。

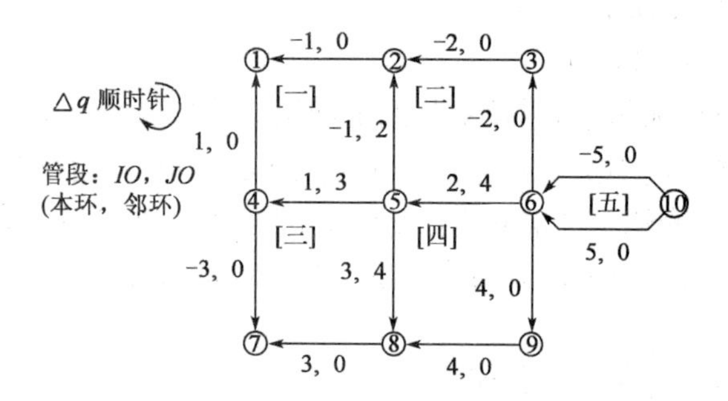

图6-5　环状管网的节点编号、环编号及管段水流方向示意图

管段环号　　　　表6-2

序　号	起始节点号	终止节点号	所属环号 IO(本环)	所在环号 JO(邻环)
1	2	1	-1	0
2	3	2	-2	0
3	4	1	1	0
4	5	2	-1	2
5	6	3	-2	0
6	5	4	1	3
7	6	5	2	4
8	4	7	-3	0
9	5	8	3	4
10	6	9	4	0
11	8	7	3	0
12	9	8	4	0
13	10	6	-5	0
14	10	6	5	0

确定管段所属环号的作用是便于程序自动识别该管段和哪个环相关联,判定管段是否参与该环的闭合差计算和流量校正计算。

6.2.3　计算框图及设计变量说明

计算框图如图6-6所示。

变量说明:A——符号常量,给程序中用到的一维数组定义范围大小。为使程序通用性强,一般取得较大;

P、LOOP——整型变量,存放管段个数、环的个数;

ok——整型变量,存放环状管网平差校正计算次数;

i、k——整型变量,临时存放管段顺序号或环的顺序号;

xs——单精度实型变量，存放管段初分流量折算值。程序在"原始数据处理"模块计算时，要使所有管段初分流量（满足连续性方程的假定流量）乘以 xs，当计算"最高时""最高时 + 消防"这两个工况时，xs = 1，参与计算的管段初分流量不变。当计算"事故时"工况时，xs = 0.7，使参与计算的管段初分流量统一乘以 70%，直接使用"最高时"工况的原始数据，而不必重新分配（或假定）管网"事故时"各管段的初分流量，从而节省数据准备工作量；

D——单精度实型一维数组，定义大小范围 A。开始存放管段公称直径 DN。当计算"事故时"工况时，对假定事故中断的管段，设定其管径为 10（相当于该管退出工作）；

Infile——字符数组，存放原始数据文件名；

Outfile——字符数组，存放计算结果文件名（一般为 txt 文件，名称是自定义）。

模块功能	程序及算法	说明
输入原始数据	输入管段数M、环数N；输入各管段L、D、q、I0、J0值	变量说明，输入原始数据，赋初值
	ok=0 各环校正流量dq=0	
原始数据处理	for(k=1;k<=M;k++)	
	w[k]=3.14/4*D[k]*D[k]	计算管段过水断面积
	$s1[k]=0.001743*10^{-6}/D[k]^{5.33}*L[k]$	计算管段摩阻
	q[k]=(I0[k]<0)?-q[k]:q[k]	根据流向确定初始流量正负号
校正各管段流量，计算校正后的管段水头损失	a1: ok=ok+1	统计校正次数
	for(k=1;k<=M;k++)	对所有管段做矫正计算
	q[k]=q[k]+dq[|I0[k]|]-dq[J0[k]]	校正管段流量
	v[k]=q[k]/1000/w[k]	计算流速
	v[k]<1.2（YES / NO）	流态判断：过渡区/阻力平方区
	YES：$s[k]=s1[k]*0.852(1+0.867/v[k])^{0.3}$；NO：s[k]=s1[k]	对过渡区摩阻做修正计算
	h[k]=s[k]*q[k]*|q[k]|	求流量校正后的管段水头损失
计算管网各环闭合差dh及校正流量dq	for(i=1;i<=N;i++)	计算各环闭合差、矫正流量
	dh[i]=0; sq[i]=0	环闭合差dh赋初值0
	for(k=1;k<=M; k++)	判断管段是否隶属于i号环
	I0[k]=i（YES / NO）；NO：|J0[k]|=i（YES / NO）	查验：k号管段是否在i号环上（判断管段的2个环号是否等于i）
	YES：dh[i]=dh[i]+h[k]；NO→YES：dh[i]=dh[i]-h[k]	计算i号环的闭合差
	sq[i]=sq[i]+ | s[k]*q[k] |	计算i号环向各管段 |sq|的累加和
	dq[i]=-dh[i]/2/sq[i]	计算i号环的矫正流量
判断闭合差是否满足要求	for(i=1;i<=N;i++)	检查各环闭合差
	|dh[i]|<0.01（YES / NO）；NO：go to a1	环闭合差dh不满足精度要求时转向语句a1
输出结果	输出计算结果	输出结果

图 6-6 解环方程哈代—克罗斯法计算框图

管网计算数据量大，屏幕输入方式容易出错，操作困难，屏幕输出方式因屏幕滚动太快，对计算结果的阅读非常不便。因此，我们采用易于操作和使用的文件形式，程序中使用了一个指针变量。

原始数据文件先按最高日最高时工况编制。对"最高时 + 消防""事故时"工况校核计算时，仅需对最高时数据文件的部分数据（如 xs、D、q）略做修改，就可转换为所需的计算数据文件。对"最大转输时"工况也可修改最高时数据，但修改较多，如果同时转输的水塔（或高位水池）数量较多，应重新编制"最大转输时"数据文件。不同工况下数据文件的编制方法汇总于表 6-3。

不同工况下数据文件的编制 表6-3

计算工况	最高时	最高时+消防	事故时	最大转输时
管段初分流量折算值 xs	1	1	0.7	$\frac{最大转输时用水量}{最高时用水量}$
管段公称直径 DN(mm)	不变	不变	模拟断管暂定为10	不变
管段初分流量 q	不变	给部分假定参与消防流量转输的管段叠加同流向的消防集中流量	不变	给部分假定参与向水塔或高位水池转输流量的管段叠加转输集中流量
其他数据	保持不变			流向发生改变的管段起始节点号、终止节点号值对调,若该管段在环上,IO值符号取反

6.2.4 算例及程序清单

【例6-1】 某城镇供水管网平面图、环编号、节点编号、管段管长、管径及最高时工况节点流量、管段初分流量、水流方向等如图6-7所示。试编制电算程序进行管网平差计算,要求每环的闭合差小于0.001m。

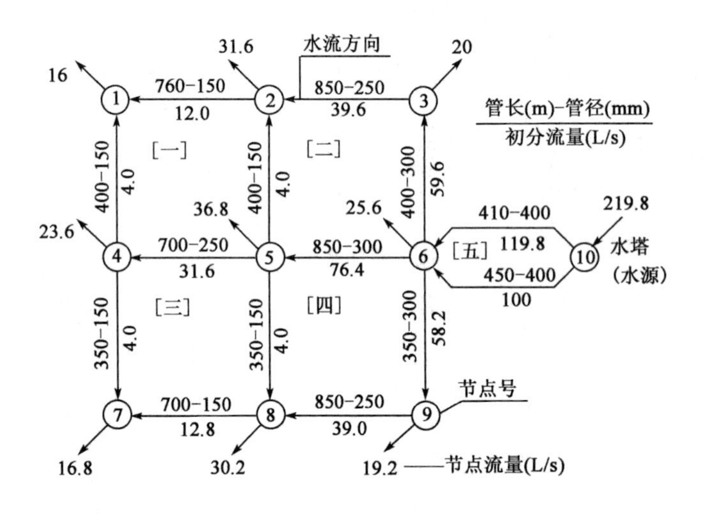

图6-7 管网计算图(最高用水时)

解 原始数据文件取名"DAT1",按最高日最高时工况编制数据文件,内容如下:

```
14    5    1
2     1    760    150    12      -1    0
3     2    850    250    39.6    -2    0
4     1    400    150    4        1    0
5     2    400    150    4       -1    2
6     3    400    300    59.6    -2    0
5     4    700    250    31.6     1    3
```

6	5	850	300	76.4	2	4
4	7	350	150	4	-3	0
5	8	350	150	4	3	4
6	9	350	300	58.2	4	0
8	7	700	150	12.8	3	0
9	8	850	250	39	4	0
10	6	410	400	119.8	-5	0
10	6	450	400	100	5	0

C++语言计算程序如下：

```
#include <iostream>
#include <cmath>
#include <iomanip>
#include <fstream>
#define A 100
using namespace std;
main()
{ int B[A],E[A],IO[A],JO[A],ok=0,i,k,P,LOOP;
  float L[A],D[A],q[A],h[A],s1[A],s[A],w[A],v[A];
  float xs,c,Dq[A]={0},sq[A],Dh[A];
  char outfile[20],infile[20];
cout<<"请输入初始文件名(包含扩展名),且长度不超过20个字节:"<<endl;
cin>>infile;
ifstream istrm(infile);
istrm>>P>>LOOP>>xs;
  for(k=1;k<=P;k++)
  istrm>>B[k]>>E[k]>>L[k]>>D[k]>>q[k]>>IO[k]>>JO[k];  //输入原始数据
istrm.close();
  for(k=1;k<=P;k++)
  { q[k]*=(IO[k]<0)? -1:1; q[k]*=xs;
    if(D[k]<=0.29) D[k]-=.001;  D[k]/=1000;
    w[k]=3.14/4*D[k]*D[k];  s1[k]=1.736e-9/pow(D[k],5.3)*L[k];}
                                                       //对原始数据进行处理
a1:ok++; cout<<"OK="<<ok<<endl; if(ok>5000) goto a2;
  for(k=1;k<=P;k++)
  { q[k]=q[k]+Dq[abs(IO[k])]-Dq[JO[k]];                  //校正管段流量
    v[k]=fabs(q[k])/1000/w[k];
    c=(v[k]>=1.2)? 1:.852*pow(1+.867/v[k],.3);
    s[k]=s1[k]*c;
    h[k]=s[k]*q[k]*fabs(q[k]);}                          //计算水头损失
```

```
  for(i=1;i<=LOOP;i++)
  { Dh[i]=0; sq[i]=0;
    for(k=1;k<=P;k++) if(abs(IO[k])==i||JO[k]==i)
     { Dh[i]+=abs(IO[k])==i? h[k]:-h[k]; sq[i]+=s[k]*fabs(q[k]); }
    Dq[i]=-Dh[i]/2/sq[i]; }                          //计算校正流量dq和环闭合差dh
  for(i=1;i<=LOOP;i++) if(fabs(Dh[i])>.001) goto a1;    //比较环闭合差与所取的精度
a2: cout<<"请输入要创建的计算结果文件名(包含扩展名),不超过20个字节:"<<endl;
  cin>>outfile;
ofstream ostrm(outfile);
ostrm<<"Pipe="<<P<<"Loop="<<LOOP<<"OK="<<ok<<"xs="<<xs<<endl;
ostrm<<"-----------------------------------"<<endl;
ostrm<<" No_  from to   L(m)   D(mm)   q(L/s)   h(m)   v(m/s)   IO   JO"<<endl;
ostrm<<"--------------------------------------------------
---------------------"<<endl;
for(k=1;k<=P;k++)
{ if(q[k]*IO[k]>0) ostrm<<setw(4)<<k<<setw(4)<<B[k]<<"---"<<E[k];
        else ostrm<<setw(4)<<k<<setw(4)<<E[k]<<"---"<<B[k];
  ostrm<<"   "<<fixed<<setprecision(0)<<L[k]<<"   "<<10*(int)(D[k]*100+0.5)<<
setw(8)<<fixed<<setprecision(2)<<q[k]<<setw(8)<<fixed<<setprecision(2)<<h[k]<<setw
(8)<<fixed<<setprecision(2)<<v[k]<<setw(5)<<IO[k]<<setw(5)<<JO[k]<<endl;}
    ostrm<<endl<<"-------------------------------------------
---------------------------"<<endl;
    for(i=1;i<=LOOP;i++) { ostrm<<"Dh["<<i<<"]="<<setprecision(6)<<Dh[i]<<"m
  ";
    if(fmod(i,2)==0) ostrm<<endl; }
    ostrm<<endl<<"-------------------------------------------
---------------------";
    ostrm.close(); }                                  //对输出的结果进行排版
```

计算结果文件“DAT2”的内容(最高日最高时工况)为:

Pipe = 14　　Loop = 5　　OK = 7　　xs = 1

No_	from to	L(m)	D(mm)	q(L/s)	h(m)	v(m/s)	IO	JO
1	2-1	760	150	-9.78	-3.32	0.55	-1	0
2	3-2	850	250	-39.20	-3.74	0.80	-2	0
3	4-1	400	150	6.22	0.77	0.35	1	0
4	5-2	400	150	-2.19	-0.12	0.12	-1	2
5	6-3	400	300	-59.20	-1.52	0.84	-2	0
6	5-4	700	250	36.29	2.67	0.74	1	3
7	6-5	850	300	76.07	5.13	1.08	2	4

8	4-7	350	150	-6.47	-0.73	0.37	-3	0
9	5-8	350	150	0.80	0.02	0.05	3	4
10	6-9	350	300	58.93	1.31	0.83	4	0
11	8-7	700	150	10.33	3.38	0.58	3	0
12	9-8	850	250	39.73	3.83	0.81	4	0
13	10-6	410	400	-112.66	-1.21	0.90	-5	0
14	10-6	450	400	107.14	1.21	0.85	5	0

\- -

Dh[1] = -0.000826m　Dh[2] = -0.000631m

Dh[3] = -0.000357m　Dh[4] = -0.000834m

Dh[5] =0.000000m

\- -

该城镇人口4万人,则同一时间发生火灾的次数为2次,一次灭火用水量25L/s,现进行消防核算。假定火灾设在节点4、5,在这两个节点分别增加一个集中消防流量25L/s,则4、5号节点的流量分别为$Q_4=23.6+25=48.6$(L/s),$Q_5=36.8+25=61.8$(L/s)。这时,假定管段10→6→5→4参与消防流量的转输(图6-8),对应管段(共3个)需在原初分流量上叠加相同流向的消防集中流量。$q_{10-6}=100+25+25=150$(L/s),$q_{6-5}=76.4+25+25=126.4$(L/s),$q_{5\text{-}4}=31.6+25=56.6$(L/s)。

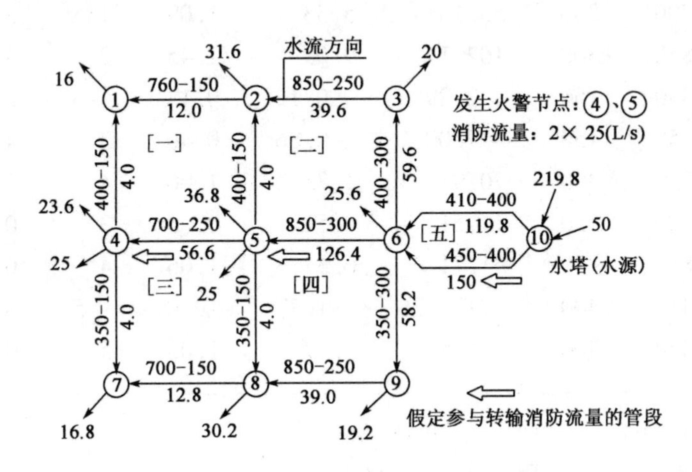

图6-8　管网计算图(最高时加消防)

消防时的数据文件内容为(为阅读方便,3处修改的数字下加了下画线):

14	5	1				
2	1	760	150	12	-1	0
3	2	850	250	39.6	-2	0
4	1	400	150	4	1	0
5	2	400	150	4	-1	2
6	3	400	300	59.6	-2	0
5	4	700	250	56.6	1	3

```
6    5    850    300    126.4    2     4
4    7    350    150    4        -3    0
5    8    350    150    4        3     4
6    9    350    300    58.2     4     0
8    7    700    150    12.8     3     0
9    8    850    250    39       4     0
10   6    410    400    119.8    -5    0
10   6    450    400    150      5     0
```

消防计算结果:

Pipe = 14　　Loop = 5　　OK = 9　　xs = 1.0

No_	from to	L(m)	D(mm)	q(L/s)	h(m)	v(m/s)	IO	JO
1	2-1	760	150	-13.72	-6.38	0.79	-1	0
2	3-2	850	250	-51.15	-6.25	1.05	-2	0
3	4-1	400	150	2.28	0.14	0.13	1	0
4 *	2-5	400	150	5.83	0.71	0.33	-1	2
5	6-3	400	300	-71.15	-2.13	1.01	-2	0
6	5-4	700	250	53.16	5.53	1.09	1	3
7	6-5	850	300	102.14	9.09	1.45	2	4
8	4-7	350	150	-2.29	-0.12	0.13	-3	0
9 *	8-5	350	150	-7.00	-0.86	0.40	3	4
10	6-9	350	300	70.91	1.85	1.00	4	0
11	8-7	700	150	14.51	6.51	0.83	3	0
12	9-8	850	250	51.71	6.37	1.06	4	0
13	10-6	410	400	-138.26	-1.77	1.10	-5	0
14	10-6	450	400	131.54	1.77	1.05	5	0

Dh[1] = -0.0009m　　Dh[2] = 0.0008m

Dh[3] = 0.0009m　　Dh[4] = -0.0009m

Dh[5] = -0.000m

注:序号带“ * ”的管段表示改变流向。

事故时校核,假定事故断管为6-5管段,该管段序号为7,则事故时的数据文件内容为(为阅读方便,2处修改的数字下加了下画线):

```
14   5    0.7
2    1    760    150    12      -1    0
3    2    850    250    39.6    -2    0
4    1    400    150    4       1     0
```

```
5    2    400    150    4       -1    2
6    3    400    300    59.6    -2    0
5    4    700    250    31.6     1    3
6    5    850    10     76.4     2    4
4    7    350    150    4       -3    0
5    8    350    150    4        3    4
6    9    350    300    58.2     4    0
8    7    700    150    12.8     3    0
9    8    850    250    39       4    0
10   6    410    400    119.8   -5    0
10   6    450    400    100      5    0
```

事故时校核计算结果如下：

```
  Pipe = 14     Loop = 5     OK = 5001     xs = 0.7
-----------------------------------------------------------------------
No_   from to   L(m)   D(mm)   q(L/s)    h(m)     v(m/s)    IO    JO
-----------------------------------------------------------------------
 1    2-1       760    150     -13.35    -5.86    0.76      -1    0
 2    3-2       850    250     -53.90    -6.75    1.10      -2    0
 3    1-4       400    150     -2.15     -0.12    0.12       1    0
 4    2-5       400    150     18.43     5.60     1.04      -1    2
 5    6-3       400    300     -67.90    -1.95    0.96      -2    0
 6    5-4       700    250     12.28     0.38     0.25       1    3
 7    6-5       850    10      0.01      14.22    0.16       2    4
 8    7-4       350    150     2.09      0.10     0.12      -3    0
 9    8-5       350    150     -19.60    -5.50    1.11       3    4
10    6-9       350    300     68.03     1.72     0.96       4    0
11    8-7       700    150     13.85     5.78     0.78       3    0
12    9-8       850    250     54.59     6.91     1.11       4    0
13    10-6      410    400     -78.89    -0.63    0.63      -5    0
14    10-6      450    400     74.97     0.63     0.60       5    0
-----------------------------------------------------------------------
Dh[1] = -0.000026m   Dh[2] = -0.088738m
Dh[3] = -0.000024m   Dh[4] = -0.088740m
Dh[5] =0.000000m
-----------------------------------------------------------------------
```

由计算结果可以知道，和断管相关联的第2、4号环闭合差为0.0887m左右，精度稍差。如果将校正次数限制放宽至10000，闭合差精度提高至0.022m，完全能够满足工程要求。如果把事故断管剔除，重新对环编号，重新编制事故时数据文件，那么上机前的准备工作量大些，但校正计算次数会很少，且精度很高。

6.3　多水源给水管网水力计算

6.3.1　多水源给水管网的特点

多水源供水管网就是向管网供水的水源节点多于一个的管网,水源节点可以是泵站、水塔、高位水池等。多水源给水管网水力计算原理和单水源管网完全相同,但多水源管网存在各水源之间的流量分配问题,从而引入了虚环、虚管段,虚管段水头损失的计算处理有其特殊性,不同于实管段,这也是多水源给水管网水力计算的难点所在。

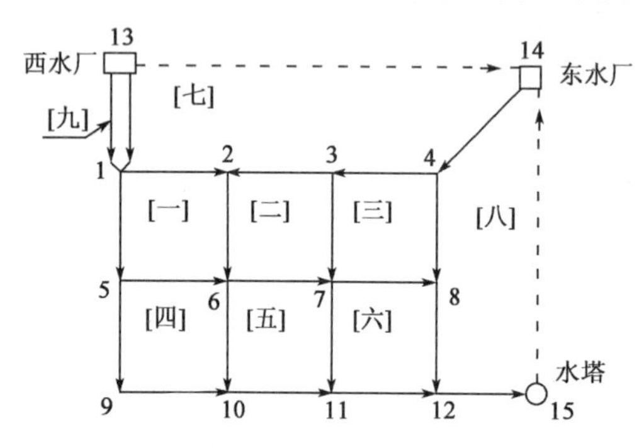

图6-9　某多水源给水管网平面布置

【例6-2】　某城供水管网(图6-9)由两泵站和一水塔供水,水塔处地面标高49.0m,水塔高度25.0m。西水厂安装14SA-10B型水泵三台,其中一台备用。东水厂安装14SA-10B型水泵两台,其中一台备用。西水厂吸水井水位为33.0m,东水厂吸水井水位为30.0m,均已扣除泵站内部管线的水头损失。14SA-10B型离心泵的特性方程为:$H_P = 59 - 0.000117Q^2$。水头损失按舍维列夫铸铁管公式计算。要求进行管网水力计算。

解　由已知条件可知,水塔的水位74.0m即为其总水压,水泵扬程H_P加吸水井水位标高即为泵站的总水压。

水塔或高位水池的总水头为其水位标高值,水厂二级泵站的总水头为其水泵虚总扬程与水泵吸水井水位之和减去泵体内虚水头损失,即:

$$H = Z + H_X - S_X \cdot Q^2 \tag{6-6}$$

式中:H——二级泵站的总水头,m;

Z——水泵吸水井水位标高,m;

H_X——水泵的虚总扬程,m;

S_X——泵体内的虚阻耗系数,m·s²/L²;

Q——水泵的流量,L/s;其中,$S_X \cdot Q^2$项为泵体内的虚水头损失,m。

已知管段水头损失h_{ij}、节点水头H_i,H_j与流量q_{ij}之间的关系为:

$$h_{ij} = H_i - H_j = s_{ij}q_{ij}^2 \tag{6-7}$$

式中:h_{ij}——管段的水头损失,m;

H_i、H_j——节点i、j的总水头,m;

s_{ij}——管段ij的摩阻,m·s²/L²。

三个水源节点的总水头计算公式为:

西水厂　$H_{13} = 33 + (59 - 0.000117Q_{13\text{-}1}^2) = 92 - 0.000117Q_{13\text{-}1}^2$

东水厂　$H_{14} = 30 + (59 - 0.000117Q_{14\text{-}4}^2) = 89 - 0.000117Q_{14\text{-}4}^2$

水塔　$H_{15} = 49 + 25 = 74(\text{m})$

则两个虚管段的虚水头损失计算式为：

13-14 管段（虚） $h_{13-14}=H_{13}-H_{14}=3-0.000117(q_{13-1}^{2}-q_{14-4}^{2})$（西水厂→东水厂）

14-15 管段（虚） $h_{14\text{-}15}=H_{14}-H_{15}=15-0.000117q_{14\text{-}4}^{2}$（东水厂→水塔）

其中：$Q_{13\text{-}1}$为西水厂一台单泵的出流量（因为 0.000117 是单泵虚阻耗），是西水厂总供水量的一半（因为是 2 用 1 备），等于一个管段 13-1 的流量 $q_{13\text{-}1}$（注：13-1 管段共有 2 个，平行敷设，双管运行，这里 $q_{13\text{-}1}$为其中一个管段的流量，由于平行并联敷设的 13-1 管段具有相同管径、相同管长、相同管材，故管段流量相同）。如果西水厂平行敷设的两个 13-1 管段不同径，则此处采用总出流量 $Q_{13\text{-}1}=q_{13\text{-}1}^{(1)}+q_{13\text{-}1}^{(2)}$，$S_X$ 采用两台泵并联运行时总的虚阻耗，$S_X=0.000117/2^2=0.000117/4=2.925\times10^{-5}$。

$Q_{14\text{-}4}$为东水厂一台单泵的出流量，是东水厂的总供水量（因为是 1 用 1 备），即等于管段 14-4 的流量 $q_{14\text{-}4}$。

两个虚管段的流量及其流动方向在满足连续性方程的前提下初步假定（分配）。实管段水头损失方向与管段计算流量方向同步一致，即同为顺正逆负，会随着管段流量的不断校正改变方向，但同一管段的水头损失和流量始终同号。虚管段的虚水头损失方向是固定的，总是从总水头大的水源节点指向总水头小的水源节点，其值的大小随平差校正而改变，但方向保持不变，而虚管段的虚流量的大小及方向随平差校正而改变，既可与虚水头损失方向一致，也可不一致。上述例题中，西水厂的虚总水头为水泵虚总扬程与水泵吸水井水位之和，即 33.0 + 59.0 = 92.0（m），东水厂的虚总水头为 30.0 + 59.0 = 89.0（m），水塔总水头水位标高（等于水塔处地面标高 49.0m 加水塔高度 25.0m）为 74.0m。按照由高到低的原则，很容易判断出虚水头的损失方向是：西水厂——→东水厂，东水厂——→水塔。而虚流量方向可假定，需遵循连续性方程。

6.3.2 数据文件的编制

某多水源管网如图 6-10 所示，水力计算数据总结于表 6-4。

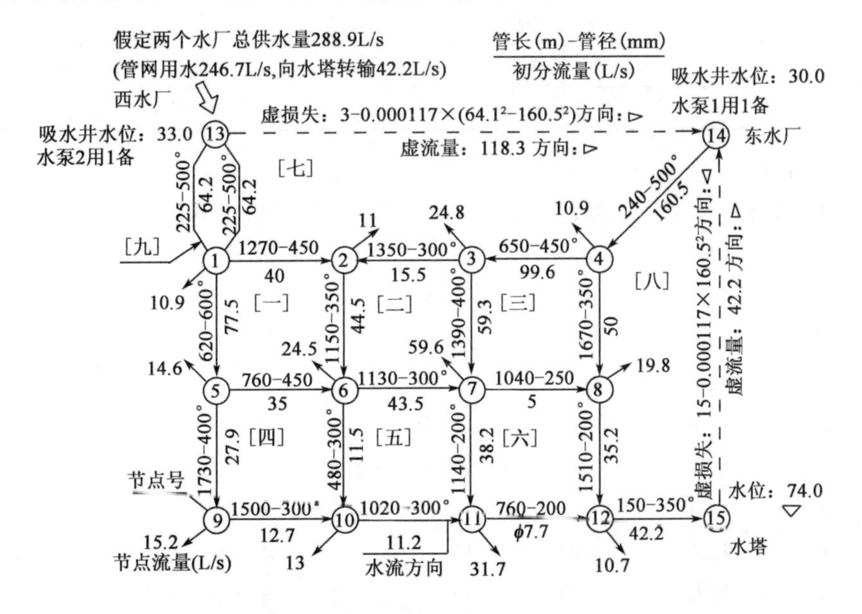

图 6-10 多水源管网原始数据

多水源管网水力计算数据表　　　　表 6-4

序号	起始节点号	终止节点号	管　长(m)	公称直径(mm)	初分流量(L/s)	*IO*	*JO*	水头损失计算公式	备注
1	1	2	1270	450	40	1	7		
2	3	2	1350	300	15.5	-2	7		
3	4	3	650	450	99.6	-3	7		
4	1	5	620	600	77.5	-1	0		
5	2	6	1150	350	44.5	1	2		
6	3	7	1390	400	59.3	2	3		
7	4	8	1670	350	50	3	8		
8	5	6	760	450	35	-1	4		
9	6	7	1130	300	43.5	-2	5		
10	7	8	1040	250	5	-3	6		
11	5	9	1730	400	27.9	-4	0	$h_{ij}=s_{ij}q_{ij}^2$	实管段
12	6	10	480	300	11.5	4	5		
13	7	11	1140	200	38.2	5	6		
14	8	12	1510	200	35.2	6	8		
15	9	10	1500	300	12.7	-4	0		
16	10	11	1020	300	11.2	-5	0		
17	11	12	760	200	17.7	-6	0		
18	12	15	150	350	42.2	-8	0		
19	13	1	225	500	64.2	-9	0		
20	13	1	225	500	64.2	-7	9		
21	14	4	240	500	160.5	7	8		
22	13	14			118.3	7	0	$3-0.000117(q_{13\text{-}1}^2-q_{14\text{-}4}^2)$	虚管段
23	15	14			42.2	-8	0	$15-0.000117q_{14\text{-}4}^2$	

数据文件内容为:

23　9　1　2(注:分别代表管段总数、环数、流量折减系数、虚管段个数)

```
1   2   1270   450   40     1   7
3   2   1350   300   15.5  -2   7
4   3   650    450   99.6  -3   7
1   5   620    600   77.5  -1   0
2   6   1150   350   44.5   1   2
3   7   1390   400   59.3   2   3
4   8   1670   350   50     3   8
5   6   760    450   35    -1   4
6   7   1130   300   43.5  -2   5
7   8   1040   250   5     -3   6
```

```
5	9	1730	400	27.9	-4	0
6	10	480	300	11.5	4	5
7	11	1140	200	38.2	5	6
8	12	1510	200	35.2	6	8
9	10	1500	300	12.7	-4	0
10	11	1020	300	11.2	-5	0
11	12	760	200	17.7	-6	0
12	15	150	350	42.2	-8	0
13	1	225	500	64.2	-9	0
13	1	225	500	64.2	-7	9
14	4	240	500	160.5	7	8
13	14			118.3	7	0
15	14			42.2	-8	0
```

6.3.3 多水源管网平差电算程序

编制多水源管网计算程序时，在单水源程序的基础上增加几条处理虚管段水头损失的语句，即可进行多水源管网电算平差。

C++ 语言计算程序如下：

```
#include < iostream >
#include < cmath >
#include < iomanip >
#include < fstream >
#define A 100
using namespace std;
main( )
{ int B[A],E[A],IO[A],JO[A],ok = 0,i,k,P,m,LOOP;
  float L[A],D[A],q[A],h[A],s1[A],s[A],w[A],v[A];
  float xs,c,Dq[A] = {0},sq[A],Dh[A];
  char outfile[20],infile[20];
cout < < "请输入初始文件名(包含扩展名),且长度不超过 20 个字节: " < < endl;
cin > > infile;
ifstream istrm(infile);
istrm > > P > > LOOP > > xs > > m;
  for(k = 1;k < = P - m;k + + )
  { istrm > > B[k] > > E[k] > > L[k] > > D[k] > > q[k] > > IO[k] > > JO[k];
    q[k] * = (IO[k] <0)? -1:1; q[k] * = xs;
    if(D[k] < -290) D[k] - =1; D[k]/ = 1000; w[k] = 3.14/4 * D[k] * D[k];
    s1[k] = 1.736e - 9/pow(D[k],5.3) * L[k]; }
  for(k = P - m + 1;k < = P;k + + )
  { istrm > > B[k] > > E[k] > > q[k] > > IO[k] > > JO[k];
```

```
    q[k] *=(IO[k]<0)? -1:1; q[k] *=xs; }
  istrm.close();                                         //从文件中导入原始数据
a1:ok++; cout<<" OK="<<ok<<endl; if(ok>5000) goto a2;
      for(k=1;k<=P-m;k++)
    { q[k]=q[k]+Dq[abs(IO[k])]-Dq[JO[k]];                //校正各管段的流量
      v[k]=fabs(q[k])/1000/w[k];
      c=(v[k]>=1.2)? 1:.852*pow(1+.867/v[k],.3);
      s[k]=s1[k]*c;
      h[k]=s[k]*q[k]*fabs(q[k]); }                       //计算实管段的水头损失
     for(k=P-m+1;k<=P;k++) q[k]=q[k]+Dq[abs(IO[k])]-Dq[JO[k]];
      h[22]=3-.000117*(q[20]*q[20]-q[21]*q[21]);
      h[23]=15-.000117*q[21]*q[21];                      //计算虚管段的水头损失
    for(i=1;i<=LOOP;i++)
    { Dh[i]=0; sq[i]=0;
      for(k=1;k<=P;k++) if(abs(IO[k])==i||JO[k]==i)
        { Dh[i]+=abs(IO[k])==i? h[k]:-h[k];
          if(k<=P-m) sq[i]+=s[k]*fabs(q[k]); }
      Dq[i]=-Dh[i]/2/sq[i]; }                            //计算各环的闭合差和校正流量
    for(i=1;i<=LOOP;i++) if(fabs(Dh[i])>.001) goto a1;
a2: cout<<"请输入要创建的计算结果文件名(包含扩展名),不超过20个字节:"<<endl;
    cin>>outfile;
ofstream ostrm(outfile);
ostrm<<"Pipe="<<P<<"Loop="<<LOOP<<"OK="<<ok<<"xs="<<xs<<endl;
ostrm<<"----------------------------------------------------
---------------------"<<endl;
ostrm<<" No_  from to   L(m)   D(mm)   q(L/s)   h(m)   v(m/s)   IO   JO"<<endl;
ostrm<<"----------------------------------------------------
-------------------";
for(k=1;k<=P;k++)
{ if(q[k]*IO[k]>0) ostrm<<endl<<setw(2)<<k<<setw(6)<<B[k]<<"--"<<setw(2)<
<E[k];
    else ostrm<<endl<<setw(2)<<k<<setw(6)<<E[k]<<"--"<<setw(2)<<B[k];
  if(k<=P-m)
ostrm<<setiosflags(ios::fixed)<<setprecision(0)<<setw(6)<<L[k]<<setw(7)<<10*(int)(D[k]
*100+.5)<<setiosflags(ios::fixed)<<setprecision(2)<<setw(9)<<q[k]<<setiosflags(ios::fixed)
<<setprecision(2)<<setw(8)<<h[k]<<setiosflags(ios::fixed)<<setprecision(2)<<setw(7)<<v
[k]<<setw(5)<<IO[k]<<setw(4)<<JO[k];
    else
ostrm<<setiosflags(ios::fixed)<<setprecision(2)<<setw(22)<<q[k]<<setiosflags(ios::fixed)<<
setprecision(2)<<setw(8)<<h[k]<<setw(12)<<IO[k]<<setw(4)<<JO[k]; }
ostrm<<endl<<"----------------------------------------------------
--------------------------"<<endl;
```

```
for(i=1;i<=LOOP;i++)
{ostrm<<"Dh["<<i<<"]="<<setiosflags(ios::fixed)<<setprecision(4)<<setw(5)<<Dh[i]<
<"m"<<"    ";
if(i%2==0) ostrm<<endl; }
ostrm<<endl<<"-----------------------------------------
--------------------------";
ostrm.close();}                         //对输出的数据进行排版
```

计算结果为：

Pipe =23　　Loop =9　　OK =55　　xs =1

No_	from to	L(m)	D(mm)	q(L/s)	h(m)	v(m/s)	IO	JO
1	1-2	1270	450	66.36	0.80	0.42	1	7
2	2-3	1350	300	32.79	1.74	0.46	-2	7
3	4-3	650	450	-36.32	-0.14	0.23	-3	7
4	1-5	620	600	-141.44	-0.37	0.50	-1	0
5	2-6	1150	350	22.57	0.36	0.23	1	2
6	3-7	1390	400	44.32	0.75	0.35	2	3
7	4-8	1670	350	38.59	1.36	0.40	3	8
8	5-6	760	450	-87.41	-0.79	0.55	-1	4
9	6-7	1130	300	-40.48	-2.13	0.57	-2	5
10	7-8	1040	250	-10.85	-0.46	0.22	-3	6
11	5-9	1730	400	-39.43	-0.76	0.31	-4	0
12	6-10	480	300	44.99	1.10	0.64	4	5
13	7-11	1140	200	14.35	2.48	0.46	5	6
14	8-12	1510	200	29.64	12.39	0.95	6	8
15	9-10	1500	300	-24.23	-1.12	0.34	-4	0
16	10-11	1020	300	-56.22	-3.51	0.80	-5	0
17	11-12	760	200	-38.87	-10.37	1.25	-6	0
18	12-15	150	350	-57.81	-0.25	0.60	-8	0
19	13-1	225	500	-109.35	-0.21	0.56	-9	0
20	13-1	225	500	-109.35	-0.21	0.56	-7	9
21	14-4	240	500	85.81	0.14	0.44	7	8
22	13-14			28.00	2.46	7	0	
23	15-14			-57.81	14.14	-8	0	

Dh[1] =0.0001m　Dh[2] =0.0003m

Dh[3] =0.0002m　Dh[4] =0.0001m

Dh[5] =0.0004m　Dh[6] =0.0010m

Dh[7] =0.0001m　Dh[8] =0.0006m

Dh[9] =0.0000m

最大转输时,计算结果为:

西水厂供水量 2 × 109.35 = 218.7(L/s);

东水厂供水量 86.26 L/s;

管网总用水量 246.7 L/s;

向水塔转输水量 58.61 L/s。

假定管网 1 ~12 号节点的地面标高为 35.00m,由水厂或水塔已知起点总水头推算其余各节点总水头、自由水压值。其中节点自由水压的计算公式为:自由水压 = 总水头 - 地面标高;节点总水头的计算公式为:设管段 ij 中有流量 q_{ij} 从节点 i(总水头是 H_i)流向节点 j(总水头是 H_j),该管段水头损失 $h_{ij} = H_i - H_j$,可依此计算节点总水头。

式中:h_{ij}——管段的水头损失,m;

H_i、H_j——节点 i、j 的总水头,m。

将计算结果标示于管网水力计算图中,如图 6-11 所示。

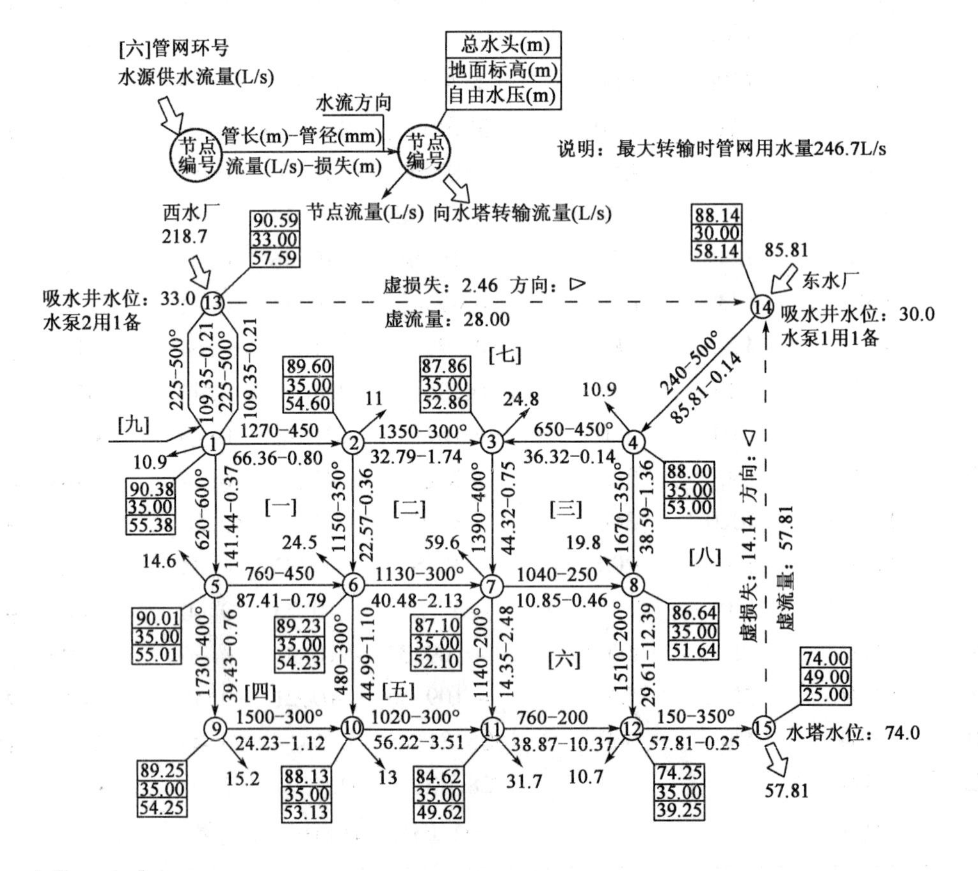

图 6-11　管网水力计算成果图

6.4 给水管道造价公式参数估计

6.4.1 数学模型

管道的造价按管道单位长度造价乘以管段长度计算。管道单位长度造价是指单位长度(一般指每米)管道的建设费用,包括管材、配件与附件等的材料费以及施工费(含直接费用和间接费用)。管道单位长度造价与管道直径有关,可以表示为:

$$C = a + bD^{\alpha} \tag{6-8}$$

式中:D——管段直径,m;

C——管道单位长度造价,元/m;

a、b、α——系数和指数,随管材和当地施工条件而异。

管道单位长度造价公式统计参数 a、b、α 可以用曲线拟合方法对当地管道单位长度造价统计数据进行计算求得。下面采用黄金分割最小二乘法求造价公式参数。

6.4.2 最小二乘法

根据最小二乘法线性拟合原理,假设 α 已知,则有:

$$a = \frac{\sum C_i \sum D_i^{2\alpha} - \sum C_i D_i^{\alpha} \sum D_i^{\alpha}}{N \sum D_i^{2\alpha} - (\sum D_i^{\alpha})^2} \tag{6-9}$$

$$b = \frac{\sum C_i - aN}{\sum D_i^{\alpha}} \tag{6-10}$$

$$\sigma = \sqrt{\frac{\sum (a + bD_i^{\alpha} - C_i)^2}{N}} \tag{6-11}$$

式中:N——数据点数;

σ——线性拟合均方差,元。

α 取值一般为 1.0 ~ 2.0,在此区间用黄金分割法(或其他搜索最小值的方法)取不同的 α 值,代入式(6-9) ~ 式(6-11)分别求得参数 a、b 和均方差 σ,搜索最小均方差 σ,直到 α 步距小于要求值(手工计算可取 0.05,用计算机程序计算可设为 0.01)为止,取最后的 a、b 和 α 值。

根据上述管道造价公式,给水管网的造价公式可表示为:

$$C = \sum_{i=1}^{M} C_i l_i = \sum_{i=1}^{M} (a + bD_i^{\alpha}) l_i \tag{6-12}$$

式中:D_i——管段 i 的直径,m;

C_i——管段 i 的管道单位长度造价,元/m;

l_i——管段 i 的长度,m;

M——管网管段总数。

6.4.3 源程序清单

C++ 语言计算程序如下:

```
#include" iostream. h"
#include" math. h"
#include" fstream. h"
#include" stdlib. h"
#include" afx. h"
void main( )
{
    CString s,ss;
    const int Nd = 10;
    int i,k,kk;
    double
    caa,cbb,alfa0,alfa_min = 1.0,alfa_max = 2.0,D_alfa,sigma0,sigma_E = 0.01,alfa[2],sigma[2];
    double Sum_D21,Sum_D22,Sum_CD,Sum_C,Sum_Tem1,Sum_Tem2,Sum_abc;
                                                          //管径造价数据
    double D[Nd] = {0.2,0.3,0.4,0.5,0.6,0.7,0.8,0.9,1.0,1.2};
    double cost[Nd] = {345,558,886,1217,1503,1867,2246,2707,3154,4167};
    ofstream outfile;outfile. open("管网造价计算. txt");
    outfile < < endl;
    outfile < < "管道造价原公式:C = a + b * D^m" < < endl;
    outfile < < endl;
    outfile < < "管网造价数据:" < < endl;
    outfile < < "管径(m):";
    for(i = 0;i < Nd;i + + ){s. Format("%8.2lf",D[i]);outfile < < s;} outfile < < endl;
    outfile < < "造价(元):";
    for(i = 0;i < Nd;i + + ){s. Format("%8.2lf",cost[i]);outfile < < s;} outfile < < endl;
                                                          //参数计算开始
    D_alfa = 2.0;outfile < < "计算过程:" < < endl;
    outfile < < " kk caa cbb alfa_min alfa_max sigma0 D_alfa" < < endl;
    for(kk = 1;D_alfa > 0.001;kk + + )
    {alfa[0] = alfa_min + (alfa_max - alfa_min) * 0.382;
     alfa[1] = alfa_min + (alfa_max - alfa_min) * 0.618;
    for(k = 0;k < 2;k + + )
     {Sum_D21 = 0.0;Sum_D22 = 0.0;Sum_CD = 0.0;
    Sum_C = 0.0;Sum_Tem1 = 0.0;Sum_Tem1 = 0.0;Sum_abc = 0.0;
    caa = 0.0;cbb = 0.0;alfa0 = 0.0;
      for(i = 0;i < Nd;i + + )
     {Sum_D21 = Sum_D21 + pow(D[i],alfa[k]);
     Sum_D22 = Sum_D22 + pow(D[i],alfa[k] * 2.0);
     Sum_C = Sum_C + cost[i];
```

```
    Sum_CD = Sum_CD + cost[i] * pow(D[i],alfa[k]);
    }
    caa = (Sum_C * Sum_D22 - Sum_CD * Sum_D21)/(Nd * Sum_D22 - pow(Sum_D21,2.0));
    cbb = (Sum_C - caa * Nd)/Sum_D21;
    for(i = 0;i < Nd;i + + )
    {Sum_Tem1 = caa + cbb * pow(D[i],alfa[k]) - cost[i];
  Sum_abc = Sum_abc + pow(Sum_Tem1,2.0);
    }
   Sum_Tem2 = Sum_abc/Nd;
   sigma[k] = pow(Sum_Tem2,0.5);
  }//k - end
    if(sigma[0] > sigma[1])
    {alfa_min = alfa[0];sigma0 = sigma[0];alfa0 = alfa[0];}
    else
   {alfa_max = alfa[1];sigma0 = sigma[1];alfa0 = alfa[1];}
   D_alfa = fabs(alfa[1] - alfa[0]);
   s.Format("%6d%8.3lf%8.3lf%8.4lf%8.4lf%8.4lf%8.4lf",kk,caa,cbb,alfa_min,alfa_max,sigma0,D_
alfa);
    outfile < < s;outfile < < endl;
   }//kkend - - - - - -
    outfile < < "造价公式:C = " < < caa < < "  + " < < cbb < < " * D^" < < alfa0 < < endl;
    outfile.close();
}
```

(1)程序的使用方法

①在 Visual C++6.0 软件环境下将程序源代码输入计算机后,按编译键进行编译,再按运行键即可运行程序。

②由于程序输出数据的格式要求,在程序运行前需要在 Visual C++6.0 视窗菜单上的"projiect"下打开"settings"功能子菜单,运行"use MFC in a static library",程序即可正常运行。

③使用者可以在程序中添加语句,得到不同的计算内容和输出格式。

(2)变量说明

Nd——统计数据组数;

D[Nd]——管径,m;

Cost[Nd]——单位管线造价,元/m;

caa、cbb、alfa0——单位管线造价公式中的系数和指数。

(3)程序说明

在上机计算前,应准备好经验管径—造价表,表中管径按从小到大的次序排列。

在数据定义语句中输入 Nd = 8,表示有 8 个管径和 8 个对应的造价指标,把管径放入"D[Nd] = {…}"的括号中,把造价指标放入"cost[Nd] = {…}"的括号中。如果计算不同的造价公式,只需改变上述 3 组数据即可,同时可改变输出文件名,方便地记录不同计算内容。

6.4.4 应用例题

对某地给水管网 $D=200$mm 以上的管道进行单位造价的综合分析计算。造价构成包括：
①管材费用；
②运输管理费用；
③施工费用；
④挖填沟槽费用；
⑤路面修复费用(或者青苗赔偿)；
⑥消火栓费用；
⑦闸门费用；
⑧闸门井、支墩等构筑物费用；
⑨管配件费用；
⑩特殊措施费用。
管径与单位造价如表 6-5 所示。

管径—造价表(原始数据)　　表 6-5

管径 D (mm)	单价 C(元/m)	管径 D (mm)	单价 C(元/m)
200	82.9	600	324.17
250	102.1	700	377.87
300	120.69	800	452.46
350	140.78	900	517.4
400	166.15	1000	659.19
450	229.08	1100	747.94
500	257.21	1200	854.47

(1)根据表 6-5，将数据按照上述“程序说明”的方法输入程序中，即将源程序中的如下内容：

```
const int Nd = 10;
double D[Nd] = {0.2,0.3,0.4,0.5,0.6,0.7,0.8,0.9,1.0,1.2};
double cost[Nd] = {345,558,886,1217,1503,1867,2246,2707,3154,4167};
```

改为：

```
const int Nd = 14;
double D[Nd] = {0.2,0.25,0.3,0.35,0.4,0.45,0.5,0.6,0.7,0.8,0.9,1.0,1.1,1.2};
doublecost[Nd] = {82.9,102.1,120.69,140.78,166.15,229.08,257.21,324.17,377.87,452.46,517.4,
659.19,747.94,854.47};
```

运行程序之后会自动生成一个 txt 文件，文件名为“管网造价计算”。
(2)计算结果文件的内容如下。
管道造价原公式：C = a + b * D^m
管道造价数据：

管径(m) 0.20 0.25 0.30 0.35 0.40 0.45 0.50 0.60 0.70 0.80 0.90 1.00 1.10 1.20

造价(元) 82.90 102.10 120.69 140.78 166.15 229.08 257.21 324.17 377.87 452.46 517.40 659.19 747.94 854.47

计算过程:

kk	caa	cbb	alfa_min	alfa_max	sigma0	D_alfa
1	41.209	603.532	1.3820	2.0000	17.2992	0.2360
2	62.440	580.280	1.3820	1.7639	16.2220	0.1458
3	41.214	603.527	1.5279	1.7639	14.7116	0.0901
4	49.756	594.286	1.5279	1.6738	14.8590	0.0557
5	41.216	603.525	1.5279	1.6180	14.4711	0.0344
6	35.639	609.487	1.5623	1.6180	14.4892	0.0213
7	37.797	607.186	1.5836	1.6180	14.4326	0.0131
8	39.114	605.779	1.5836	1.6049	14.4376	0.0081
9	37.798	607.186	1.5836	1.5968	14.4285	0.0050
10	36.978	608.061	1.5886	1.5968	14.4283	0.0031
11	37.292	607.726	1.5886	1.5937	14.4273	0.0019
12	36.978	608.061	1.5906	1.5937	14.4275	0.0012
13	37.098	607.933	1.5917	1.5937	14.4273	0.0007

造价公式:C = 37.0977 + 607.933 * D^1.59174

6.5 给水管网技术经济计算

6.5.1 虚流量平差法

1)数学模型

给水管网的设计除了需符合水力平衡条件外,在保证供水安全的前提下,还应考虑经济性。管网任一管段的流量、管径和水头损失之间有一定的函数关系。因此管网技术经济计算时,既可以求经济管径,也可以求水头损失。一般采用虚流量平差法,以经济水头损失为目标,求得经济管径。经济管径公式为:

$$D_{ij} = (fx_{ij}Qq_{ij}^{\ n})^{\frac{1}{a+m}} \tag{6-13}$$

式中:Q——进入管网的总流量,L/s;

q_{ij}——管段流量,L/s;

x_{ij}——管段虚流量;

f——经济因素;

n、a、m——已知参数。

在式(6-13)中,唯一需要确定的未知量是管段虚流量 x_{ij},f、Q、q_{ij}都是已知量。在确定管段虚流量时,首先,是在流量已分配的条件下进行的;其次,还必须对管段进行虚流量的初始分配。各管段的虚流量 x_{ij}值为 0 ~ 1,虚流量初始化分配要保证以下 3 点:

①实际流量大,虚流量大。

②分配时,进入节点的虚流量、方向和实际流量相同。

③除起点 $x_{ij}=1$ 外,其余节点应符合 $\sum x_{ij}=0$。

如果保证以上 3 点,虚流量初始分配就可满足虚流量节点平衡条件。同时还要求满足每环内虚水头损失平衡,即:

$$\sum h_{\Phi}=0, h_{\Phi}=q_{ij}^{\frac{na}{a+m}}L_{ij}x_{ij}^{-\frac{m}{a+m}}$$

式中: L_{ij}——管段长度,m;

h_{Φ}——虚水头损失,m;

q_{ij}、x_{ij}、n、a、m——意义同前。

通常情况下,虚流量初始分配后,便会满足节点虚流量平衡条件,但不满足虚水头损失平衡条件。所以,必须对虚流量进行校正,直到满足每环内虚水头损失平衡。校正虚流量时,可按下式进行计算:

$$\Delta x_{ij}=\frac{\sum q_{ij}^{\frac{na}{a+m}}L_{ij}x_{ij}^{\frac{m}{a+m}}}{\frac{m}{a+m}\sum\left|q_{ij}^{\frac{na}{a+m}}L_{ij}x_{ij}^{-\frac{a+2m}{a+m}}\right|} \tag{6-14}$$

校正完成后,即得各管段的最终虚流量 x_{ij}值。将得到的最终虚流量值代入式(6-13)中,便得到经济管径。

2)计算方法

管网技术经济计算是在流量已经分配并固定下来的条件下进行的。计算方法如下:

①首先,需要对管网进行环编号和管段编号。在对原始数据处理前,需对每一管段进行本环和邻环的编制。每个非公共管段的本环环号是它所在环的环号数值,其符号遵循顺时针为正、逆时针为负的规则;非公共管段没有邻环,邻环号取为零。对于公共管段,它有两个环号,本环环号取其中的小号,顺时针为正、逆时针为负;邻环环号取大号,符号均为正。经过这样的处理后,数据就可以被计算机识别调用了。

②初分虚流量,保证除起点 $x_{ij}=1$,其余节点符合 $\sum x_{ij}=0$ 的条件,即满足虚流量节点平衡条件。

③根据每一管段本环号的正负,确定每一管段虚流量 x_{ij}的正负。本环环号为正,虚流量为正;反之,虚流量为负。

④计算虚阻力 S_{Φ}、虚水头损失 h_{Φ},并使虚水头损失与虚流量正负一致。

⑤计算每一环内的虚水头损失代数和,判断每环的虚水头损失代数和是否都满足给定的精度。如果全都满足,则虚流量分配满足要求,进行⑥步;如果至少存在一个不符合,则需要进行虚流量校核。每环虚流量校正可按式(6-14)进行,校正的方法是:每一管段的虚流量加上本环的校正流量,再减去邻环的校正流量。虚流量调整后,返回④步。

⑥经过以上几步,虚流量分配已经满足要求。根据式(6-13)代入已知数据,便可得到经济管径。

6.5.2 计算框图

虚流量平差流程图如图 6-12 所示。

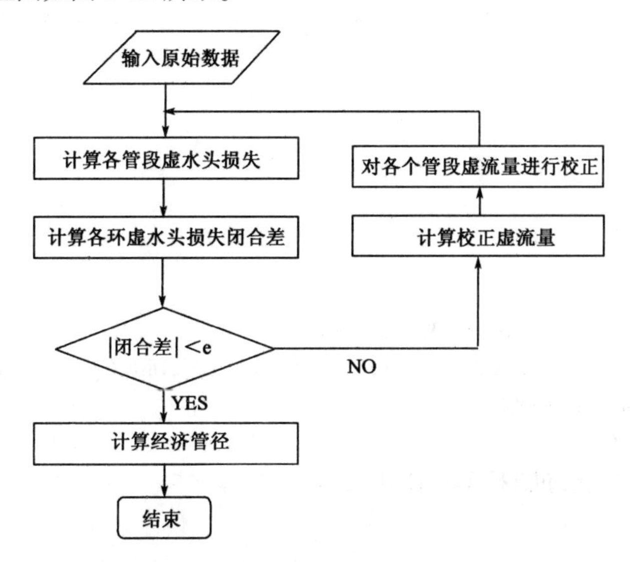

图 6-12 虚流量平差流程图

虚流量平差算法及程序框图如图 6-13 所示。

模块功能	程序及算法	说明
输入原始数据	输入管段数Pipe、环数Loop;输入管段L、q、初分x、IO、JO 输入求经济管径的参数p、t、BT、E、ZT、k、m、n、a、b、Q	变量说明，输入原始数据，赋初值
	ok=0 各环虚流量校正值：Dx=0	
原始数据处理	for(i=1;i<=Pipe;i++)	
	x[i]=(IO[i]<0)?-x[i]:x[i]	根据流向确定初始虚流量正负号
	S[i]=pow(q[i],n*a/(a+m))*L[i]	计算管段虚阻力
校正各管段虚流量，计算校正后的管段虚水头损失	a1: ok=ok+1	统计校正次数
	for(i=1;i<=Pipe;i++)	对所有管段做校正计算
	x[i]=x[i]+Dx[abs(IO[i])]-Dx[JO[i]]	校正管段虚流量
	hx[i]=S[i]/pow(fabs(x[i]),m/(a+m))	求校正后的管段虚水头损失
	hx[i]=(x[i]<0)?-hx[i]:hx[i]	使虚水头损失和虚流量符号相同
计算管网各环闭合差dhx及虚流量校正值	for(i=1;i<=Loop;i++)	计算各环闭合差、矫正流量
	Dhx[i]=0;sx[i]=0	环闭合差dhx及其一阶偏导赋初值0
	for(j=1;j<=Pipe;j++)	判断管段是否隶属于i号环
	IO[k]=i　YES: Dhx[i]+=hx[j]　NO: | JO[k] | =i　YES: Dhx[i]-=hx[j]　NO	查验j号管段是否在i号环上(判断管段的2个环号是否等于i) 计算i号环的闭合差
	sx[i]+=fabs(hx[j]/x[j])	计算i号环各管段虚损失一阶偏导累加和
	Dx[i]=Dhx[i]/(m/(a+m))/sx[i]	计算i号环虚流量的校正值
判断闭合差是否满足要求	for(i=1; i<=N; i++)	检查各环闭合差
	|Dhx[i] |>10　YES: go to a1　NO	环闭合差dh不满足精度要求时转向语名a1
输出结果	计算经济管径，输出计算结果	输出结果

图 6-13 虚流量平差算法及程序框图

6.5.3 源程序清单

C++语言计算程序如下:

```
#include < iostream >
#include < cmath >
#include < iomanip >
#include < fstream >
#define C 20
using namespace std;
main()
{ int B[C],End[C],IO[C],JO[C],ok =0,i,j,Pipe,Loop;
  float L[C],D[C],q[C],x[C],Dx[C] = {0},S[C],h[C],hx[C],Dhx[C],sx[C],w[C],v[C];
  float p,t,BT,E,ZT,k,m,n,a,b,Q,P,f,A;
char outfile[20],infile[20];
cout < <"请输入初始文件名(包含扩展名),且长度不超过 20 个字节:" < <endl;
cin > >infile;
ifstream istrm(infile);
istrm > >Pipe > >Loop;                                    //从文件读入管段数和环数
  for(i =1;i < =Pipe;i + +) istrm > >B[i] > >End[i] > >L[i] > >x[i] > >q[i] > >IO[i] > >JO[i];
                                                          //从文件读入数据
  istrm > >p > >t > >BT > >E > >ZT > >k > >m > >n > >a > >b > >Q;
istrm.close();

  for(i =1;i < =Pipe;i + +)
  { x[i] =(IO[i] <0)? -x[i]:x[i];                         //规定流量方向,顺“+”逆“-”
S[i] =pow(q[i],n * a/(a +m)) * L[i]; }                    //计算虚阻力 S_i = q_i^(a×n/(a+m)) L_i
a: cout < <"OK =" < <ok < <endl;
  for(i =1;i < =Pipe;i + +)
  { x[i] =x[i] +Dx[abs(IO[i])] -Dx[JO[i]];                //虚流量加本环校正流量减邻环校正流量
    hx[i] =S[i]/pow(fabs(x[i]),m/(a +m));                //计算虚水头损失 h_Φ = S_i x_i^(-m/(a+m))
    hx[i] =(x[i] <0)? -hx[i]:hx[i]; }                     //规定虚水头损失和流量方向一致

  for(i =1;i < =Loop;i + +)
  { Dhx[i] =0; sx[i] =0;
    for(j =1;j < =Pipe;j + +)
    { if(abs(IO[j]) = =i) {Dhx[i] + =hx[j]; sx[i] + =fabs(hx[j]/x[j]); }
     if(JO[j] = =i) {Dhx[i] - =hx[j]; sx[i] + =fabs(hx[j]/x[j]); } }
                                                          // 求各环 Σh_Φi 和 ΣS_i x_i^(-(a+2m)/(a+m))
      Dx[i] =Dhx[i]/(m/(a +m))/sx[i]; }
```

```
                                        //求各环虚流量校正值 Δx_i = Σh_Φi / ( m/(a+m) Σ S_i x_i^(-(a+2m)/(a+m)) )
 ok + + ;                               // 统计迭代校核次数
for(i =1;i < =Loop;i + + ) if(fabs(Dhx[i]) > =10&&ok <5000) go to a;
                                        //判断闭合差是否满足要求

P =8.76 * BT * E * 1 * 9.81/ZT;
f = m * P * k/(p +100/t)/a/b;           //计算经济因素
A = f * pow(k, -(a +m)/m);
t = pow(A * Q,m/(a +m));

for(i =1;i < =Pipe;i + + )
{   D[i] = pow(f * fabs(x[i]) * Q * pow(q[i],2),1/(a +m));
                                        //计算经济管径
  v[i] =4 * q[i]/1000/3.14/D[i]/D[i]; }  //计算经济流速
cout < <"请输入要创建的计算结果文件名(包含扩展名),不超过20个字节:" < <endl;
                                        //输入存储计算结果的文件名
cin > >outfile;
ofstream ostrm(outfile);
ostrm < <"Pipe =" < <P < <"Loop =" < <Loop < <"OK =" < <ok < <endl;
ostrm < <"- - - - - - - - - - - - - - - - - - - - - - - - - - - - - - - - - - - - - - - - - - - - - - -
- - - - - - - - - - - - - - - - - - - - - - - - - - - - - - - - - - - - -" < <endl;
ostrm < <"No_ fro to  L(m)  D(mm)  q(L/s)  x  hx(m)  h(m)  v(m/s)  c  C" < <endl;
ostrm < <"- - - - - - - - - - - - - - - - - - - - - - - - - - - - - - - - - - - - - - - - - - - - - - -
- - - - - - - - - - - - - - - - - - - - - - - - - - - - - - - - - - - - -" < <endl;
for(i =1;i < =Pipe;i + + )

ostrm < <setw(2) < <i < <setw(4) < <B[i] < <" - -" < <setw(2) < <End[i] < <setiosflags(ios::
fixed) < <setprecision(0) < <setw(5) < <L[i] < <setw(6) < <1000 * D[i] < <setiosflags(ios::fixed) < <
setprecision(2) < <setw(10) < <q[i] < <setiosflags(ios::fixed) < <setprecision(4) < <setw(9) < <x[i] <
 < setiosflags(ios::fixed) < <setprecision(0) < <setw(8) < <hx[i] < <setiosflags(ios::fixed) < <setprecision
(2) < <setw(9) < <hx[i]/t < <setiosflags(ios::fixed) < <setprecision(2) < <setw(8) < <v[i] < <setw
(4) < <IO[i] < <setw(3) < <JO[i] < <endl;

ostrm < <"- - - - - - - - - - - - - - - - - - - - - - - - - - - - - - - - - - - - - - - - - - - - - - -
- - - - - - - - - - - - - - - - - - - - - - - - - - - - - - - - - - - - -" < <endl;
for(i =1;i < =Loop;i + + )
     ostrm < <"
  Dhx[" < <i < <"] =" < <setiosflags(ios::fixed) < <setprecision(5) < <Dhx[i] < <endl;
```

```
ostrm<<"------------------------------------------------------------------------------------------"<<endl;
  ostrm<<"   P="<<P<<"   f="<<f<<"   A="<<A<<"   hx:h="<<t;
  ostrm.close();}                                    //对输出结果进行排版
```

(1)变量说明

P——每年扣除的折旧和大修费,以管网造价的%计;

t——投资偿还期,年;

B——供水能量变化系数;

E——电费,分/kW·h;

a、b——管网造价公式中的系数;

Q——管网总流量,L/s;

L[j]、D[j]——存储管长(m)、管径(mm)的数组;

h[j]、hx[j]——存储水头损失、虚水头损失的数组;

Dx[i]——存储环校正虚流量的数组。

(2)程序说明

程序中设定 e=10,此即虚水头损失代数和的计算精度。可依需要重新选择 e 值。

在上机计算前,应保证管网流量已经分配完毕。

程序中虚流量、虚水头损失、水头损失,规定顺“+”逆“-”。程序中输出水头损失,是根据观察水头损失闭合差是否满足要求来校核计算机的运行结果正确与否。

6.5.4 程序分析

①本环号和邻环号以及正负的规定,是人工处理后附加的。经过这样处理后,计算机处理虚流量、虚水头损失的方向问题,以及判断管段所属环号的问题将变得容易许多。

②判断是否每一环都满足给定精度时,引入变量 u,通过 u 值进行判断。

③程序中之所以定义了许多变量,是因为考虑到程序的通用性。

④初始虚流量分配不同,会影响最终的结果。

6.5.5 应用例题

环状网技术经济计算。按最高用水时流量 219.8L/s,管网如图 6-14 所示。已知求经济管径的参数如下:$p=2.8\%$,$t=5$ 年,$\beta=0.4$,$E=50$ 分/kw·h,$\eta=0.7$,$k=1.743\times10^{-9}$,$m=5.33$,$n=2$,$\alpha=1.7$,$b=372$。

原始数据为:

```
14   5
 2   1   760   0.4   12     -1   0
 3   2   850   0.3   39.6   -2   0
 4   1   400   0.1    4      1   0
 5   2   400   0.1    4     -1   2
```

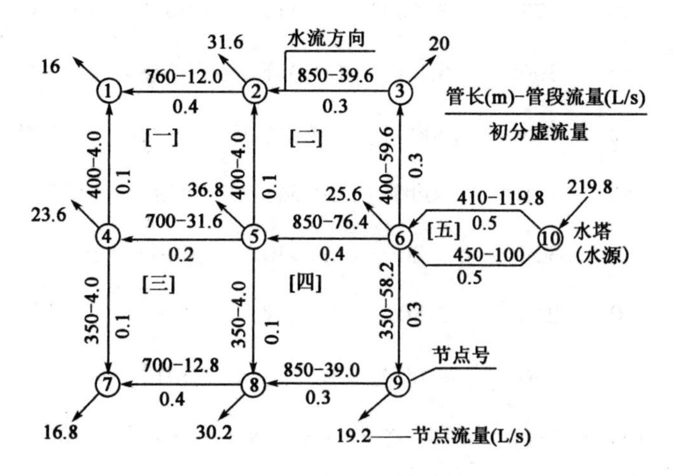

图 6-14 环状网技术经济计算

注:初始虚流量分配已经标到上图中

```
6    3    400    0.3    59.6    -2      0
5    4    700    0.2    31.6     1      3
6    5    850    0.4    76.4     2      4
4    7    350    0.1     4      -3      0
5    8    350    0.1     4       3      4
6    9    350    0.3    58.2     4      0
8    7    700    0.4    12.8     3      0
9    8    850    0.3    39       4      0
10   6    410    0.5    119.8   -5      0
10   6    450    0.5    100      5      0
2.8  5    0.4    50     0.7    1.743   e-9    5.33    2    1.7    372    219.8
```

输出计算结果文件内容为:

Pipe = 2455.3   Loop = 5   OK = 16

No_	from to	L(m)	D(mm)	q(L/s)	x	hx(m)	h(m)	v(m/s)	c	C
1	2-1	760	211	12.00	-0.3519	-5580	-0.77	0.34	-1	0
2	3-2	850	288	39.60	-0.2939	-12745	-1.75	0.61	-2	0
3	4-1	400	136	4.00	0.1481	3328	0.46	0.27	1	0
4	5-2	400	119	4.00	-0.0580	-6771	-0.93	0.36	-1	2
5	6-3	400	324	59.60	-0.2939	-7309	-1.00	0.72	-2	0

```
6    5-4   700  273  31.60   0.3110   9016   1.24   0.54  1   3
7    6-5   850  366  76.40   0.4231   13285  1.83   0.73  2   4
8    4-7   350  138  4.00    -0.1629  -2708  -0.37  0.27  -3  0
9    5-8   350  118  4.00    0.0541   6248   0.86   0.37  3   4
10   6-9   350  320  58.20   0.2830   6506   0.89   0.72  4   0
11   8-7   700  213  12.80   0.3371   5478   0.75   0.36  3   0
12   9-8   850  286  39.00   0.2830   13019  1.79   0.61  4   0
13   10-6  410  426  119.80  -0.4981  -7039  -0.97  0.84  -5  0
14   10-6  450  405  100.00  0.5019   7039   0.97   0.78  5   0
--------------------------------------------------------------------
   Dhx[1]=-7.32129
   Dhx[2]=2.28125
   Dhx[3]=2.11523
   Dhx[4]=-7.97949
   Dhx[5]=0.00000
--------------------------------------------------------------------
   P=2455.30298   f=0.00000   A=564.27155   hx:h=7274.41211
```

6.5.6 解经济水压的牛顿迭代法

通常,管网的技术经济计算需引入虚流量、虚水头损失、经济因素等概念,要进行虚流量的分配和平差计算,计算工作量大。在给水管网的设计中,为减轻计算工作量常采用近似技术经济计算的方法,即忽略管网各管段之间的相互关系,采用平均经济流速来确定管段管径。为提高计算的精度和速度,这里提出不进行虚流量的分配和平差计算,仅根据节点经济性方程,引入节点水压边界条件,采用牛顿迭代法直接求解各未知节点的经济水压值,得出各管段经济管径。

1)解经济水压数学模型

已知管网年费用目标函数为:

$$W_0 = \left(\frac{100}{t} + p\right) \sum b D_{ij}^{\alpha} l_{ij} + PQH \tag{6-15}$$

式中:W_0——管网年费用折算值;

t——投资偿还期,a;

p——每年扣除的折旧和大修费,以管网造价的%计;

b、α——单位管线造价公式中的系数和指数;

D_{ij}——管径,m;

l_{ij}——管段长度,m;

P——Q 为 1L/s、H 为 1m 时的每年电费,分;

Q——输入管网的总流量,L/s;

H——水源泵站的扬程,m。

2)起点水压未给的管网

对起点水压未给的管网,在管段流量已确定的前提下,按经典优化法,其经济水头损失的拉格朗日函数式:

$$F(h) = \left(p + \frac{100}{t}\right)\sum bk^{\frac{\alpha}{m}} q_{ij}^{\frac{n\alpha}{m}} h_{ij}^{\frac{-\alpha}{m}} l_{ij}^{\frac{(\alpha+m)}{m}} + PQH + \sum_{L=1}^{R} \lambda_{L}\left(\sum_{ij\in V_L} h_{ij}\right) + \lambda_{H}\left(H - \sum_{ij\in V_H} h_{ij}\right) \quad (6\text{-}16)$$

式中:m、n、k——管段水头损失计算公式中的系数;

q_{ij}——通过管段 ij 的流量,L/s;

h_{ij}——管段 ij 的水头损失,m;

V_L——构成基环 L 的管段号集合;

R——管网的基环总数;

V_H——水源到控制点的任一计算管路上的管段集合;

λ_L、λ_H——拉格朗日未定乘数。

令偏导数$\frac{\partial F}{\partial h_{ij}}$和$\frac{\partial F}{\partial H}$等于零,得出经济水头损失 h_{ij}的非线性方程组。经适当变换并消去未知乘数 λ 后,可得到新的方程组。令 $\beta = \frac{\alpha + m}{m}$,$a_{ij} = q_{ij}^{\frac{n\alpha}{m}} l_{ij}^{\beta}$,$A = \frac{mP}{\left(p + \frac{100}{t}\right) b\alpha k^{\frac{\alpha}{m}}}$,设管网节点总数为 N,管网水源节点号为 1,控制点的节点号为 N,可得 $N-1$ 个独立的节点经济性方程式:

起始(水源)节点

$$\sum_{ij\in V_i} \frac{a_{ij}}{h_{ij}^{\beta}} + AQ = \sum_{ij\in V_i} \frac{a_{ij}}{(H_i - H_j)^{\beta}} + AQ = 0 \quad (i = 1) \quad (6\text{-}17)$$

除控制点外的其他节点

$$\sum_{ij\in V_i} \frac{a_{ij}}{h_{ij}^{\beta}} = \sum_{ij\in V_i} \frac{a_{ij}}{(H_i - H_j)^{\beta}} = 0 \quad (i = 2,3,\cdots,N-1) \quad (6\text{-}18)$$

式中:V_i——与节点 i 相邻的管段集合;

H_i——节点 i 的经济水压,m;

H_j——节点 j 的经济水压,m。

这里假定:水流流进 i 节点,$\frac{a_{ij}}{h_{ij}^{\beta}}$项为正;水流流离 i 节点,$\frac{a_{ij}}{h_{ij}^{\beta}}$项为负。

管段流量 q_{ij}在分配时已满足节点连续性方程,以节点水压为变量可自动满足管网闭合环内能量方程。因控制点所需水压是已知的且必须得到满足,由此可引入节点水压边界条件:控制点水压值为常量,采用牛顿迭代法即可求出满足节点经济性方程的 $N-1$ 个未知节点的经济水压值,从而得到管网各管段经济水头损失,进而求得理论经济管径。

3)起点水压已给的管网

对于起点水压已给的管网,在式(6-16)中略去供水所需动力费用一项,并在管段流量已

分配条件下,其经济水头损失的拉格朗日函数式为:

$$F(h) = \left(p + \frac{100}{t}\right)\sum bk^{\frac{\alpha}{m}}q_{ij}^{\frac{n\alpha}{m}}h_{ij}^{\frac{-\alpha}{m}}l_{ij}^{\frac{(\alpha+m)}{m}} + \sum_{L=1}^{R}\lambda_{\mathrm{L}}\left(\sum_{ij\in V_{\mathrm{L}}}h_{ij}\right) + \lambda_{\mathrm{H}}\left(H - \sum_{ij\in V_{\mathrm{H}}}h_{ij}\right) \tag{6-19}$$

式中:H——管网所能利用的水压,m。

对起点水压已给的管网,同上可推导得出 $n-2$ 个独立的节点经济性方程式,即:

除水源和控制点外的其他节点 $\sum_{ij\in V_i}\frac{a_{ij}}{h_{ij}^{\beta}} = \sum_{ij\in V_i}\frac{a_{ij}}{(H_i - H_j)^{\beta}} = 0\ (i = 2,3,\cdots,N-1)$

因起点水压已经确定,而控制点所需水压为已知且必须得到满足,由此可引入两个节点水压边界条件:管网起点、控制点水压值为常量,采用牛顿迭代法亦可求出满足节点经济性方程的其余 $N-2$ 个节点经济水压值,从而求得理论经济管径。

4)牛顿迭代法求节点经济水压

因节点经济性方程为一非线性方程组,未知变量是节点经济水压 H_i(管网起点水压未给时,$i=1,2,\cdots,N-1$;起点水压已给时,$i=2,3,\cdots,N-1$),因此,问题就转化为求该非线性方程组的根,可采用牛顿迭代法来求解。迭代计算前初始假设的未知节点水压 $H_i^{(0)}$ 不可能完全满足节点经济性方程的要求,所以必须校正节点水压 H_i,直到全部满足节点的经济性方程为止。

对于起点水压未给的管网,令函数:

$$f(H_i) = \sum_{ij\in V_i}\frac{a_{ij}}{h_{ij}^{\beta}} - AQ = \sum_{ij\in V_i}\frac{a_{ij}}{(H_i - H_j)^{\beta}} - AQ \quad (i = 1;\text{为管网水源节点}) \tag{6-20}$$

$$f(H_i) = \sum_{ij\in V_i}\frac{a_{ij}}{h_{ij}^{\beta}} = \sum_{ij\in V_i}\frac{a_{ij}}{(H_i - H_j)^{\beta}} \quad (i = 2,3,\cdots,N-1;\text{为除水源、控制点外的其他节点}) \tag{6-21}$$

对起点水压已给的管网,函数同式(6-21),而相应的牛顿迭代公式为:

$$H_i^{(x+1)} = H_i^{(x)} - \frac{f[H_i^{(x)}]}{f'[H_i^{(x)}]} \tag{6-22}$$

式中:i——节点编号(起点水压未给时,$i=1,2,\cdots,N-1$;起点水压已给时,$i=2,3,\cdots,N-1$)

$H_i^{(x+1)}$——节点 i 第 $x+1$ 次校正后的水压,m;

$H_i^{(x)}$——节点 i 第 x 次校正后的水压,m。

其中:

$$f'[H_i^{(x)}] = \frac{\partial f[H_i^{(x)}]}{\partial H_i^{(x)}} = \sum_{ij\in V_i}\frac{\partial}{\partial H_i^{(x)}}\frac{a_{ij}}{[H_i^{(x)} - H_j^{(x)}]^{\beta}} = -\beta\sum_{ij\in V_i}\frac{a_{ij}}{[H_i^{(x)} - H_j^{(x)}]^{\beta+1}}$$

求出全部的经济水压后,管段的经济水头损失为

$$h_{ij} = H_i - H_j \tag{6-23}$$

相应的经济管径按下式求得:

$$D_{ij}=\left(k\frac{q_{ij}^{n}}{h_{ij}}l_{ij}\right)^{\frac{1}{m}} \tag{6-24}$$

如果理论经济管径 D_{ij} 不等于标准管径，需圆整为规格相近的标准管径，并进行管网水力核算，得出圆整管径后的实际水力工况。计算框图见图 6-15。

5）应用举例

图 6-16 为某环状管网示意图。水源为 1 号节点，控制点为 9 号节点，采用上述数学模型编制的电算程序分别对起点水压未给和起点水压已给两种情况进行技术经济计算，其结果分别列于表 6-6 ~ 表 6-9。

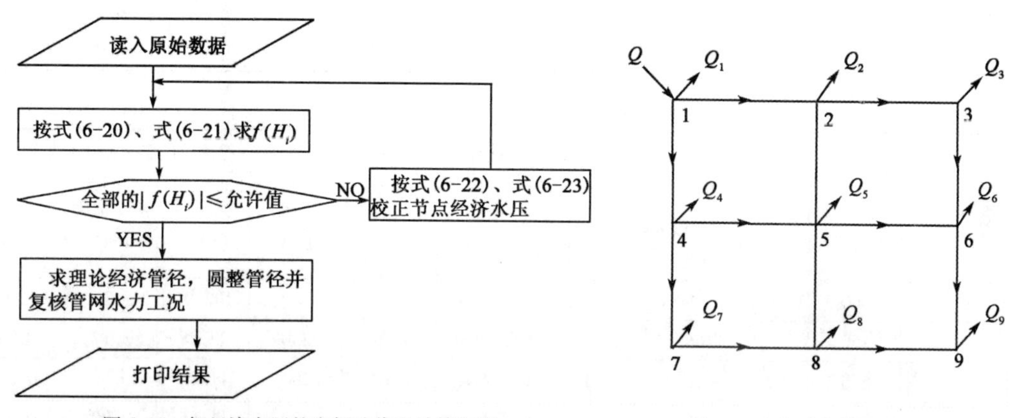

图 6-15 解经济水压的牛顿迭代法计算框图

图 6-16 某环状管网示意图

管段计算结果(起点水压未给的管网)

表 6-6

管段编号	基础数据			技术经济计算(理论值)			圆整管径后(实际水力工况)			
	管长(m)	设定流量(L/s)	管段 a 值	经济管径(mm)	水头损失(m)	流速(m/s)	公称直径	实际流量(L/s)	水头损失(m)	流速(m/s)
1-2	660	105	104842.7	358	2.985	1.04	400	108.83	1.84	0.87
2-3	750	40	66832.5	249	3.461	0.82	250	39.30	3.39	0.81
3-6	550	14	22625.5	188	1.525	0.51	200	13.30	1.05	0.43
6-9	600	12	22991.2	199	0.945	0.39	200	12.52	1.02	0.40
1-4	550	100	79866.7	350	2.571	1.04	350	96.17	2.38	1.00
4-7	600	37	47344.8	237	3.077	0.84	250	36.92	2.42	0.76
7-8	600	18	29821.2	195	2.169	0.60	200	17.92	1.96	0.58
8-9	800	8	25918.6	176	1.099	0.33	200	7.48	0.55	0.24
2-5	600	34	44845.1	235	2.755	0.78	250	38.53	2.62	0.79
5-8	600	20	31906.5	205	2.077	0.61	200	19.56	2.30	0.63
4-5	700	35	56003.0	238	3.169	0.78	250	31.25	2.08	0.64
5-6	750	14	34080.3	185	2.231	0.52	200	15.22	1.82	0.49

注：$k=1.743\times10^{-9}$，$P=491$ 分，$t=10\text{a}$，$Q=230\text{L/s}$，$Q_1=25\text{L/s}$，$b=372.0$，$m=5.3$，$n=2$，$\alpha=1.70$，$p=2.80$，管网起点水压待求，控制点要求水压为 10m。

节点计算结果（起点水压未给的管网） 表6-7

节　点　号	节点流量(L/s)	节点理论经济水压(m)	圆整管径后的节点水压(m)
1	205	18.92	17.30
2	-31	15.93	15.47
3	-26	12.47	12.07
4	-28	16.35	14.93
5	-35	13.18	12.85
6	-16	10.95	11.02
7	-19	13.27	12.51
8	-30	11.10	10.55
9	-20	10.00	10.00

管段计算结果(起点水压已给的管网) 表6-8

管段编号	基础数据			技术经济计算(理论值)			圆整管径后(实际水力工况)			
	管长(m)	设定流量(L/s)	管段 a 值	经济管径(mm)	水头损失(m)	流速(m/s)	公称直径	实际流量(L/s)	水头损失(m)	流速(m/s)
1-2	660	105	104842.7	323	5.023	1.28	350	102.91	3.24	1.07
2-3	750	40	66832.5	225	5.823	1.01	250	37.88	3.17	0.78
3-6	550	14	22625.5	169	2.564	0.63	200	11.88	0.86	0.38
6-9	600	12	22991.2	179	1.590	0.48	200	11.66	0.90	0.37
1-4	550	100	79866.7	316	4.327	1.28	350	102.09	2.66	1.06
4-7	600	37	47344.8	214	5.177	1.03	250	38.33	2.59	0.79
7-8	600	18	29821.2	176	3.648	0.74	200	19.33	2.55	0.62
8-9	800	8	25918.6	158	1.849	0.41	200	8.34	0.66	0.27
2-5	600	34	44845.1	212	4.635	0.96	250	38.53	2.62	0.79
5-8	600	20	31906.5	184	3.493	0.75	200	19.56	2.30	0.63
4-5	700	35	56003.0	215	5.331	0.96	250	31.25	2.08	0.64
5-6	750	14	34080.3	166	3.752	0.64	200	15.22	1.82	0.49

注：$k=1.743\times10^{-9}$，$Q=230$L/s，$Q_1=25$L/s，$m=5.3$，$n=2$，$\alpha=1.7$，管网起点水压为25m，控制点要求水压为10m。

节点计算结果(起点水压已给的管网) 表6-9

节　点　号	节点流量(L/s)	节点理论经济水压(m)	圆整管径后的节点水压(m)
1	205	25.00	25.00
2	-31	19.98	21.76
3	-26	14.15	18.59
4	-28	20.67	22.34
5	-35	15.34	19.68
6	-16	11.59	17.74
7	-19	15.50	19.51
8	-30	11.85	17.50
9	-20	10.00	16.84

在管段流量已分配并确定不变的情况下,联立管网节点经济性方程并引入节点水压边界条件,采用牛顿迭代法来求解未知节点的经济水压值,从而得出经济水头损失和理论经济管径,可同时满足经济性要求和水力平衡条件。该算法还可以通过增加节点水压边界条件而推广到多水源多控制点的给水管网技术经济计算(程序清单从略)。

6.6 污水主干管水力计算电子表格设计

传统的污水管道设计计算方法是查图查表的手工计算方法,费时费力,计算精度不高,不利于设计方案的优化,应用电子计算表格可直观快捷地完成水力计算。

6.6.1 主要计算公式

(1)水力计算

①设计流速:

$$v=\frac{1}{n}R^{\frac{2}{3}}I^{\frac{1}{2}}$$

②充满度(图 6-17):

$$\frac{h}{D}=f(\theta)$$

③水力半径:

$$R=\frac{D}{4}\left(1-\frac{\sin\theta}{\theta}\right)$$

④水力坡度:

$$I=\left(\frac{v\cdot n}{R^{\frac{2}{3}}}\right)^2$$

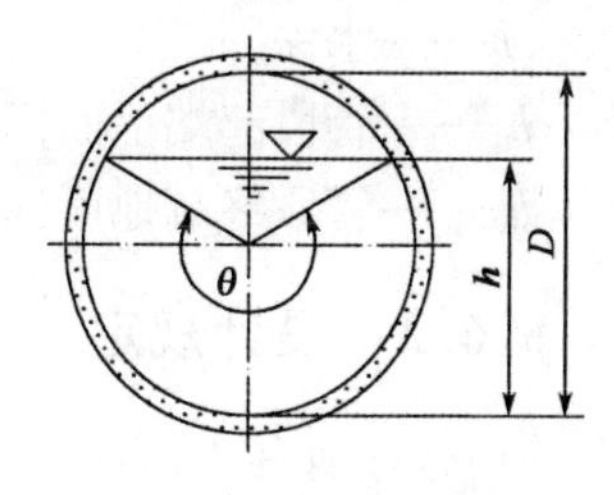

图 6-17 h/D 与 θ 的关系

⑤水面与管中心夹角:

$$\theta=\frac{8Q}{D^2v}+\sin\theta$$

或

$$\theta=\frac{8nQ}{R^{\frac{2}{3}}I^{\frac{1}{2}}D^2}+\sin\theta \quad (\theta\text{ 以弧度计})$$

(2)高程计算

①地面坡度:

$$i=\frac{h_1-h_2}{L}$$

②管段起端管内底标高:

$$h_3 = h_1 - H_1$$

③管段终端管内底标高:

$$h_4 = h_3 - IL$$

④管段起端水面标高:

$$h_5 = h_3 + h$$

⑤管段终端水面标高:

$$h_6 = h_4 + h$$

⑥管段起端管内顶标高:

$$h_7 = h_3 + D$$

⑦管段终端管内顶标高:

$$h_8 = h_4 + D$$

⑧管段起端埋深:

$$H_1 = h_1 - h_3$$

⑨管段终端埋深:

$$H_2 = h_2 - h_4$$

式中:Q——管段污水设计流量,L/s;

n——管壁粗糙系数;

D——管径,m;

L——管段长度,m;

IL——管段起端至终端的降落量,m;

h——水深,m;

h_1——管段起端地面标高,m;

h_2——管段终端地面标高,m。

6.6.2 设计规定

(1)最小管径 D

依据《室外排水设计规范》(GB 50014—2006)4.2.10 条,污水管最小管径为 300mm。

(2)最小设计坡度 I

管径 300mm 的最小设计坡度为:塑料管 0.002,其他管 0.003。常用管径的最小设计坡度可按设计充满度下不淤流速控制,当管道坡度不能满足不淤流速要求时,应有防淤、清淤措施。常用管径的最小设计坡度(钢筋混凝土管非满流)如表 6-10 所示。

常用管径的最小设计坡度(钢筋混凝土管非满流) 表 6-10

管径(mm)	最小设计坡度	管径(mm)	最小设计坡度
400	0.0015	1000	0.0006
500	0.0012	1200	0.0006
600	0.0010	1400	0.0005
800	0.0008	1500	0.0005

(3)充满度 h/D

为适应污水流量的变化及利于管道通风,在设计流量下,污水管道按非满流计算。各种管径相应的最大设计充满度如表6-11所示。在计算污水管道充满度时,不考虑短时突然增加的污水量,但当管径小于或等于300mm时,应按满流复核。

最大设计充满度 表6-11

管径或渠高(mm)	最大设计充满度	管径或渠高(mm)	最大设计充满度
200~300	0.55	500~900	0.70
350~450	0.65	≥1000	0.75

(4)流速 v

管段的设计流速介于最小流速(0.6m/s)和最大流速(金属管10m/s,非金属管5m/s)之间。

(5)连接方式

上下游污水管道在检查井的连接方式,一般有水面平接和管顶平接两种方式。无论采用哪种方式连接,均不应出现下游管段起点的水面、管底标高高于上游管段终点的水面、管底标高的情况,且应尽量减少下游管段的埋深,这在高程计算部分是重要的约束条件之一。

(6)管顶最小覆土深度

一般情况下,宜执行最小覆土深度的规定:人行道下0.6m,车行道下0.7m。不能执行上述规定时,需对管道采取加固措施。

(7)埋深 H

有关埋深的约束可从三方面考虑:

①管道起点的最小埋深,根据地面荷载、土壤冰冻(冻土)深度和支管衔接要求确定。

②管道最大埋深,根据管道通过地区的地质条件设定。当管道计算埋深达到或超过该值时,应设中途泵站,提升后的管道埋深按最小埋深考虑。

③当管道坡度小于地面坡度时,为保证下游管段的最小覆土厚度和减少上游管段的埋深,应采用跌水连接,即设跌水井。

由于污水管道水力计算涉及的影响因素多,因而程序设计的约束条件亦多,而有些约束条件之间是相互制约的。如流速—坡度—管径之间的关系是:流速与坡度成正相关,在流量一定时,流速与管径成负相关。因而如何协调三者之间的关系做到优选管径,在程序设计中是必须考虑的。此外,充满度与流速之间是相互制约的,流速增加,充满度减小,反之亦然。因此,如何优选流速、使充满度满足约束条件的要求,达到优化设计的目的也是必须考虑的。管径—设计坡度—充满度也是一组相互制约的关系。在流量一定时,管径增加,坡度减小,充满度亦减小;在相同管径下,坡度减小,充满度则增大;在相同坡度下,管径增加,充满度减小。在选取设计参数时,应充分理解约束条件之间的相互制约关系,做到统筹兼顾。

6.6.3 电子表格设计示例

编制出的污水主干管水力计算电子表格如图6-18、图6-19所示。计算水面与管中心的夹角 θ 时需通过试算得出,先假定 θ_1,由 θ_1→水力半径 R→流速 v→θ_2,若 $\theta_1 \neq \theta_2$,调整 θ_1,直到 $\theta_1 \approx \theta_2$ 为止。

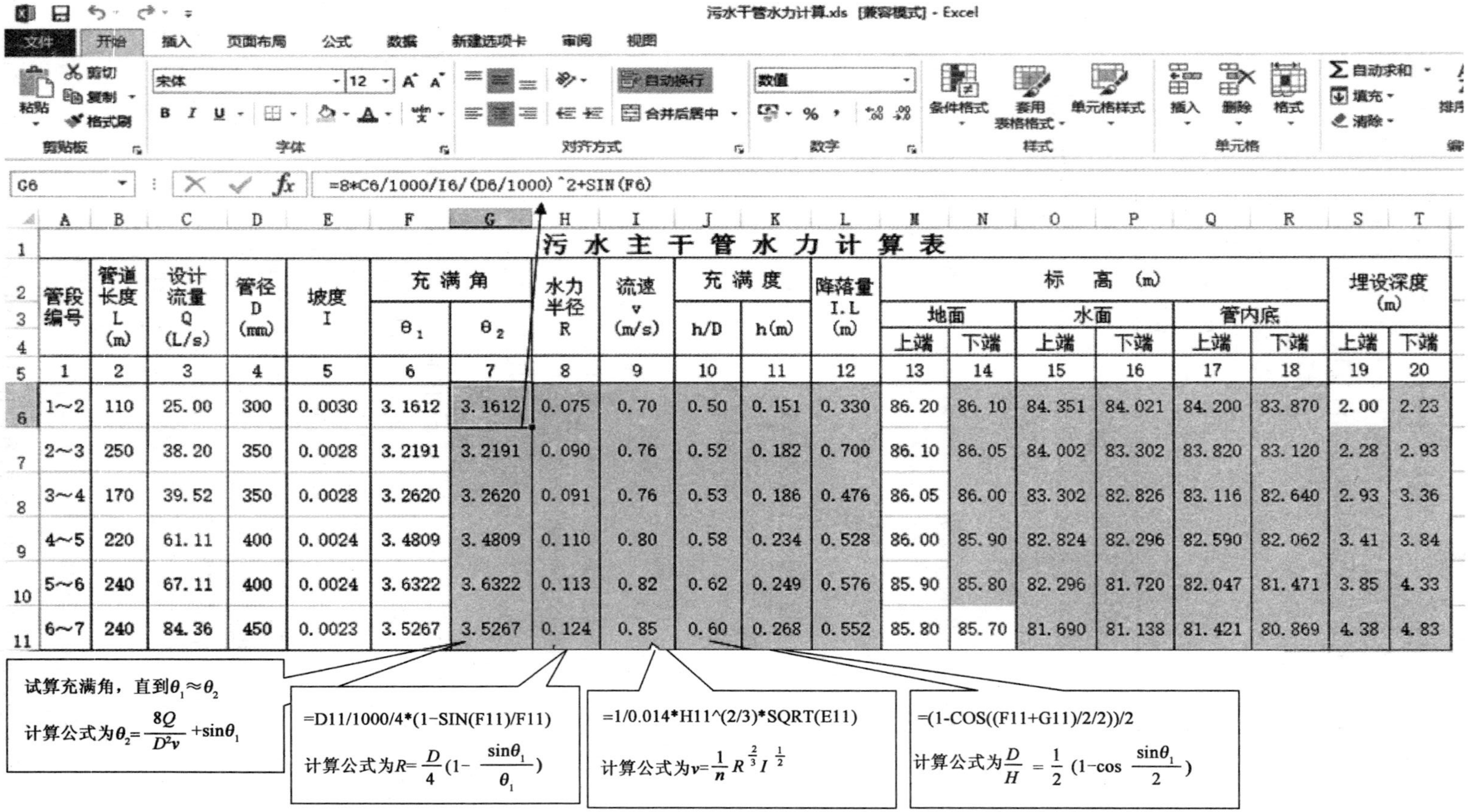

污水干管水力计算.xls [兼容模式] - Excel

文件　开始　插入　页面布局　公式　数据　新建选项卡　审阅　视图

粘贴　剪切　复制　格式刷　剪贴板　宋体　12　B　I　U　字体　自动换行　合并后居中　对齐方式　数值　%　数字　条件格式　套用表格格式　单元格样式　样式　插入　删除　格式　单元格　自动求和　填充　清除　排序　编辑

G6　=8*C6/1000/I6/(D6/1000)^2+SIN(F6)

污水主干管水力计算表

管段编号	管道长度 L (m)	设计流量 Q (L/s)	管径 D (mm)	坡度 I	充满角		水力半径 R	流速 v (m/s)	充满度		降落量 I.L (m)	标高 (m)						埋设深度 (m)	
												地面		水面		管内底			
					θ1	θ2			h/D	h(m)		上端	下端	上端	下端	上端	下端	上端	下端
1	2	3	4	5	6	7	8	9	10	11	12	13	14	15	16	17	18	19	20
1~2	110	25.00	300	0.0030	3.1612	3.1612	0.075	0.70	0.50	0.151	0.330	86.20	86.10	84.351	84.021	84.200	83.870	2.00	2.23
2~3	250	38.20	350	0.0028	3.2191	3.2191	0.090	0.76	0.52	0.182	0.700	86.10	86.05	84.002	83.302	83.820	83.120	2.28	2.93
3~4	170	39.52	350	0.0028	3.2620	3.2620	0.091	0.76	0.53	0.186	0.476	86.05	86.00	83.302	82.826	83.116	82.640	2.93	3.36
4~5	220	61.11	400	0.0024	3.4809	3.4809	0.110	0.80	0.58	0.234	0.528	86.00	85.90	82.824	82.296	82.590	82.062	3.41	3.84
5~6	240	67.11	400	0.0024	3.6322	3.6322	0.113	0.82	0.62	0.249	0.576	85.90	85.80	82.296	81.720	82.047	81.471	3.85	4.33
6~7	240	84.36	450	0.0023	3.5267	3.5267	0.124	0.85	0.60	0.268	0.552	85.80	85.70	81.690	81.138	81.421	80.869	4.38	4.83

试算充满角，直到$\theta_1 \approx \theta_2$

计算公式为$\theta_2=\frac{8Q}{D^2v}+\sin\theta_1$

=D11/1000/4*(1-SIN(F11)/F11)

计算公式为$R=\frac{D}{4}(1-\frac{\sin\theta_1}{\theta_1})$

=1/0.014*H11^(2/3)*SQRT(E11)

计算公式为$v=\frac{1}{n}R^{\frac{2}{3}}I^{\frac{1}{2}}$

=(1-COS((F11+G11)/2/2))/2

计算公式为$\frac{D}{H}=\frac{1}{2}(1-\cos\frac{\sin\theta_1}{2})$

图6-18　污水主干管水力计算表

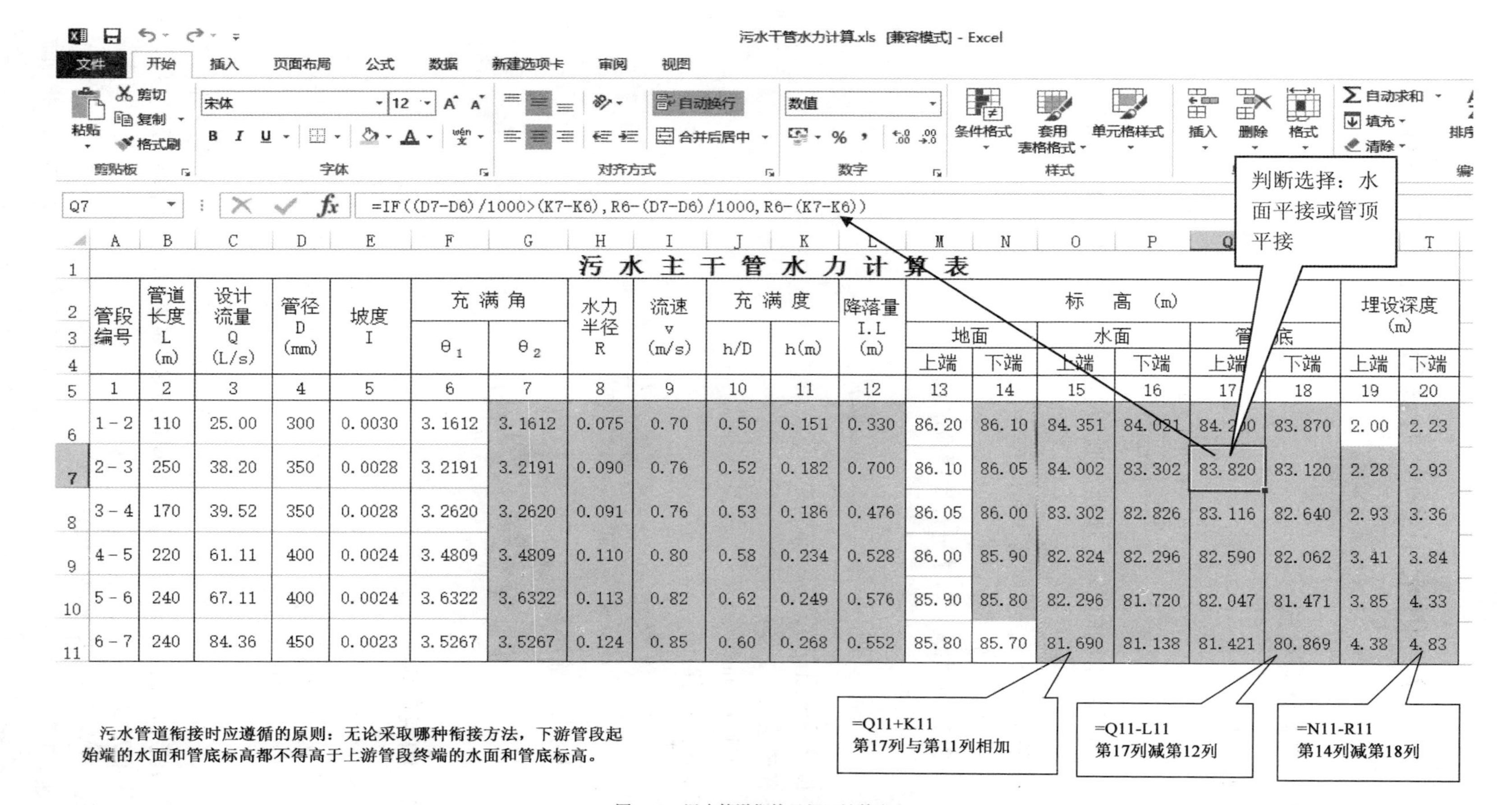

污水主干管水力计算表

管段编号	管道长度 L (m)	设计流量 Q (L/s)	管径 D (mm)	坡度 I	充满角 θ1	充满角 θ2	水力半径 R	流速 v (m/s)	充满度 h/D	充满度 h(m)	降落量 I.L (m)	标高(m) 地面 上端	地面 下端	水面 上端	水面 下端	管底 上端	管底 下端	埋设深度(m) 上端	埋设深度(m) 下端
1	2	3	4	5	6	7	8	9	10	11	12	13	14	15	16	17	18	19	20
1－2	110	25.00	300	0.0030	3.1612	3.1612	0.075	0.70	0.50	0.151	0.330	86.20	86.10	84.351	84.021	84.200	83.870	2.00	2.23
2－3	250	38.20	350	0.0028	3.2191	3.2191	0.090	0.76	0.52	0.182	0.700	86.10	86.05	84.002	83.302	83.820	83.120	2.28	2.93
3－4	170	39.52	350	0.0028	3.2620	3.2620	0.091	0.76	0.53	0.186	0.476	86.05	86.00	83.302	82.826	83.116	82.640	2.93	3.36
4－5	220	61.11	400	0.0024	3.4809	3.4809	0.110	0.80	0.58	0.234	0.528	86.00	85.90	82.824	82.296	82.590	82.062	3.41	3.84
5－6	240	67.11	400	0.0024	3.6322	3.6322	0.113	0.82	0.62	0.249	0.576	85.90	85.80	82.296	81.720	82.047	81.471	3.85	4.33
6－7	240	84.36	450	0.0023	3.5267	3.5267	0.124	0.85	0.60	0.268	0.552	85.80	85.70	81.690	81.138	81.421	80.869	4.38	4.83

污水管道衔接时应遵循的原则：无论采取哪种衔接方法，下游管段起始端的水面和管底标高都不得高于上游管段终端的水面和管底标高。

图6-19 污水管道衔接及埋深计算表

6.7 雨水干管水力计算电子表格设计

6.7.1 主要计算公式

(1)暴雨强度

$$q=\frac{167A_1(1+C\lg P)}{(t_1+t_2+b)^n}$$

式中：t_1——地面集水时间,min,视距离长短、地形坡度和地面铺盖情况而定,一般采用5～15min;

t_2——管渠内雨水流行时间,min;

P——设计重现期,年;

A_1、C、b、n——参数,根据统计方法进行计算确定。

(2)雨水设计流量

$$Q=\Psi qF$$

式中:q——设计暴雨强度,L/(s·hm²);

Ψ——径流系数;

F——汇水面积,hm²。

(3)管内雨水流行时间

$$t_2=\sum\frac{L}{60v}$$

(4)管内雨水设计流速

$$v=\frac{1}{n}R^{\frac{2}{3}}I^{\frac{1}{2}}$$

6.7.2 约束条件

(1)管径 D

最小管径为300mm,即为可选管径下限。当管径为300～500mm,管径以50mm分档;当管径≥500mm时,以100mm分档。

(2)流量 Q

假定设计流量均从管段起端进入。若设计降雨历时很长,计算中出现下游管段设计流量小于上一管段流量时,必须采用上一管段的设计流量(如图6-20中的16-17管段)。

(3)充满度 h/D

设计充满度 $h/D=1$,即按满流设计。

(4)流速 v

雨水干管水力计算表.xls [兼容模式] - Microsoft Excel

文件 开始 插入 页面布局 公式 数据 审阅 视图 负载测试 团队

E10 fx =$J$5*$E$5*(1+$F$5*LOG10($D$5))/($C$5+F10+$G$5)^$H$5

统一设计参数表

地面集水时间 t_1(min)	设计重现期 P(a)	暴雨强度公式参数 A	c	b	指数n	管道粗糙系数n	径流系数ψ
10	1	500	1.38	0	0.65	0.013	0.5

雨水干管水力计算表

序号 No.	设计管段编号	管长L (m)	总汇水面积F (ha)	单位面积径流量q_0 (L/s·ha)	管内流行时间(min) $\sum t_2$	t_2	流速 v (m/s)	坡度 I (‰)	管径 D (mm)	设计流量 Q (L/s)	设计输水能力 Q' (L/s)	坡降 I·L (m)	设计地面标高(m) 起点	终点	设计管内底标高(m) 起点	终点	埋深(m) 起点	终点
1	1-2	150	1.69	55.97	0.00	3.29	0.76	2.1	400	94.59	95.44	0.315	14.030	14.060	12.730	12.415	1.30	1.65
2	2-3	100	4.07	46.52	3.29	1.67	1.00	2.7	500	189.32	196.20	0.270	14.060	14.060	12.315	12.045	1.75	2.02
3	3-5	100	6.67	43.08	4.96	1.64	1.02	2.2	600	287.32	288.00	0.220	14.060	14.040	11.945	11.725	2.12	2.32
4	5-9	140	10.72	40.27	6.60	2.02	1.15	2.3	700	431.65	444.19	0.322	14.040	13.600	11.625	11.303	2.42	2.30
5	9-10	100	18.24	37.37	8.62	1.51	1.10	1.5	900	681.58	701.13	0.150	13.600	13.600	11.103	10.953	2.50	2.65
6	10-11	100	20.10	35.52	10.13	1.46	1.14	1.6	900	713.90	724.12	0.160	13.600	13.600	10.953	10.793	2.65	2.81
7	11-12	120	22.94	33.93	11.59	1.61	1.24	1.9	900	778.42	789.10	0.228	13.600	13.600	10.793	10.565	2.81	3.04
8	12-16	150	29.83	32.38	13.21	1.99	1.26	1.7	1000	965.93	988.55	0.255	13.600	13.580	10.465	10.210	3.14	3.37
9	16-17	120	31.22	30.70	15.19	1.59	1.26	1.7	1000	965.93	988.55	0.204	13.580	13.570	10.210	10.006	3.37	3.56
10	17-18	150	39.12	29.50	16.78	1.67	1.50	2.4	1000	1154.10	1174.57	0.360	13.570	13.570	10.006	9.646	3.56	3.92
11	18-19	150	44.31	28.36	18.45	1.81	1.38	1.8	1100	1256.77	1311.57	0.270	13.570	13.550	9.546	9.276	4.02	4.27

计算公式为$q_0=\Psi\frac{A(1+c\lg P)}{(t_1+m\sum t_2+b)^n}$

=C20/(H20*60)

计算公式为$t_2=\frac{L}{60v}$

=1/$I$5*(J10/4000)^(2/3)*(I10/1000)^0.5

计算公式为$v=\frac{1}{n}(\frac{D}{4000})^{\frac{2}{3}}(\frac{I}{1000})^{\frac{1}{2}}$

=IF(J20>J19,Q19-(J20-J19)/1000,Q19)

上下游管段衔接方式为管顶平接

=P20-M20

图6-20 雨水干管水计算表(面积叠加法)

最小设计流速为 0.75m/s，最大设计流速的规定同污水管道，设计流速介于最小和最大流速之间。

(5)坡度 I

相应于最小管径 300mm 的最小设计坡度为 0.003，管径增大，坡度相应变小。当管道坡度小于地面坡度时，可依情况设跌水井。

(6)连接方式

采用管顶平接的连接方式。

(7)埋深 H

规定同污水管道。

【思考题与习题】

1. 编制水头损失采用海曾·威廉公式$\left(i=\dfrac{h_y}{l}=\dfrac{10.67q^{1.852}}{C_h^{1.852}d_j^{4.87}}\right)$的多水源给水管网平差计算程序。

2. 图 6-21 为六环供水管网计算图，节点流量单位为 L/s，管段上的图例为：管长(m) - 管径(mm)，管材为铸铁管。编制数据文件，完成管网平差计算。

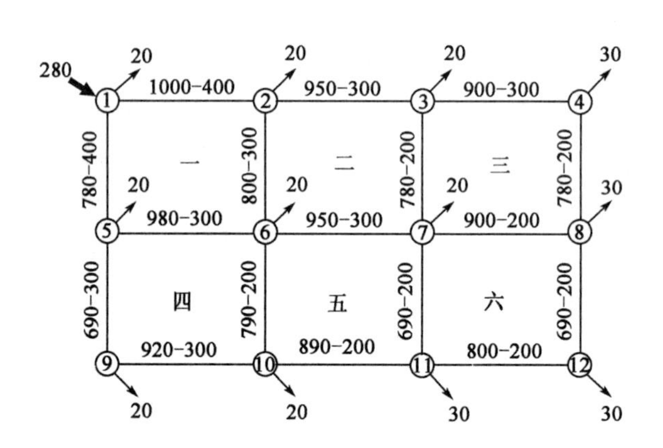

图 6-21　六环供水管网计算图

3. 图 6-22 为六环供水管网计算图，节点流量和管段流量单位为 L/s，管段上的图例为：管长(m) - 流量(L/s)，管材为铸铁管。编制数据文件，完成管网技术经济计算，并调整管径为标准管径。已知：$k=1.743\times10^{-9}$，$P=491$ 分，$t=10\text{a}$，$Q=230\text{L/s}$，$b=372.0$，$m=5.3$，$n=2$，$\alpha=1.70$，$p=2.80$。

4. 试编制采用牛顿迭代法来求解节点经济水压的电算程序。

5. 试编制采用流量叠加法进行雨水干管水力计算的 Excel 电子表格。

6. 试编制合流制排水管道水力计算 Excel 电子表格。

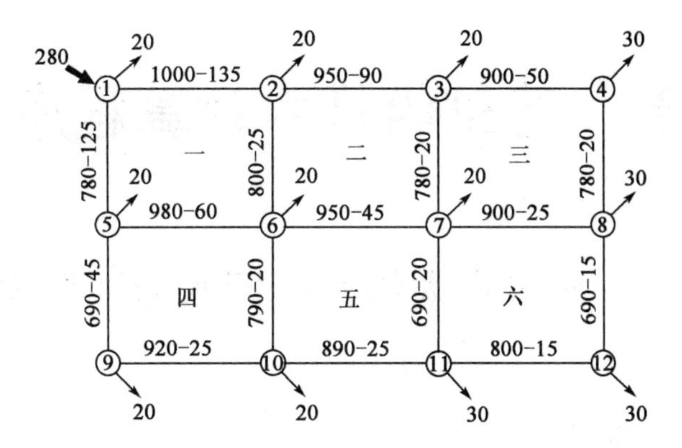

图 6-22 六环供水管网计算图

第7章 建筑给排水计算程序设计

7.1 建筑室内给水管网水力计算表

7.1.1 住宅给水管网

住宅建筑给水管道的设计秒流量计算较烦琐,人工手算工作量大。为克服这一缺陷,可编制电子表格,避免查表反复计算的弊端,节约时间,提高工作效率。

得到水力计算图后,首先要计算两个参数:平均出流概率 U_0 和系数 α_c。

最大用水时卫生器具给水当量平均出流概率的计算公式如下:

$$U_0 = \frac{q_0 m K_h}{0.2 N_g T \times 3600} \times 100\% \tag{7-1}$$

式中:U_0——生活给水管道的最大用水时卫生器具给水当量平均出流概率,%;

q_0——最高用水日的用水定额,L/(人·d);

m——每户用水人数;

K_h——小时变化系数;

N_g——每户设置的卫生器具给水当量数;

T——用水时数,h;

0.2——一个卫生器具给水当量的额定流量,L/s。

对应于不同 U_0 的系数 α_c 的计算公式如下:

$$\alpha_c = \frac{\sqrt{200U_0} - 1}{(200/U_0 - 1)^{0.49}} \tag{7-2}$$

以上两个参数计算完成后,可对各管段列表计算,其中管段卫生器具给水当量的同时出流概率计算公式如下:

$$U = \frac{1 + \alpha_c (N_g - 1)^{0.49}}{\sqrt{N_g}} \times 100\% \tag{7-3}$$

式中:U——计算管段的卫生器具给水当量同时出流概率,%;

N_g——计算管段的卫生器具给水当量总数。

对 U 的计算需作两个判断:

①当计算管段上卫生器具给水当量总数 $N_g < 1$ 时,采用 $U = 100\%$。

②当计算管段上卫生器具给水当量的同时出流概率 $U < U_0$ 时(或当管段上卫生器具给水

当量总数 $N_g>200/U_0$ 时），采用 $U=U_0$。这说明，给水当量数大时，设计秒流量和最大时平均秒流量应平缓衔接，使“室内”和“室外”设计流量实现平稳“对接”。

当得出所有计算管段的同时出流概率 U 后，管段设计秒流量按下式计算：

$$q_g=0.2UN_g \tag{7-4}$$

式中：q_g——计算管段的设计秒流量（L/s）。

根据各管段的设计秒流量，选定设计管径后，管道单位长度沿程水头损失按下式计算：

$$i=105C_h^{-1.85}d_j^{-4.87}q_g^{1.85}$$

$$h=i\times L$$

式中：i——管段单位长度的水头损失，kPa/m；

C_h——海曾·威廉系数；

L——管段的长度，m；

q_g——管段的设计秒流量，m^3/s；

h——管段的沿程水头损失，kPa；

d_j——管道计算内径，m；公称直径相同但管材和压力等级不同的管道，其计算内径均不相同，计算时需详细查阅产品技术资料。

本节以建筑给水用衬塑钢管（$C_h=140$）为例，其公称直径与计算内径的关系见表7-1。

建筑给水用衬塑钢管公称直径与内径关系　　表7-1

DN(mm)	15	20	25	32	40	50	65	80	100
d_j(m)	0.0128	0.0183	0.0240	0.0328	0.0380	0.050	0.0650	0.0765	0.102

编制的住宅给水管网（图7-1）水力计算电子表格如图7-2、图7-3所示。

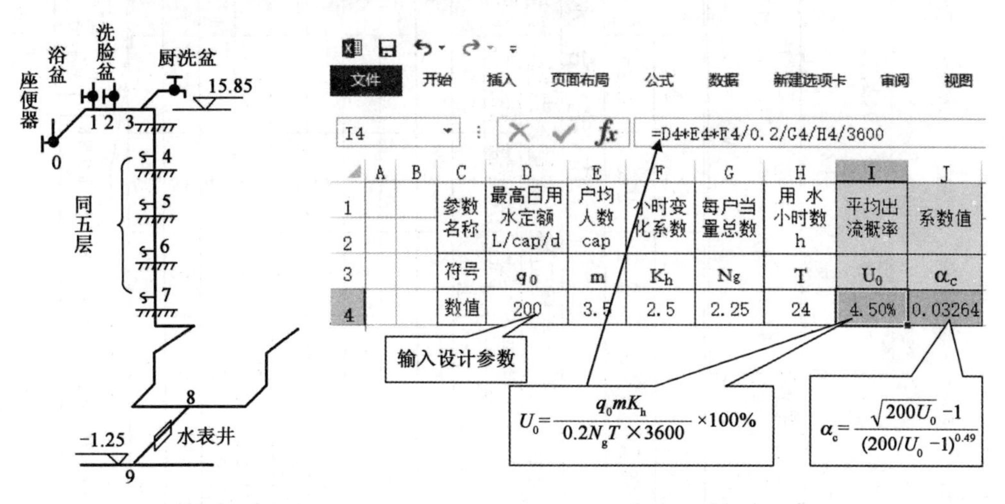

图7-1　给水系统计算图　　　　图7-2　U_0和α_c计算表

7.1.2 公共建筑给水管网

计算步骤如下：

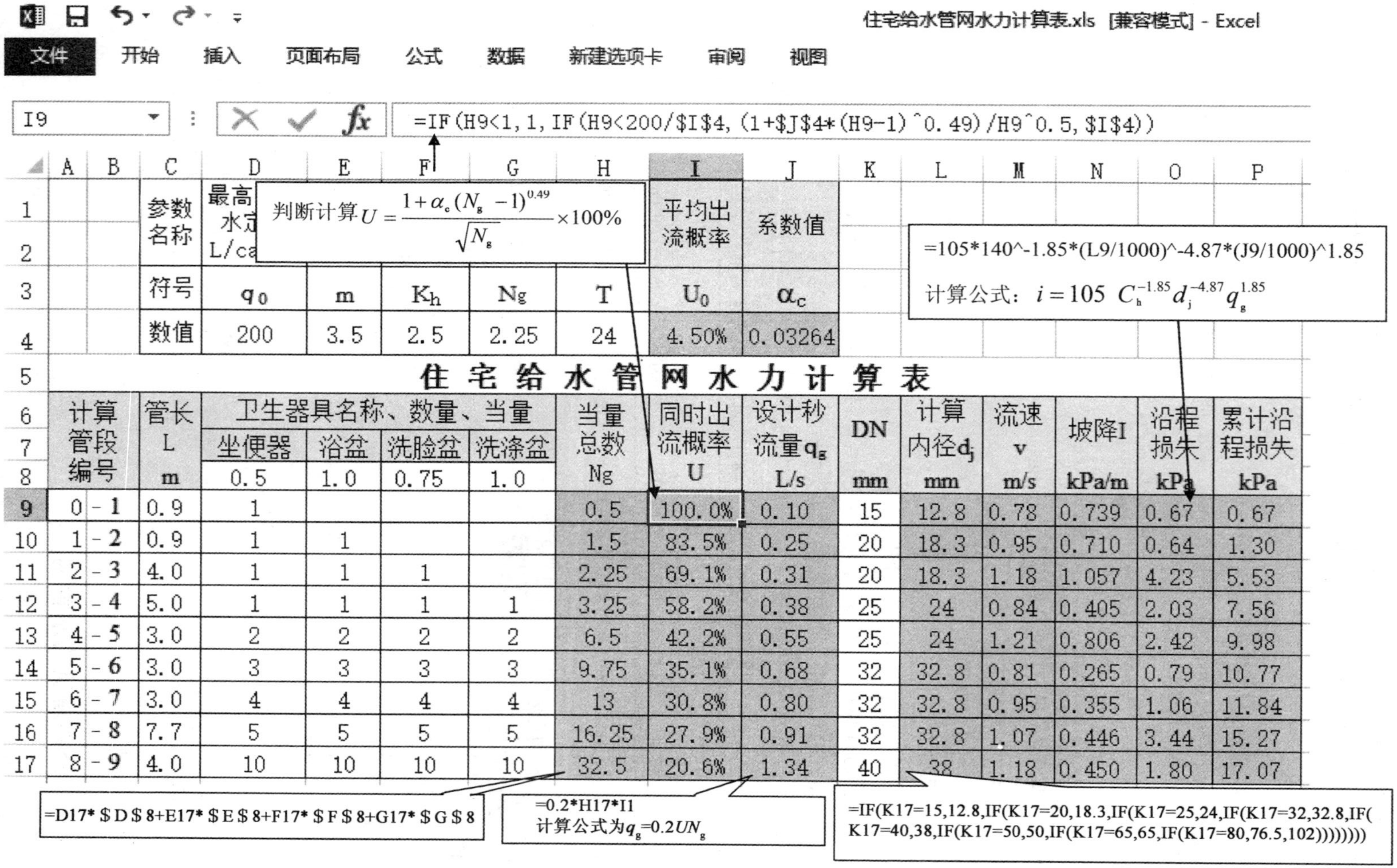

住宅给水管网水力计算表.xls [兼容模式] - Excel

文件 开始 插入 页面布局 公式 数据 新建选项卡 审阅 视图

I9 =IF(H9<1,1,IF(H9<200/$I$4,(1+$J$4*(H9-1)^0.49)/H9^0.5,$I$4))

判断计算 $U=\frac{1+\alpha_c(N_g-1)^{0.49}}{\sqrt{N_g}}\times100\%$

参数名称	最高日用水定额 L/ca					平均出流概率	系数值
符号	q_0	m	K_h	N_g	T	U_0	α_c
数值	200	3.5	2.5	2.25	24	4.50%	0.03264

=105*140^-1.85*(L9/1000)^-4.87*(J9/1000)^1.85

计算公式：$i=105\ C_h^{-1.85}d_j^{-4.87}q_g^{1.85}$

住宅给水管网水力计算表

计算管段编号	管长 L (m)	卫生器具名称、数量、当量				当量总数 Ng	同时出流概率 U	设计秒流量 q_g (L/s)	DN (mm)	计算内径 d_j (mm)	流速 v (m/s)	坡降I (kPa/m)	沿程损失 (kPa)	累计沿程损失 (kPa)
		坐便器	浴盆	洗脸盆	洗涤盆									
		0.5	1.0	0.75	1.0									
0-1	0.9	1				0.5	100.0%	0.10	15	12.8	0.78	0.739	0.67	0.67
1-2	0.9	1	1			1.5	83.5%	0.25	20	18.3	0.95	0.710	0.64	1.30
2-3	4.0	1	1	1		2.25	69.1%	0.31	20	18.3	1.18	1.057	4.23	5.53
3-4	5.0	1	1	1	1	3.25	58.2%	0.38	25	24	0.84	0.405	2.03	7.56
4-5	3.0	2	2	2	2	6.5	42.2%	0.55	25	24	1.21	0.806	2.42	9.98
5-6	3.0	3	3	3	3	9.75	35.1%	0.68	32	32.8	0.81	0.265	0.79	10.77
6-7	3.0	4	4	4	4	13	30.8%	0.80	32	32.8	0.95	0.355	1.06	11.84
7-8	7.7	5	5	5	5	16.25	27.9%	0.91	32	32.8	1.07	0.446	3.44	15.27
8-9	4.0	10	10	10	10	32.5	20.6%	1.34	40	38	1.18	0.450	1.80	17.07

=D17*$D$8+E17*$E$8+F17*$F$8+G17*$G$8

=0.2*H17*I1

计算公式为q_g=0.2UN_g

=IF(K17=15,12.8,IF(K17=20,18.3,IF(K17=25,24,IF(K17=32,32.8,IF(K17=40,38,IF(K17=50,50,IF(K17=65,65,IF(K17=80,76.5,102))))))))

图7-3 住宅给水管网水力计算表

①平面定线布置(在建筑条件图上完成)。

②做轴侧图。

③节点编号(选择水力最不利管段),从最不利点开始,对流量有变化的节点编号。

④水量(最大日用水量、最大时用水量、水箱容积、安装高度)计算。

⑤管网水力计算。

设计秒流量采用下列公式:

$$q_g = 0.2\alpha\sqrt{N_g} \tag{7-5}$$

式中:q_g——计算管段的设计秒流量,L/s;

α——根据建筑用途确定的系数;

N_g——计算管段的卫生器具给水当量总数。

对 q_g 的计算还需注意下列几点:

①如计算值小于该管段上一个最大卫生器具的给水额定流量,设计秒流量 q_g 采用该最大的卫生器具给水额定流量。

②如计算值大于该管段上按卫生器具给水额定流量累加所得的流量值,设计秒流量 q_g 采用该累加和。

③大便器延时自闭冲洗阀(额定流量 1.2L/s,给水当量 6.0)在代入公式时,当量按 0.5 计,计算得到的 q_g 要附加 1.20L/s,即:$q_g = 0.2\alpha\sqrt{N_g} + 1.20$。

管段计算内径、管段水头损失计算均同住宅给水管网。

本节以建筑给水用涂塑钢管为例,其公称直径与计算内径的关系见表 7-2。

建筑给水用涂塑钢管公称直径与内径关系 表 7-2

DN(mm)	15	20	25	32	40	50	65	80	100
d_j(m)	0.0148	0.0233	0.0260	0.0348	0.0400	0.0520	0.0670	0.0795	0.1050

编制的公共建筑(宾馆)给水管网(图 7-4)水力计算表格如图 7-5 所示。

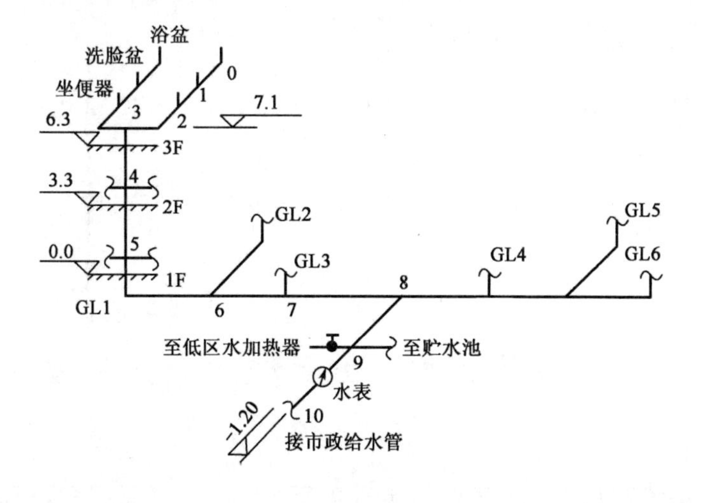

图 7-4 1~3 层低区给水系统

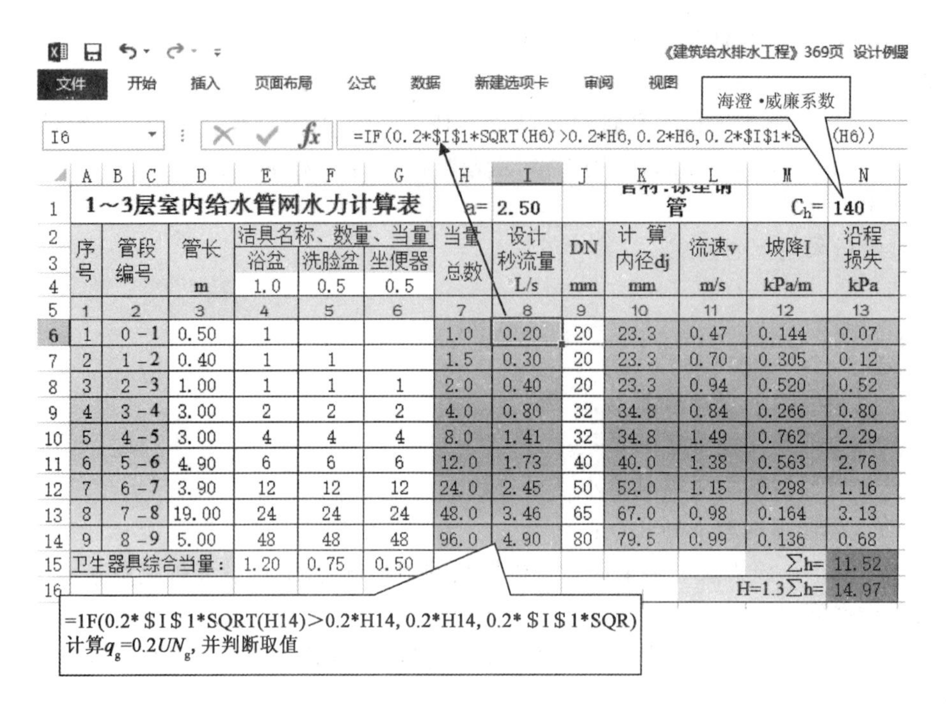

1~3层室内给水管网水力计算表　a= 2.50　C_h= 140

序号	管段编号	管长 m	浴盆 1.0	洗脸盆 0.5	坐便器 0.5	当量总数	设计秒流量 L/s	DN mm	计算内径dj mm	流速v m/s	坡降I kPa/m	沿程损失 kPa
1	2	3	4	5	6	7	8	9	10	11	12	13
1	0-1	0.50	1			1.0	0.20	20	23.3	0.47	0.144	0.07
2	1-2	0.40	1	1		1.5	0.30	20	23.3	0.70	0.305	0.12
3	2-3	1.00	1	1	1	2.0	0.40	20	23.3	0.94	0.520	0.52
4	3-4	3.00	2	2	2	4.0	0.80	32	34.8	0.84	0.266	0.80
5	4-5	3.00	4	4	4	8.0	1.41	32	34.8	1.49	0.762	2.29
6	5-6	4.90	6	6	6	12.0	1.73	40	40.0	1.38	0.563	2.76
7	6-7	3.90	12	12	12	24.0	2.45	50	52.0	1.15	0.298	1.16
8	7-8	19.00	24	24	24	48.0	3.46	65	67.0	0.98	0.164	3.13
9	8-9	5.00	48	48	48	96.0	4.90	80	79.5	0.99	0.136	0.68
卫生器具综合当量:			1.20	0.75	0.50						∑h=	11.52
											H=1.3∑h=	14.97

图7-5　1~3层低区给水管网水力计算表

该建筑物内的生活用水既有室外管网直接供水(1~3层低区给水系统利用市政管网直接供水),又有自行加压供水(4~12层的高区给水系统为水泵—水箱联合供水)。此建筑物的给水引入管(管段9-10)的设计秒流量,应取该建筑物内的低区生活用水设计秒流量叠加低区贮水调节池的设计补水量。

从水力计算表得出低区生活用水设计秒流量 $q_{8\text{-}9}=4.9\text{L/s}$,这个流量是根据洁具的单一当量(单独冷水)计算得出的,$N_g=(1.0+0.50+0.50)\times48=96.0$,管段9-10供低区用水的这部分流量应按综合当量(冷+热)计算得出,故低区生活用水当量总数 $N_g=(1.2+0.75+0.50)\times48=117.6$。则:

设计秒流量　　　$q_g=0.2\times2.5\sqrt{117.6}=5.42(\text{L/s})$

贮水池进水管管径 $DN=50\text{mm}$,按流速1.1m/s估算设计补水量 $q_{水池补水}=\dfrac{\pi}{4}\times d_j^2\times v=2.1(\text{L/s})$。

管段9-10的设计秒流量 $q_{10\text{-}11}=5.42+2.1=7.52(\text{L/s})$,按7.52L/s设计给水引入管。

7.2 自动喷水灭火系统水力计算表

某自动喷水系统利用Excel计算的步骤如下(具体计算原理和过程可参阅相关教材)。

①计算喷头出流量 q。

②通过公称直径确定计算内径；自喷系统管网采用热镀锌钢管，其 DN-d_j 对应关系如表 7-3所示。

③根据喷头出流量和喷头个数计算管道流量 Q。

④计算管道的流速 V，校核管径是否合适。

⑤求管道单阻 i。

⑥根据 i 和管段长度 L 计算管道沿程损失 h。

⑦计算总沿程水头损失。

自喷系统热镀锌钢管公称直径与内径关系（单位：mm） 表 7-3

公称直径 DN	25	32	40	50	65	80	100	125	150
外径 D	33.5	42.25	48	60	75.5	88.5	114	140	165
计算内径 d_j	26	34.75	40	52	67	79.5	105	130	155

计算过程如图 7-6、图 7-7 所示。

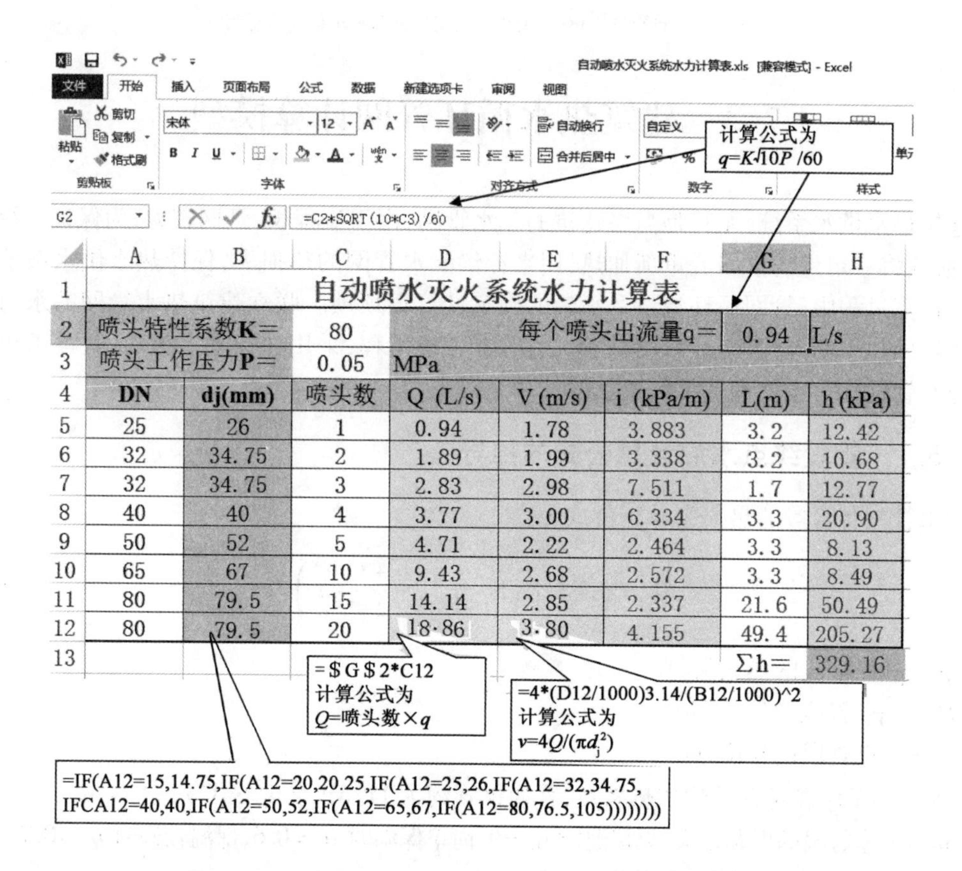

图 7-6 计算喷头出流量、调用管段计算内径、计算管段流量及流速示意图

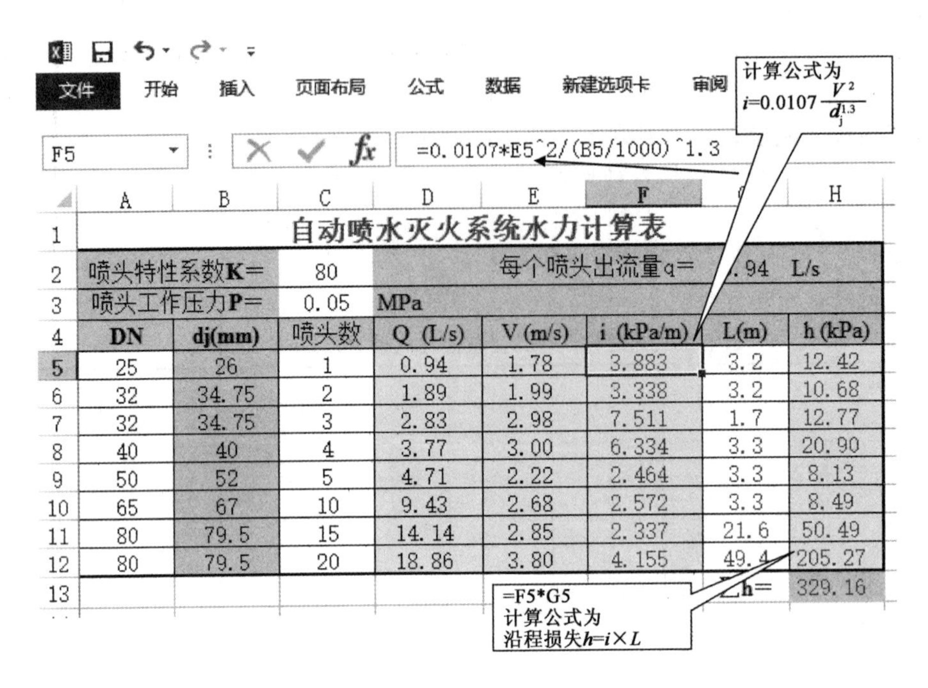

	A	B	C	D	E	F	G	H
1	自动喷水灭火系统水力计算表							
2	喷头特性系数K=		80	每个喷头出流量q=			.94	L/s
3	喷头工作压力P=		0.05	MPa				
4	DN	dj(mm)	喷头数	Q (L/s)	V (m/s)	i (kPa/m)	L(m)	h (kPa)
5	25	26	1	0.94	1.78	3.883	3.2	12.42
6	32	34.75	2	1.89	1.99	3.338	3.2	10.68
7	32	34.75	3	2.83	2.98	7.511	1.7	12.77
8	40	40	4	3.77	3.00	6.334	3.3	20.90
9	50	52	5	4.71	2.22	2.464	3.3	8.13
10	65	67	10	9.43	2.68	2.572	3.3	8.49
11	80	79.5	15	14.14	2.85	2.337	21.6	50.49
12	80	79.5	20	18.86	3.80	4.155	49.4	205.27
13							Σh=	329.16

图 7-7 计算管道单阻、沿程水头损失及总水头损失示意图

7.3 建筑热水循环管网计算模型

建筑热水供水系统,尤其是高层建筑的热水管网,由于流程长、管网较大,为保证系统安全供水,必须将一定量的水回流重新加热,用来补偿配水管网的热损失,保持热水供水系统所需水温。计算过程中,管网循环流量及水温的确定计算很烦琐。联立建筑热水管网的水力平衡方程和管段热平衡方程建立的计算模型,适宜计算机编程,采用迭代法上机求解,可求出同时满足热水管网水力平衡和热平衡要求的计算结果。

7.3.1 管段终点水温计算公式的推导

配水管网各管段的热损失计算公式为:

$$Q_{ij} = \pi D_{ij} L_{ij} K(1-\eta_{ij})\left(\frac{t_i + t_j}{2} - t_k\right) \tag{7-6}$$

式中:Q_{ij}——ij 管段的热损失,W;

D_{ij}——ij 管段的外径,m;

L_{ij}——ij 管段的长度,m;

K——无保温时管道的传热系数,普通钢管约为 11.6W/(m^2 · ℃);

η_{ij}——ij 管段的保温系数,无保温时 $\eta_{ij}=0$,简单保温时 $\eta_{ij}=0.6$,保温较好时 $\eta_{ij}=0.7 \sim 0.8$;

t_k——计算管段周围空气的温度,℃;

t_i、t_j——管段起点 i、终点 j 的水温,℃。

通过 ij 管段的循环流量 q_{ij} 因温度降低而补偿的热量按下式计算：

$$Q'_{ij}=q_{ij}C_B(t_i-t_j) \tag{7-7}$$

式中：Q'_{ij}——通过 ij 管段的循环流量 q_{ij} 因温降而补偿的热量，W；

q_{ij}——通过 ij 管段的循环流量，L/s；

C_B——水的比热，$C_B=4190\text{J}/(\text{kg}\cdot℃)$；

t_i、t_j——意义同前。

管段热平衡方程为：

$$Q_{ij}=Q'_{ij} \tag{7-8}$$

代入式(7-6)、式(7-7)，得：

$$\pi D_{ij}L_{ij}K(1-\eta_{ij})\left(\frac{t_i+t_j}{2}-t_k\right)=q_{ij}C_B(t_i-t_j)$$

则：

$$q_{ij}=\frac{\pi D_{ij}L_{ij}K(1-\eta_{ij})\left(\frac{t_i+t_j}{2}-t_k\right)}{C_B(t_i-t_j)}$$

为简化起见，将管段常数项 $\pi D_{ij}L_{ij}K(1-\eta_{ij})/C_B$ 合并，用符号 a_{ij} 表示。

可导出管段起点 i、终点 j 的水温与循环流量之间的关系：

$$q_{ij}=a_{ij}\left(\frac{1}{2}+\frac{t_j-t_k}{t_i-t_j}\right) \tag{7-9}$$

管段终点的水温计算公式则为：

$$t_j=\frac{(2q_{ij}-a_{ij})t_i+2a_{ij}t_k}{2q_{ij}+a_{ij}} \tag{7-10}$$

7.3.2 热水循环管网水力平衡方程

在热水管网的任一节点 i 处，热水循环流量应满足连续方程：

$$\sum_{ij\in V_i}q_{ij}=0 \quad (i=1,2,\cdots,n) \tag{7-11}$$

式中：n——热水管网的节点总数；

V_i——与节点 i 相邻的管段集合；

q_{ij}——管段 ij 的循环流量，L/s（这里假定：水流流向 i 节点，流量为正；水流流离 i 节点，流量为负）。

管网每一环中各管段水头损失的代数和为零：

$$\sum_{ij\in U_L}h_{ij}=0 \quad (L=1,2,\cdots,m) \tag{7-12}$$

式中：m——热水管网的基环总数；

U_L——构成基环 L 的管段集合；

h_{ij}——ij 管段的水头损失，mm（这里假定：水流顺时针方向的管段中，水头损失为正，逆时针方向的为负)。

$$h_{ij}=i_{ij}\cdot L_{ij}=0.000897\frac{V_{ij}^{2}}{d_{ij}^{1.3}}\left(1+\frac{0.3187}{V_{ij}}\right)^{0.3}\cdot L_{ij} \tag{7-13}$$

式中:i_{ij}——ij 管段单位长度的水头损失,mm/m;

L_{ij}——ij 管段的长度,m;

V_{ij}——ij 管段的平均流速,m/s,通常循环流速 $V_{ij}<0.44$m/s;

d_{ij}——考虑结垢和腐蚀等因素后的管段计算内径,m。

热水循环管网水力平衡的计算,有很多成熟的算法和通用程序可供借鉴。例如,可采用有限元法建立管网整体矩阵方程,应用平方根法迭代求解,得出各项水力要素。其详细求解过程在此从略。

7.3.3 迭代求解热水管网总循环流量

温度沿配水管路是连续变量。循环流量在热水管网内流动,其起始点水温为热水锅炉或水加热器出口的出水温度,在各配水立管的末端,最不利点的温度必须满足规范要求的配水点最低水温。

根据初始假设的热水管网总循环流量,可求出满足水力平衡条件要求的各管段的循环流量,由此可进一步求出满足管段热平衡方程的管网节点水温。而最不利配水点的温度,不可能恰好等于设计最低水温,所以需校正热水管网的总循环流量,迭代计算,直到配水点最低水温恰好等于设计规范的要求为止。

计算框图见图7-8。

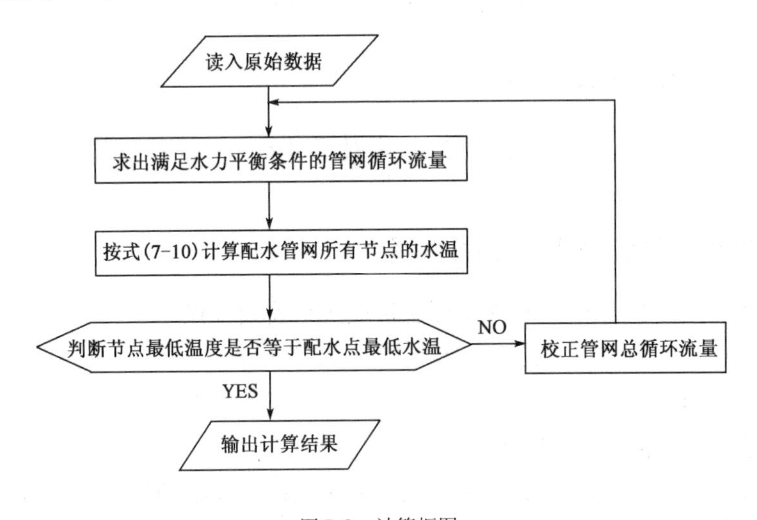

图7-8　计算框图

7.3.4 应用举例

【例7-1】 图7-9为某宾馆热水管网示意图。管材为镀锌钢管,水加热器出口(18号节点)的水温为70℃,各配水立管末端节点号分别为7、10、13、17,立管均按无保温考虑,干管均按25mm保温层厚度取值(保温系数 $\eta=0.6$),管长、管径数据见表7-4所列。

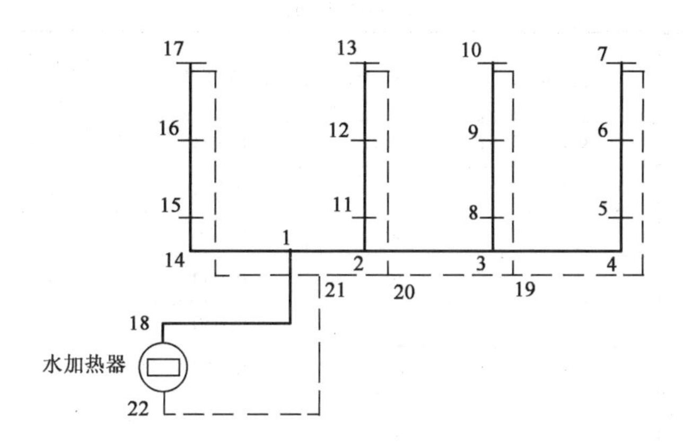

图 7-9 某宾馆热水循环管网计算图

基础数据及配水管网热损失、循环流量计算结果 表 7-4

管段编号	管长 L (m)	管径 DN (mm)	保温系数 η	表面积 F (m^2)	管段温度(℃)			空气温度(℃)	温度差 Δt (℃)	管段热损失(W)	循环流量 q_x(L/s)
					起点 t_c	终点 t_z	平均 t_m				
1-2	9.0	70	0.6	2.135	68.90	67.98	68.44	20	48.44	479.80	0.125
2-3	7.5	50	0.6	1.414	67.98	66.99	67.48	20	47.48	311.48	0.075
3-4	7.5	50	0.6	1.414	66.99	64.59	65.79	20	45.79	300.35	0.030
4-5	0.8	50	0.0	0.151	64.59	63.97	64.28	20	44.28	77.45	0.030
5-6	3.0	50	0.0	0.565	63.97	61.72	62.84	20	42.84	281.04	0.030
6-7	3.0	40	0.0	0.452	61.72	60.00	60.86	20	40.86	214.43	0.030
3-8	0.8	50	0.0	0.151	66.99	66.56	66.77	20	46.77	81.81	0.045
8-9	3.0	50	0.0	0.565	66.56	64.97	65.76	20	45.76	300.18	0.045
9-10	3.0	40	0.0	0.452	64.97	63.74	64.35	20	44.35	232.74	0.045
2-11	0.8	50	0.0	0.151	67.98	67.58	67.78	20	47.78	83.58	0.050
11-12	3.0	50	0.0	0.565	67.58	66.10	66.84	20	46.84	307.25	0.050
12-13	3.0	40	0.0	0.452	66.10	64.95	65.53	20	45.53	238.91	0.050
13-14	12.0	50	0.6	2.262	68.90	65.47	67.18	20	47.18	495.22	0.034
14-15	0.8	50	0.0	0.151	65.47	64.92	65.20	20	45.20	79.06	0.034
15-16	3.0	50	0.0	0.565	64.92	62.93	63.92	20	43.92	288.13	0.034
16-17	3.0	40	0.0	0.452	62.93	61.39	62.16	20	42.16	221.25	0.034
18-1	11.5	80	0.6	3.197	70.00	68.90	69.45	20	49.45	733.62	0.159

解 采用上述数学模型编制的程序进行计算,其结果列于表 7-4、表 7-5。(源程序清单从略)

循环水头损失

表 7-5

管路	管段编号	管长(m)	管径(mm)	循环流量(L/s)	沿程水头损失(Pa)	流速(m/s)
配水管网	1-2	9.0	70	0.125	7.8	0.038
	2-3	7.5	50	0.075	9.4	0.038
	3-4	7.5	50	0.030	1.9	0.015
	4-5	0.8	50	0.030	0.2	0.015
	5-6	3.0	50	0.030	0.8	0.015
	6-7	3.0	40	0.030	2.7	0.026
	3-8	0.8	50	0.045	0.4	0.023
	8-9	3.0	50	0.045	1.6	0.023
	9-10	3.0	40	0.045	5.4	0.039
	2-11	0.8	50	0.050	0.5	0.025
	11-12	3.0	50	0.050	1.8	0.025
	12-13	3.0	40	0.050	6.4	0.043
	13-14	12.0	50	0.034	4.0	0.018
	14-15	0.8	50	0.034	0.3	0.018
	15-16	3.0	50	0.034	1.0	0.018
	16-17	3.0	40	0.034	3.4	0.030
	18-1	11.5	80	0.159	6.6	0.034
回水管网	7-19	14.3	20	0.030	397.8	0.108
	10-19	6.8	20	0.045	396.0	0.163
	13-20	6.8	20	0.050	470.6	0.180
	17-21	18.8	20	0.034	675.7	0.125
	19-20	7.5	32	0.075	66.5	0.086
	20-21	9.0	32	0.125	197.1	0.143
	21-22	15.0	40	0.159	248.7	0.137

7.4 压力流屋面雨水排水管系水力模型

近年来,国内很多工业厂房、库房、公共建筑的大型屋面雨水排水按压力流设计。为保障压力流排水状态,实现屋面雨水系统在单相满管流的状态下运行,必须满足《建筑给水排水设计规范》(GB50015—2009)第 4.9.24 条提出的验证规定。屋面雨水排水管系的水力设计需多次调整管径或系统进行试算,直至符合验证规定,计算工作量大。应用适宜编程的有限元法建立压力流屋面雨水排水管系的水力模型,引入水压边界条件并求解管系整体矩阵方程,可得出各项水力要素,提高计算效率。

7.4.1 有限元法分析压力流屋面雨水排水管系的数学模型

1)管段单元矩阵方程

按有限元法,压力流屋面雨水排水管系是由有限个管段所组成的,每一管段可视为一个单元元素,可列出相应的单元矩阵方程;各单元矩阵方程相加可整合为整体矩阵方程,求解整体矩阵方程可得出各管段的设计流量、水头损失及各节点的水压。对于管系中任一管段 ij,这个管段中有雨水流量 q_{ij}从 i 点流至 j 点或者有雨水流量 q_{ji}从 j 点流至 i 点,有:

$$h_{ij}=H_i-H_j=i_{ij}\cdot L_{ij}=\frac{105}{9.8}C_h^{-1.85}d_{ij}^{-4.87}q_{ij}^{1.85}L_{ij} \tag{7-14}$$

$$h_{ji}=H_j-H_i=-h_{ij}$$

式中: h_{ij}——ij 管段的循环水头损失,m;

i_{ij}——ij 管段单位长度的水头损失,mH_2O/m;

H_i——节点 i 处的水压值,m;

H_j——节点 j 处的水压值,m;

C_h——海曾 · 威廉系数;

L_{ij}——ij 管段的长度,m;

q_{ij}——ij 管段的设计雨水流量,m^3/s;

d_{ij}——管道计算内径,m。

由上式可知:

$$q_{ij}=\frac{9.8C_h^{1.85}d_{ij}^{4.87}}{105q_{ij}^{0.85}L_{ij}}(H_i-H_j)$$

令:

$$K_{ij}=\frac{9.8C_h^{1.85}d_{ij}^{4.87}}{105q_{ij}^{0.85}L_{ij}} \tag{7-15}$$

则:

$$q_{ij}=K_{ij}(H_i-H_j) \tag{7-16}$$

$$q_{ji}=-q_{ij}=K_{ij}(H_j-H_i)$$

也可用矩阵形式表示为:

$$\begin{bmatrix} K_{ij} & -K_{ij} \\ -K_{ij} & K_{ij} \end{bmatrix}\begin{Bmatrix} H_i \\ H_j \end{Bmatrix}=\begin{Bmatrix} q_{ij} \\ q_{ji} \end{Bmatrix} \tag{7-17}$$

式中:H_i——节点 i 处的水压值,m;

H_j——节点 j 处的水压值,m;

L_{ij}——ij 管段的长度,m。

即为 ij 管段的单元矩阵方程。

2)单元矩阵方程的扩展

当把各个单元矩阵方程集合为整体矩阵方程时,需把单元矩阵方程的维数扩展到与整体矩阵方程相同。设管网节点总数为 n,则单元矩阵应扩展为 $n\times n$ 维方阵。

以图 7-10 管系为例,管段总数为 6,管网管段的集合为:$V_G=\{$1-3,2-4,3-4,4-5,5-6,

6-7};管网节点总数为7,与各节点相邻的管段集合分别为:$V_1=\{1\text{-}3\}$,$V_2=\{2\text{-}4\}$,$V_3=\{1\text{-}3,3\text{-}4\}$,$V_4=\{3\text{-}4,2\text{-}4,4\text{-}5\}$,$V_5=\{4\text{-}5,5\text{-}6\}$,$V_6=\{5\text{-}6,6\text{-}7\}$,$V_7=\{6\text{-}7\}$。

以管段2-4为例,其单元矩阵方程可扩展为:

$$\begin{bmatrix} 0 & 0 & 0 & 0 & 0 & 0 & 0 \\ 0 & K_{24} & 0 & -K_{24} & 0 & 0 & 0 \\ 0 & 0 & 0 & 0 & 0 & 0 & 0 \\ 0 & -K_{24} & 0 & K_{24} & 0 & 0 & 0 \\ 0 & 0 & 0 & 0 & 0 & 0 & 0 \\ 0 & 0 & 0 & 0 & 0 & 0 & 0 \\ 0 & 0 & 0 & 0 & 0 & 0 & 0 \end{bmatrix} \begin{Bmatrix} H_1 \\ H_2 \\ H_3 \\ H_4 \\ H_5 \\ H_6 \\ H_7 \end{Bmatrix} = \begin{Bmatrix} 0 \\ q_{24} \\ 0 \\ q_{42} \\ 0 \\ 0 \\ 0 \end{Bmatrix} \tag{7-18}$$

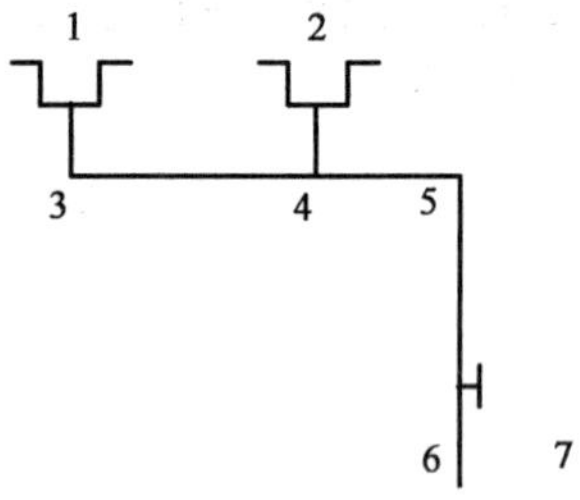

图7-10 计算图

式中:$\{H\}=\{H_1,H_2,\cdots,H_7\}^{\mathrm{T}}$——节点水压向量矩阵;

$\{q\}_{ij}=\{0,q_{24},0,q_{42},0,0,0\}^{\mathrm{T}}$——$ij$管段单元矩阵方程的流量向量矩阵。

同上分析,可得出其余各管段单元矩阵方程的扩展形式。

3)管网整体矩阵方程

整体矩阵方程为各单元子矩阵方程的系数矩阵相加,各单元流量向量矩阵相加。设整体矩阵方程为:

$$[A]\{H\}=\{Q\}$$

整体矩阵方程的系数矩阵为:

$$[A]=\sum_{\substack{ij=1 \\ ij\in V_G}}^{M}[A]_{ij} \tag{7-19}$$

整体矩阵方程的流量向量矩阵为:

$$\{Q\}=\sum_{\substack{ij=1 \\ ij\in V_G}}^{M}\{q\}_{ij} \tag{7-20}$$

式中:M——单元总数(为子矩阵总数,即管段总数);

V_G——压力流屋面雨水排水管系的管段集合;

$[A]_{ij}$——管段ij单元子矩阵方程的系数矩阵。

于是,图7-10管网整体矩阵方程的系数矩阵为:

$$[A]=\sum_{\substack{ij=1 \\ ij\in V_G}}^{6}[A]_{ij}$$

$$=\begin{bmatrix} K_{13} & 0 & -K_{13} & 0 & 0 & 0 & 0 \\ 0 & K_{24} & 0 & -K_{24} & 0 & 0 & 0 \\ -K_{13} & 0 & K_{13}+K_{34} & -K_{34} & 0 & 0 & 0 \\ 0 & -K_{24} & -K_{34} & K_{24}+K_{34}+K_{45} & -K_{45} & 0 & 0 \\ 0 & 0 & 0 & -K_{45} & K_{45}+K_{56} & -K_{56} & 0 \\ 0 & 0 & 0 & 0 & -K_{56} & K_{56}+K_{67} & -K_{67} \\ 0 & 0 & 0 & 0 & 0 & -K_{67} & K_{67} \end{bmatrix} \tag{7-21}$$

分析上式,系数矩阵[A]具有三个显著特点:①管网的每一条管段对整体系数矩阵元素有四处贡献:相应于管段 ij,在 A_{ii} 和 A_{jj} 上累加 K_{ij},在 A_{ij} 和 A_{ji} 上累加 $-K_{ij}$;②主对角线上的元素 $A_{ii} = \sum_{ij \in U_i} K_{ij}$;非对角线上的元素分两种情况:当 $ij \in V_G$ 时,$A_{ij} = A_{ji} = -K_{ij}$,而当 $ij \notin V_G$ 时,$A_{ij} = A_{ji} = 0$;③系数矩阵为一对称正定矩阵。

图 7-10 管网整体矩阵方程的流量向量矩阵为:

$$\{Q\} = \sum_{\substack{ij=1 \\ ij \in V_G}}^{6} \{q\}_{ij} = \begin{Bmatrix} q_{13} \\ q_{24} \\ q_{31} + q_{34} \\ q_{42} + q_{43} + q_{45} \\ q_{54} + q_{56} \\ q_{65} + q_{67} \\ q_{76} \end{Bmatrix} \tag{7-22}$$

上式中各因数相加实质为与各节点相邻的管段流量之代数和,它必然满足各节点流量连续性方程:

$$\sum_{ij \in V_i} q_{ij} + Q_i = 0 \quad (i = 1,2,\cdots,7) \tag{7-23}$$

式中:V_i——与节点 i 相邻的管段集合;

q_{ij}——ij 管段的流量;

Q_i——节点 i 的雨水泄流量。

图 7-10 管网中,不含雨水斗的节点,其节点流量为 0。则式(7-23)变为:

$$\{q\} = \{Q_1, Q_2, 0, 0, 0, 0, 0\}^{T} \tag{7-24}$$

4)整体矩阵方程的求解

因整体系数矩阵式(7-21)为奇异矩阵,必须在确定边界条件后方程式(7-19)才能有解,在此可设定离立管最远雨水斗(称为控制点)节点编号为 1,按其自由水压等于斗前水深 h_1 来确定该节点总水压值(即 $H_1 = Z_1 + h_1$),即控制点的总水压为已知常量,据此引入节点水压边界条件,并对系数矩阵式(7-21)、流量向量矩阵式(7-22)做相应的等价变换。含雨水斗的节点流量为已知常数(均为雨水斗的额定流量),其节点总水压为待求变量。计算中由程序自动计算出管段流量,得出各项水力参数,计算得出的管系节点总水压完全满足水力平衡条件。含雨水斗的节点总水压(计算值)与斗前实际总水头(等于控制点总水压)之差,即为该节点的压力不平衡值(即不同支路的计算水头损失之差)。计算结果如不满足《建筑给水排水设计规范》(GB 50015—2009)第 4.9.24 提出的验证规定,则需调整管径或系统再行试算,符合验证规定后,输出合格的水力计算结果。其中,调整管径或系统的工作亦可编制相应的优化计算程序,由计算机自动完成。

7.4.2 计算框图

计算框图见图 7-11。

7.4.3 计算示例

【例 7-2】 图 7-12 为某屋面一条雨水排水管系水力计示意图。设计雨水流量为 84L/s,

同一水平天沟内设规格 DN75(额定流量为 12L/s,局部阻力系数为 2.4)的压力流雨水斗 7 个,管材为排水铸铁管,局部阻力损失估算为沿程损失的 0.2 倍。采用上述数学模型编制程序进行计算,计算结果见表 7-6。其最小流速为 1.56m/s > 1.0m/s,立管流速为 6.96m/s < 10.0m/s,出口流速为 1.73m/s < 1.8m/s,悬吊管水头损失为 4.15m < 8m,相关节点的上游不同支路的计算水头损失之差(即压力不平衡值)分别为 −0.33mH_2O、−0.04mH_2O、0.03mH_2O、−0.27mH_2O、−0.45mH_2O 和 −0.76mH_2O,绝对值均小于 1.0mH_2O。计算结果符合验证规定。

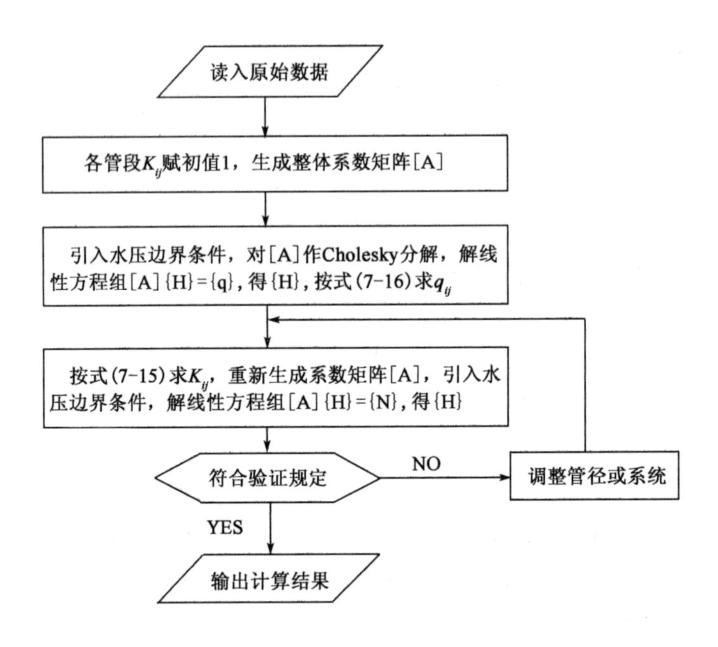

图 7-11 计算框图

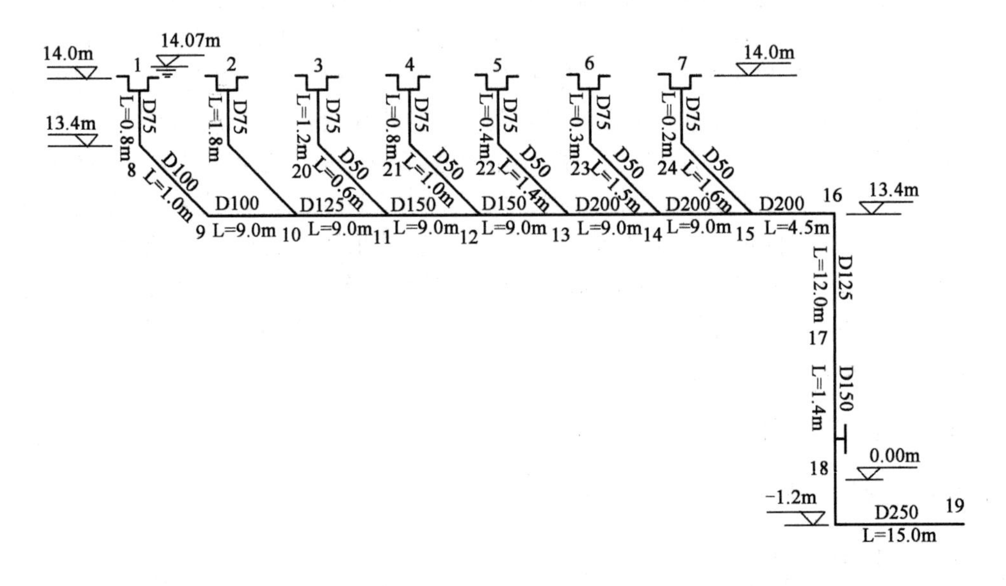

图 7-12 某屋面压力流雨水排水管系水力计算图

基础数据及管段计算结果 表7-6

管段编号	流量 Q (L/s)	管长 L (m)	管径 DN (mm)	流速 (m/s)	水力坡降 (mH_2O/m)	水头损失 (m)
1-8	12.00	0.8	75	2.79	0.192	1.14
8-9	12.00	1.0	100	1.56	0.047	0.06
9-10	12.00	9.0	100	1.56	0.047	0.50
10-11	24.00	9.0	125	1.99	0.056	0.61
11-12	36.00	9.0	150	2.06	0.048	0.52
12-13	48.00	9.0	150	2.75	0.083	0.89
13-14	60.00	9.0	200	1.93	0.030	0.33
14-15	72.00	9.0	200	2.31	0.043	0.46
15-16	84.00	4.5	200	2.70	0.057	0.31
16-17	84.00	12.0	125	6.96	0.569	8.19
17-18	84.00	1.4	150	4.82	0.233	0.39
18-19	84.00	15.0	250	1.73	0.019	0.34
2-10	12.00	1.8	75	2.79	0.192	1.37
3-20	12.00	1.2	75	2.79	0.192	1.24
20-11	12.00	0.6	50	6.36	1.430	1.03
4-21	12.00	0.8	75	2.79	0.192	1.14
21-12	12.00	1.0	50	6.36	1.430	1.72
5-22	12.00	0.4	75	2.79	0.192	1.05
22-13	12.00	1.4	50	6.36	1.430	2.40
6-23	12.00	0.3	75	2.79	0.192	1.03
23-14	12.00	1.5	50	6.36	1.430	2.57
7-24	12.00	0.2	75	2.79	0.192	1.01
24-15	12.00	1.6	50	6.36	1.430	2.74

节点编号	节点流量 (L/s)	节点标高 (m)	节点总水压 (m)	节点自由水压(m)	节点水压不平衡值 (mH_2O)
1	12.0	14.00	14.07	0.07	
2	12.0	14.00	13.74	-0.26	-0.33
3	12.0	14.00	14.03	0.03	-0.04
4	12.0	14.00	14.10	0.10	0.03
5	12.0	14.00	13.80	-0.20	-0.27
6	12.0	14.00	13.62	-0.38	-0.45
7	12.0	14.00	13.31	-0.69	-0.76
8		13.40	12.93	-0.47	

续上表

节点编号	节点流量(L/s)	节点标高(m)	节点总水压(m)	节点自由水压(m)	节点水压不平衡值(mH_2O)
9		13.40	12.87	-0.53	
10		13.40	12.37	-1.03	
11		13.40	11.76	-1.64	
12		13.40	11.24	-2.16	
13		13.40	10.35	-3.05	
14		13.40	10.02	-3.38	
15		13.40	9.56	-3.84	
16		13.40	9.25	-4.15	≥-8
17		1.40	1.06	-0.34	
18		0.00	0.67	0.67	
19	-84	-1.20	0.33	1.53	≥0.00
20		13.40	12.79	-0.61	
21		13.40	12.95	-0.45	
22		13.40	12.75	-0.65	
23		13.40	12.59	-0.81	
24		13.40	12.30	-1.10	

【思考题与习题】

1. 试编制建筑热水配水管网水力计算 Excel 电子表格。
2. 利用 Excel 编制建筑给水塑料管水力计算表。

第8章　水质工程计算程序设计

8.1　滤料粒径级配计算

给水处理选用滤料时,通常采用最大粒径 d_{max}、最小粒径 d_{min} 和不均匀系数 K_{80} 来控制滤料粒径分布。其中:

$$K_{80}=\frac{d_{80}}{d_{10}} \tag{8-1}$$

式中:d_{10}——筛分实验中,通过滤料质量10%的筛孔孔径,它反映细颗粒尺寸;

d_{80}——通过滤料质量80%的筛孔孔径,它反映粗颗粒尺寸。

K_{80}越大,表示颗粒粗细越不均匀;K_{80}越接近1,表示滤料越均匀,过滤和反冲洗效果越好。筛选滤料时,要根据砂样筛分实验结果进行计算绘图,采用图解法确定筛除和筛选的砂料的粒径,得到新的滤料级配参数。本节通过一算题,介绍采用线性内插法编程,电算求解的过程。

【例8-1】 取某天然河砂砂样300g,洗净后置于105℃恒温箱中烘干,待冷却后称取100g,用一组筛子分别进行过筛,最后称出留在各个筛子上的砂量,填入表8-1。现设计 d_{10} = 0.55mm,K_{80} = 2.0,按此要求根据该筛分实验数据筛选滤料。

筛分试验记录　　表8-1

筛孔(mm)	留在该号筛上的砂量		通过该号筛的砂量	
	质量(g)	%	质量(g)	%
2.362	0.1	0.1	99.9	99.9
1.651	9.3	9.3	90.6	90.6
0.991	21.7	21.7	68.9	68.9
0.589	46.6	46.6	22.3	22.3
0.246	20.6	20.6	1.7	1.7
0.208	1.5	1.5	0.2	0.2
筛底盘	0.2	0.2	—	—
合　计	100.0	100.0		

解　依题意:

(1)变量说明

D0、D10、D80、D100——原始砂样通过滤料质量0%、10%、80%、100%的筛孔孔径(这里D0等效于最小粒径 D_{min},D100等效于最大粒径 D_{max});

d0、d10、d80、d100——以满足设计要求的滤料为砂样,通过滤料质量0%、10%、80%、100%的筛孔孔径(这里d0等效于最小粒径 d_{min},d100等效于最

大粒径 d_{max});

p0、p10、p80、p100——粒径小于 d0、d10、d80、d100 的滤料百分比;

K80、k80——原始砂样不均匀系数 K_{80}、设计要求筛选滤料的不均匀系数 k_{80};

D[7]——单精度一维数组,存放各号筛的孔径(按由小到大的顺序);

P[7]——单精度一维数组,存放通过对应各号筛(按升序)的砂量百分比。

(2)形参说明

d1、p1、d2、p2——存放分段线性插值计算所选取的两个插值样点的孔径、小于该孔径滤料百分比;

Ins1——函数程序,按给定 p(通过筛孔滤料百分比)插值计算出 d;

Ins2——函数程序,按给定 d(筛孔孔径或滤料颗粒粒径)插值计算出 p(通过该筛孔的滤料百分比)。

C++ 语言计算程序如下:

```
#include <iostream>
#include <cmath>
#include <iomanip>
#include <fstream>
using namespace std;
class ll                                          //计算滤料级配类
{public:
     ll(double p[7],double d[7]);                 //构造函数声明
    double Ins1(double p);                        //输出内插粒径函数声明
    double Ins2(double d);                        //输出内插滤料百分比函数声明
     ~ll(){};                                     //析构函数
private:
    double P[7],D[7];
};
ll::ll(double p[7],double d[7])                   //构造函数定义
{ int i;
  for(i=0;i<7;i++)
     {P[i]=p[i];
      D[i]=d[i];
     }
}
double ll::Ins1(double p)                         //输出内插粒径函数定义
{   double p1,p2,d,d1,d2;
   int i,k;
   for(i=2;i<6;i++)
       if(p<=P[i]) break;
   k=i-1;
   p1=P[k]; p2=P[k+1];
```

```
  d1 = D[k]; d2 = D[k+1];
  d = d1 + (d2 - d1)/(p2 - p1) * (p - p1);
  return d;
  }
double ll::Ins2(double d)                          //输出内插滤料百分比函数定义
{double p,p1,p2,d1,d2;
  int i,k;
  for(i=2;i<6;i++)
       if(d<=D[i]) break;
  k=i-1;
  p1 = P[k]; p2 = P[k+1];
  d1 = D[k]; d2 = D[k+1];
  p = p1 + (p2 - p1)/(d2 - d1) * (d - d1);
  return p;
};
void main()
{ double D0,D100,D10,D80,K80;
  int i,j,k;
  double d0,d100,d80,p0,p10,p80,p100;
                                                   //直接输入初始条件
  double d[7] = {0,0.208,0.246,0.589,0.991,1.651,2.362};
  double p[7] = {0,  0.2,  1.7, 22.3, 68.9, 90.6, 99.9};
  double d10 = 0.55,k80 = 2;
                                                   //以文件格式输入初始条件
/* char infile[20],outfile[20];
  double d[7],p[7],d10,k80;
  cout<<"请输入原始数据文件名(含扩展名)"<<endl;
  cin>>infile;
  ifstream istrm(infile);
  for(i=0;i<7;i++)
     istrm>>d[i];
  for(i=0;i<7;i++)
     istrm>>p[i];
  istrm>>d10>>k80;
istrm.close(); */
  ll l( p,d);
  D0 = l.Ins1(0); D100 = l.Ins1(100);
  D10 = l.Ins1(10); D80 = l.Ins1(80); K80 = D80/D10;
  d80 = d10 * k80;   p10 = l.Ins2(d10); p80 = l.Ins2(d80);
  p0 = p10 - (p80 - p10)/7;   p100 = p80 + 2 * (p80 - p10)/7;
  d0 = l.Ins1(p0); d100 = l.Ins1(p100);
  for(i=1;i<=6;i++) if(  d0<=d[i]) { k=i-1; break; }
```

for(i = 1;i < = 6;i + +) if(d100 < = d[i]) { j = i; break; }

//直接输出计算结果

cout < < "No. Min:" < < k < < "   " < < "Max:" < < j < < endl;

cout < < " - " < < endl; cout < < setprecision(4) < < "D0 = " < < D0 < < "mm" < < setw(12) < < setprecision(4) < < "D100 = " < < D100 < < "mm" < < endl;

cout < < setprecision(4) < < "D10 = " < < D10 < < "mm" < < setw(10) < < setprecision(4) < < "D80 = " < < D80 < < "mm" < < setw(10) < < setprecision(4) < < "K80 = " < < K80 < < endl;

cout < < setprecision(4) < < "d0 = " < < d0 < < "mm" < < setw(12) < < setprecision(4) < < "d100 = " < < d100 < < "mm" < < endl;

cout < < setprecision(4) < < "p0 = " < < p0 < < "%" < < setw(18) < < setprecision(4) < < "@ p(D < d0) = " < < p0 < < "%" < < endl;

cout < < setprecision(4) < < "p100 = " < < p100 < < "%" < < setw(18) < < setprecision(4) < < "@ p(D > d100) = " < < 100 - p100 < < "%" < < endl;

cout < < setprecision(4) < < "d10 = " < < d10 < < " mm" < < setw(11) < < setprecision(4) < < "d80 = " < < d80 < < "mm" < < setw(12) < < setprecision(4) < < "k80 = " < < k80 < < endl;

//采用文件格式输出计算结果

/ * cout < < "请输入存储计算结果的文件名(含扩展名)" < < endl;

cin > > outfile;

ofstream ostrm(outfile);

ostrm < < "No. Min:" < < k < < "   " < < "Max:" < < j < < endl;

ostrm < < " - " < < endl;

ostrm < < setprecision(4) < < "D0 = " < < D0 < < "mm" < < setw(12) < < setprecision(4) < < "D100 = " < < D100 < < "mm" < < endl; ostrm < < setprecision(4) < < "D10 = " < < D10 < < "mm" < < setw(10) < < set-precision(4) < < "D80 = " < < D80 < < "mm" < < setw(10) < < setprecision(4) < < "K80 = " < < K80 < < endl;

ostrm < < setprecision(4) < < "d0 = " < < d0 < < "mm" < < setw(12) < < setprecision(4) < < "d100 = " < < d100 < < "mm" < < endl;

ostrm < < setprecision(4) < < "p0 = " < < p0 < < "%" < < setw(18) < < setprecision(4) < < "@ p(D < d0) = " < < p0 < < "%" < < endl;

ostrm < < setprecision(4) < < "p100 = " < < p100 < < "%" < < setw(18) < < setprecision(4) < < "@ p(D > d100) = " < < 100 - p100 < < "%" < < endl;

ostrm < < setprecision(4) < < "d10 = " < < d10 < < " mm" < < setw(11) < < setprecision(4) < < "d80 = " < < d80 < < "mm" < < setw(12) < < setprecision(4) < < "k80 = " < < k80 < < endl; * /

}

初始条件为:

0　0.208　0.246　0.589　0.991　1.651　2.362　表示:d[7];

0　0.2　1.7　22.3　68.9　90.6　99.9　表示:p[7];

0.55　2　表示:d10、k80;

计算结果为:

No. Min:2　Max:5

\- -

D0 = 0.2029mm	D100 = 2.37mm	
D10 = 0.3842mm	D80 = 1.329mm	K80 = 3.458
d0 = 0.4251mm	d100 = 1.556mm	
p0 = 12.45%	@ p(D < d0) = 12.45%	
p100 = 87.49%	@ p(D > d100) = 12.51%	
d10 = 0.55 mm	d80 = 1.1mm	k80 = 2

计算结果说明：上述河砂不均匀系数 $K_{80}=3.458$，$d_{10}=0.3842\text{mm}$，不满足设计要求。经插值计算，满足设计要求的所选滤料最小粒径 $d_{\min}=0.4251\text{mm}$，小于 $d_{\min}$ 的滤料百分比为12.45%，小粒径（$d<d_{\min}$）颗粒需筛除12.45%；最大粒径 $d_{\max}=1.556\text{mm}$，小于 $d_{\max}$ 的滤料百分比为87.49%，大粒径（$d>d_{\max}$）颗粒需筛除100% − 87.49% = 12.51%，共筛除24.96%。

8.2 污水处理厂固体物及水量平衡算例

8.2.1 问题的提出

已知某污水处理厂工艺及各处理单元运行参数、工艺流程如图8-1所示，求各工艺管路（编号:0-17）的三个参数（流量 Q、浓度 S、干物质重 D）。

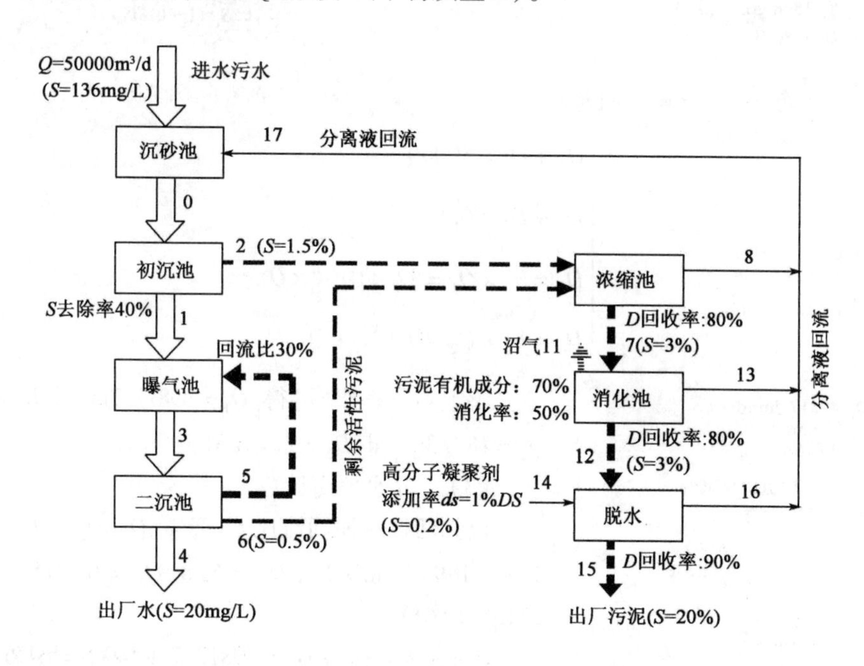

图8-1 某污水厂各参数计算图

已知条件说明如下。

污泥处理构筑物干物质 D 回收率：浓缩池80%，消化池80%，脱水装置90%；

消化池:进入消化池的污泥有机成分含量70%,消化率50%;

高分子凝聚剂添加率:药剂干重为消化污泥干重的1%,溶液浓度 $S=0.2\%$;

函数关系:流量 $Q=D/S$,浓度 $S=D/Q$,干物质重 $D=Q\times S$。

初始计算时,由于不知道回流分离液(17号管路)的流量、浓度等参数,只能假定 $Q_{17}^{(0)}=0$,完成1次试算后,得出 $Q_{17}^{(1)}$、$S_{17}^{(1)}$ 值,重复进行第二次试算,又得出 $Q_{17}^{(2)}$、$S_{17}^{(2)}$ 值,经循环迭代,最终闭合差 $|Q_{17}^{(k)}-Q_{17}^{(k-1)}|$ 小于给定值,即认为满足要求,输出计算结果。

下面对迭代计算过程中,固体物质及水量平衡方程组的建立及计算过程进行分析说明。

8.2.2 分离液(上清液)回流水假定为0时,各池(构筑物)物料平衡计算

(1)沉砂池平衡计算

如图8-2所示,因暂定 $Q_{17}=0$,则:$Q_0=Q,S_0=S,D_0=D$。

(2)初沉池平衡计算

如图8-3所示,$S_1=(1-q)\times S=(1-40\%)\times 136=82(\text{mg/L})$。

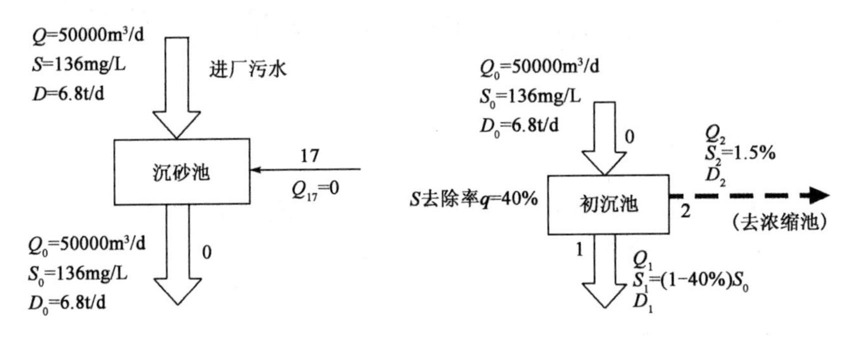

图8-2 沉砂池平衡计算图　　图8-3 初沉池平衡计算图

$$\begin{cases} Q_1+Q_2=50000 \\ D_1+D_2=6.8 \\ D_1=S_1\times Q_1=82\times 10^{-6}\times Q \\ D_2=S_2\times Q_2=0.015\times Q_2 \end{cases}$$

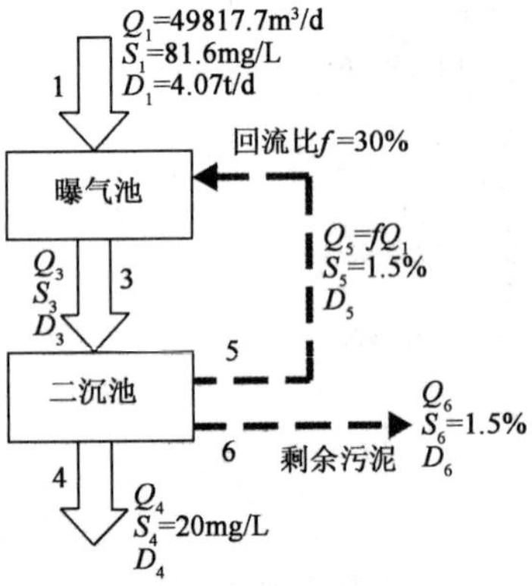

解上列方程组,可得:$Q_1=49817.7\text{m}^3/\text{d}$,$D_1=4.07\text{t/d}$,$Q_2=182.3\text{m}^3/\text{d}$,$D_2=2.74\text{t/d}$。

(3)二沉池平衡计算

已知活性污泥回流比 $f=30\%$,$Q_5=Q_1\times f=49817.7\times 0.3=14945(\text{m}^3/\text{d})$,$D_5=S_5\times Q_5=0.015\times 14945=224.18(\text{t/d})$。

因此:$Q_3=Q_1+Q_5=49817.7+14945=64763(\text{m}^3/\text{d})$,$D_3=D_1+D_5=4.07+74.73=78.80(\text{m}^3/\text{d})$,$S_3=D_3/Q_3=78.80/64763=0.12\%=1217(\text{mg/L})$。

图8-4 二沉池平衡计算图

如图8-4所示,可建立二沉池的平衡方程组:

$$\begin{cases} Q_4 + Q_6 = Q_3 - Q_5 = 64763 - 14945 = 49818(\mathrm{m^3/d}) \\ D_4 + D_6 = D_3 - D_5 = 79.79 - 74.73 = 5.06(\mathrm{t/d}) \\ D_4 = S_4 \times Q_4 = 20 \times 10^{-6} \times Q_4 \\ D_6 = S_6 \times Q_6 = 0.015 \times Q_6 \end{cases}$$

解方程组,可得:$Q_4 = 49202\mathrm{m^3/d}$,$D_4 = 0.98\mathrm{t/d}$,$Q_6 = 616\mathrm{m^3/d}$,$D_6 = 3.08\mathrm{t/d}$。

(4)浓缩池平衡计算

如图8-5所示,可得:

$$D_7 = (D_2 + D_6) \times hz = (2.74 + 3.08) \times 0.8 = 4.66(\mathrm{t/d})$$

$$D_8 = (D_2 + D_6) \times (1 - hz) = (2.74 + 3.08) \times 0.2 = 1.16(\mathrm{t/d})$$

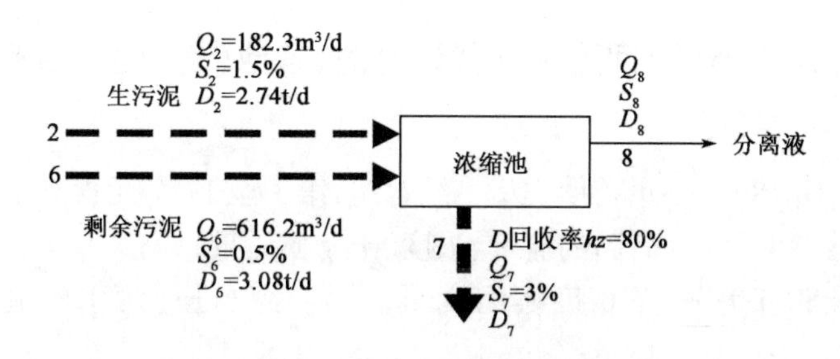

图8-5 浓缩池平衡计算图

建立方程组:

$$\begin{cases} Q_7 + Q_8 = Q_2 + Q_6 = 182 + 616 = 798(\mathrm{m^3/d}) \\ Q_7 = D_7/S_7 = 4.65/0.03 = 155(\mathrm{m^3/d}) \end{cases}$$

解得:$Q_8 = 644\mathrm{m^3/d}$,$S_8 = D_8/Q_8 = 1.16/644 = 0.18\% = 1801(\mathrm{mg/L})$。

(5)消化池平衡计算

$D_{11} = D_7 \times y \times x = 4.65 \times 0.7 \times 0.5 = 1.63(\mathrm{t/d})$。如图8-6所示,可建立方程组:

$$\begin{cases} Q_{12} + Q_{13} = Q_7 = 155\mathrm{m^3/d} \\ D_{12} = (D_7 - D_{11}) \times hx = (4.65 - 1.63) \times 0.8 = 2.42(\mathrm{t/d}) \\ D_{13} = (D_7 - D_{11}) \times (1 - hx) = (4.65 - 1.63) \times 0.2 = 0.60(\mathrm{t/d}) \end{cases}$$

解得:$Q_{12} = 80.6\mathrm{m^3/d}$,$Q_{13} = 74.4\mathrm{m^3/d}$,$S_{13} = D_{13}/Q_{13} = 0.60/74.4 = 0.81\% = 8065(\mathrm{mg/L})$

(6)脱水装置平衡计算

如图8-7所示,可得:

$$\begin{cases} Q_{14} = D_{14}/S_{14} = 0.0242/0.002 = 12.1(\mathrm{m^3/d}) \\ D_{15} - (D_{14} + D_{12}) \times ht = (0.0242 + 2.42) \times 0.9 = 2.2(\mathrm{t/d}) \\ D_{16} = (D_{14} + D_{12}) \times (1 - ht) = (0.0242 + 2.42) \times 0.1 = 0.24(\mathrm{t/d}) \end{cases}$$

$$\begin{cases}Q_{15}+Q_{16}=Q_{12}+Q_{14}=80.6+12.1=92.7(\mathrm{m^3/d})\\ D_{15}=2.2=S_{15}\times Q_{15}=0.2\times Q_{15}\\ D_{16}=0.24=S_{16}\times Q_{16}\end{cases}$$

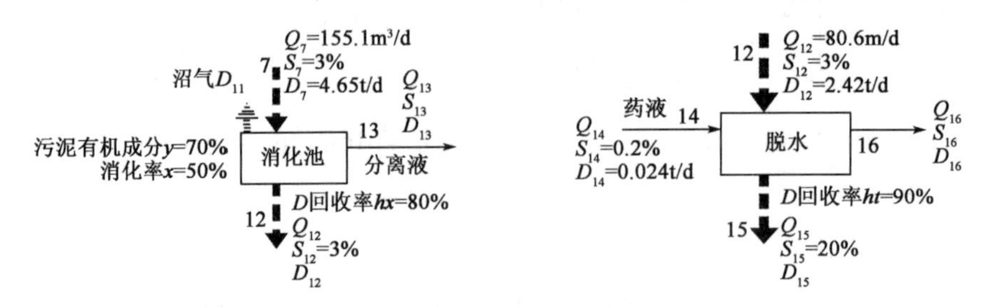

图 8-6　消化池平衡计算图　　　　图 8-7　脱水装置平衡计算图

解得：$Q_{15}=11\mathrm{m^3/d}, Q_{16}=81.7\mathrm{m^3/d}, S_{16}=0.299\%=2990(\mathrm{mg/L})$

8.2.3　分离液(上清液)回流水迭代计算时，各池(构筑物)物料平衡计算

变量说明：

Q[18]、S[18]、D[18]——单精度实型一维数组，第 1 至 17 个元素分别存放第 1 至 17 号管路的流量、浓度、干物质质量；

Q0、S0、D0——单精度实型变量，分别存放进厂污水的流量、浓度、干物质质量；

q、f、x、y、hz、hx、ht、nj、eps——单精度实型变量，存放计算参数，详见表 8-2。

计 算 参 数　　表 8-2

参数名	初沉池S去除率	曝气池活性污泥回流比	消化率	污泥有机成分含量	干物质 D 的回收率			高分子凝聚剂添加率	闭合差
					浓缩池	消化池	脱水机		
变量名	q	f	x	y	hz	hx	ht	nj	eps

C++ 语言计算程序如下：

```
#include < iostream >
#include < cmath >
#include < iomanip >
#include < fstream >
using namespace std;
class ab                                              //平衡计算类
{public:
        ab(float q0,float s0,float s2,float s4,float s5,float s6,
            float s7,float s10,float s12,float s13,float hz,float hx,
            float ht,float nj,float q,float f,float x,float y);     //构造函数声明
        void putQ15()                                 //更新 Q[15]函数定义
        {Q[15] = Q[15] - 0.7 * eps;}
```

```
        float geteps( )                                           //输出闭合差函数定义
        {return eps;}
        float getQ(int i)                                         //输出流量 Q[i]函数定义
        {return Q[i];}
        float getS(int i)                                         //输出浓度 S[i]函数定义
        {return S[i];}
        float getD(int i)                                         //输出干物质量 D[i]函数定义
        {return D[i];}
        void diedai( );                                           //迭代函数声明
        ~ab( ){};
private:
    float Q[16], S[16], D[16];
    float Q0,S0,D0,Hz,Hx,Ht,Nj,Q1,F,X,Y;
    float eps;
};
ab::ab(float q0,float s0,float s2,float s4,float s5,float s6,float s7,float s10,float s12,float s13,
        float hz,float hx,float ht,float nj,float q,float f,float x,float y)    //构造函数定义
{int i;
for(i=0;i<16;i++)
{Q[i]=0;S[i]=0;D[i]=0;}
Q0=q0;S0=s0;S[2]=s2;S[4]=s4;S[5]=s5;S[6]=s6;S[7]=s7;S[10]=s10;
S[12]=s12;S[13]=s13;Hz=hz;Hx=hx;Ht=ht;Nj=nj;Q1=q;F=f;X=x;Y=y;
D0=Q0*S0;
Q[0]=Q0+Q[15]; D[0]=D0+D[15]; S[0]=D[0]/Q[0];
S[1]=S[0]*(1-Q1);  Q[1]=(S[2]*Q[0]-D[0])/(S[2]-S[1]);  D[1]=Q[1]*S[1];
Q[2]=Q[0]-Q[1];  D[2]=S[2]*Q[2];
Q[5]=F*Q[1];  D[5]=S[5]*Q[5];
Q[3]=Q[1]+Q[5];  D[3]=D[1]+D[5];  S[3]=D[3]/Q[3];
Q[4]=(S[6]*(Q[3]-Q[5])-(D[3]-D[5]))/(S[6]-S[4]);  D[4]=S[4]*Q[4];
Q[6]=Q[3]-Q[5]-Q[4];  D[6]=S[6]*Q[6];
D[7]=(D[2]+D[6])*Hz;  Q[7]=D[7]/S[7];
Q[8]=Q[2]+Q[6]-Q[7]; D[8]=(D[2]+D[6])*(1-Hz);  S[8]=D[8]/Q[8];
D[9]=D[7]*X*Y;
D[10]=Hx*(D[7]-D[9]);  Q[10]=D[10]/S[10];
D[11]=(1-Hx)*(D[7]-D[9]); Q[11]=Q[7]-Q[10]; S[11]=D[11]/Q[11];
D[12]=D[10]*nj; Q[12]=D[12]/S[12];
D[13]=Ht*(D[10]+D[12]);  Q[13]=D[13]/S[13];
D[14]=(1-Ht)*(D[10]+D[12]); Q[14]=Q[10]+Q[12]-Q[13]; S[14]=D[14]/Q[14];
eps=Q[15]-(Q[8]+Q[11]+Q[14]); D[15]=D[8]+D[11]+D[14]; S[15]=D[15]/Q[15];
}
void ab::diedai( )                                                //迭代函数定义
{Q[0]=Q0+Q[15]; D[0]=D0+D[15]; S[0]=D[0]/Q[0];
```

```
S[1] = S[0] * (1 - Q1);   Q[1] = (S[2] * Q[0] - D[0])/(S[2] - S[1]);   D[1] = Q[1] * S[1];
Q[2] = Q[0] - Q[1];   D[2] = S[2] * Q[2];
Q[5] = F * Q[1];   D[5] = S[5] * Q[5];
Q[3] = Q[1] + Q[5];   D[3] = D[1] + D[5];   S[3] = D[3]/Q[3];
Q[4] = (S[6] * (Q[3] - Q[5]) - (D[3] - D[5]))/(S[6] - S[4]);   D[4] = S[4] * Q[4];
Q[6] = Q[3] - Q[5] - Q[4];   D[6] = S[6] * Q[6];
D[7] = (D[2] + D[6]) * Hz;   Q[7] = D[7]/S[7];
Q[8] = Q[2] + Q[6] - Q[7]; D[8] = (D[2] + D[6]) * (1 - Hz);   S[8] = D[8]/Q[8];
D[9] = D[7] * X * Y;
D[10] = Hx * (D[7] - D[9]);   Q[10] = D[10]/S[10];
D[11] = (1 - Hx) * (D[7] - D[9]); Q[11] = Q[7] - Q[10]; S[11] = D[11]/Q[11];
D[12] = D[10] * Nj; Q[12] = D[12]/S[12];
D[13] = Ht * (D[10] + D[12]);   Q[13] = D[13]/S[13];
D[14] = (1 - Ht) * (D[10] + D[12]); Q[14] = Q[10] + Q[12] - Q[13]; S[14] = D[14]/Q[14];
eps = Q[15] - (Q[8] + Q[11] + Q[14]); D[15] = D[8] + D[11] + D[14]; S[15] = D[15]/Q[15];
}
void main()                                    //主函数定义
{float q0, s0, s2, s4, s5, s6, s7, s10, s12, s13;
float hz, hx, ht, nj, q, f, x, y;
                                               //以文件格式输入原始参数
/* char outfile[18],infile[18];
cout << "请输入初始条件文件名(含扩展名,并且长度不要超过18个字节)" << endl;
cin >> infile;
ifstream istrm(infile);
istrm >> q0 >> s0 >> s2 >> s4 >> s5 >> s6 >> s7 >> s10 >> s12 >> s13;
istrm >> hz >> hx >> ht >> nj >> q >> f >> x >> y;
istrm.close(); */
                                               //直接输入原始参数
q0 = 50000; s0 = 136e-6; s2 = 1.5e-2; s4 = 20e-6; s5 = 0.5e-2; s6 = 0.5e-2; s7 = 3e-2; s10 = 3e-2;
s12 = 0.2e-2; s13 = 20e-2;
hz = 0.8; hx = 0.8; ht = 0.9; nj = 0.01; q = 0.4; f = 0.3; x = 0.7; y = 0.5;
ab a1(q0,s0,s2,s4,s5,s6,s7,s10,s12,s13,hz,hx,ht,nj,q,f,x,y);
int ok = 0,i;
while(fabs(a1.geteps()) > 0.01)                //通过闭合差的绝对值确定
      {ok++;
       a1.putQ15();
       a1.diedai();}
                                               //以文件格式输出计算结果
/* cout << "请输入一个保存计算结果的文件名(含扩展名,并且长度不要超过18个字节)" << endl;
cin >> outfile;
ofstream ostrm(outfile);
```

```
ostrm < < " - - - - - - - - - - - - - - - - - - - - - - - - - - - - - - - - - - - - - - - - - - - -
- - - - - - - - - - - - - - - " < < endl;
ostrm < < "Q = " < < q0 < < "m^3/d" < < setw(12) < < "SS = " < < s0 * 1e6 < < "mg/L" < < setw(12) < < "
DS = "
 < < q0 * s0 < < "t/d" < < endl;
ostrm < < "hz = " < < hz < < setw(18) < < "nj = " < < nj < < setw(15) < < "ht = " < < ht < < endl;
ostrm < < "q = " < < q < < setw(18) < < "f = " < < f < < setw(17) < < "hx = " < < hx < < endl;
ostrm < < "x = " < < x < < setw(18) < < "y = " < < y < < endl;
ostrm < < " - - - - - - - - - - - - - - - - - - - - - - - - - - - - - - - - - - - - - - - - - - - -
- - - - - - - - - - - - - - - " < < endl;
ostrm < < "No.    Q:m^3/d   SS:mg/L   SS(%)    DS:t/d" < < endl;
for(i = 0;i < 16;i + + )
   ostrm < < i < < setw(13) < < a1. getQ(i) < < setw(13) < < a1. getS(i) * 1e6 < < setw(13)
 < < a1. getS(i) * 1e2 < < "%" < < setw(13) < < a1. getD(i) < < endl;
ostrm < < " - - - - - - - - - - - - - - - - - - - - - - - - - - - - - - - - - - - - - - - - - - - -
- - - - - - - - - - - - - - - - - " < < endl;
ostrm < < "Q(in) = " < < q0 + a1. getQ(12) < < "m^3/d" < < setw(20) < < "DS(in) = "
 < < q0 * s0 + a1. getD(12) < < "t/d" < < endl;
ostrm < < "Q(out) = " < < a1. getQ(4) + a1. getQ(13) < < "m^3/d" < < setw(20) < < "DS(out) = "
 < < a1. getD(4) + a1. getD(9) + a1. getD(13) < < "t/d" < < endl;
ostrm < < " - - - - - - - - - - - - - - - - - - - - - - - - - - - - - - - - - - - - - - - - - - - -
- - - - - - - - - - - - - - - - - " < < endl;
ostrm. close( ); */
                                        //直接输出计算结果
cout < < " - - - - - - - - - - - - - - - - - - - - - - - - - - - - - - - - - - - - - - - - - - - - -
- - - - - - - - - - - - - - - " < < endl;
cout < < "Q = " < < q0 < < "m^3/d" < < setw(12) < < "SS = " < < s0 * 1e6 < < "mg/L" < < setw(12) < < "
DS = "
 < < q0 * s0 < < "t/d" < < endl;
cout < < "hz = " < < hz < < setw(18) < < "nj = " < < nj < < setw(15) < < "ht = " < < ht < < endl;
cout < < "q = " < < q < < setw(18) < < "f = " < < f < < setw(15) < < "hx = " < < hx < < endl;
cout < < "x = " < < x < < setw(18) < < "y = " < < y < < endl;
cout < < " - - - - - - - - - - - - - - - - - - - - - - - - - - - - - - - - - - - - - - - - - - - - -
- - - - - - - - - - - - - - - " < < endl;
cout < < "No.    Q:m^3/d   SS:mg/L   SS(%)    DS:t/d" < < endl;
for(i = 0;i < 16;i + + )
   cout < < i < < setw(13) < < a1. getQ(i) < < setw(13) < < a1. getS(i) * 1e6 < < setw(13)
 < < a1. getS(i) * 1e2 < < "%" < < setw(13) < < a1. getD(i) < < endl;
cout < < " - - - - - - - - - - - - - - - - - - - - - - - - - - - - - - - - - - - - - - - - - - - - -
- - - - - - - - - - - - - - - - - " < < endl;
cout < < "Q(in) = " < < q0 + a1. getQ(12) < < "m^3/d" < < setw(20) < < "DS(in) = "
 < < q0 * s0 + a1. getD(12) < < "t/d" < < endl;
```

```
cout < < "Q(out) = " < < a1.getQ(4) + a1.getQ(13) < < "m^3/d" < < setw(20) < < "DS(out) = "
 < < a1.getD(4) + a1.getD(9) + a1.getD(13) < < "t/d" < < endl;
cout < < " - - - - - - - - - - - - - - - - - - - - - - - - - - - - - - - - - - - - - - - - - -
- - - - - - - - - - - - - - - " < < endl;
}
```

原始数据文件内容为：

50000 136 20 0.2 0.01	分别对应 Q0 S0 S[4] S[14] nj
1.5 0.5 0.5	分别对应 S[2] S[5] S[6]
3 3 20	分别对应 S[7] S[12] S[15]
0.4 0.3 0.8 0.8 0.7 0.5 0.9	分别对应 q f hz hx x y ht

输出迭代计算结果文件内容为：

```
- - - - - - - - - - - - - - - - - - - - - - - - - - - - - - - - - -
Q = 50000m^3/d          SS = 136mg/L          DS = 6.8t/d
hz = 0.8                nj = 0.01             ht = 0.9
q = 0.4                 f = 0.3               hx = 0.8
x = 0.7                 y = 0.5
- - - - - - - - - - - - - - - - - - - - - - - - - - - - - - - - - - -
```

No.	Q:m^3/d	SS:mg/L	SS:%	DS:t/d
0	51245	192.579	0.0192579	9.86869
1	50979.8	115.547	0.0115547	5.89057
2	265.207	15000	1.5	3.97811
3	66273.7	1242.73	0.124273	82.3602
4	50001.7	20	0.002	1.00003
5	15293.9	5000	0.5	76.4697
6	978.108	5000	0.5	4.89054
7	236.497	30000	3	7.09492
8	1006.82	1761.72	0.176172	1.77373
9	0	0	0	2.48322
10	122.979	30000	3	3.68936
11	113.519	8125	0.8125	0.922339
12	18.4468	2000	0.2	0.0368936

```
13        16.7681        200000        20            3.35363
14        124.657        2989.2        0.29892       0.372625
15        1244.99        2464.84       0.246484      3.06869
- - - - - - - - - - - - - - - - - - - - - - - - - - - - - - - - -
Q(in) =50018.4m^3/d              DS(in) =6.83689t/d
Q(out) =50018.4m^3/d             DS(out) =6.83688t/d
- - - - - - - - - - - - - - - - - - - - - - - - - - - - - - - - -
```

计算结果如图 8-8 所示。

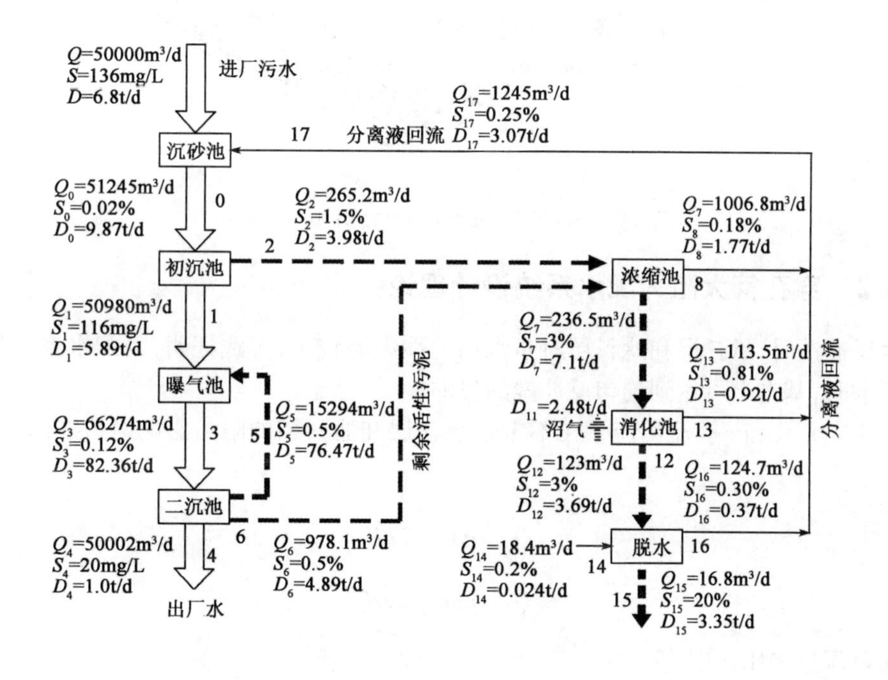

图 8-8 污水厂计算结果图

8.3 滤池大阻力配水系统设计计算

8.3.1 穿孔管大阻力配水系统概述

快滤池的配水系统常选用“穿孔管大阻力配水系统”，如图 8-9 所示。滤池中间是一根干管或干渠，两侧接出相互平行的支管。支管下方开两排小孔，与中心线呈 45°交错排列。反冲洗时，水从干管起端进入，流经各支管，再由支管的孔口流出，最后经承托层和滤料层流入排水槽。

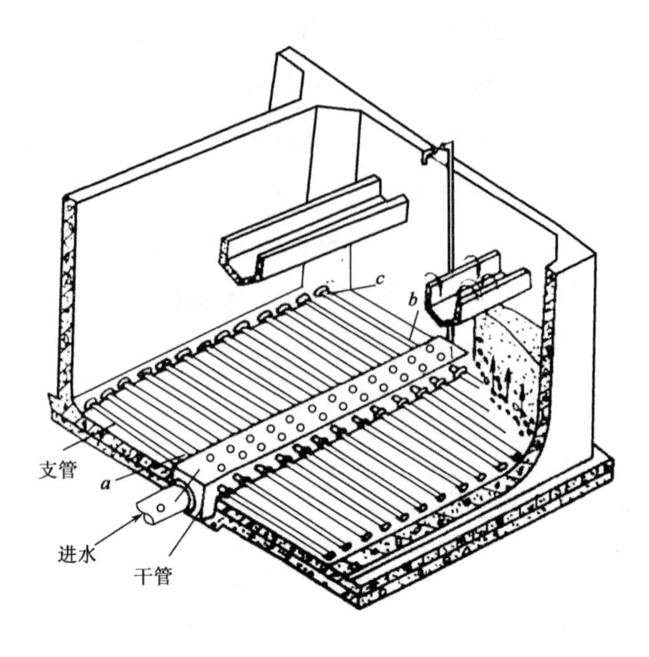

图 8-9 穿孔管大阻力配水系统

8.3.2 穿孔管大阻力配水系统设计理论

滤池反冲洗时,承托层和滤料层对布水均匀性影响较小,实践证明,当配水系统配水均匀性符合要求时,基本上可达到均匀反冲洗的目的。

图 8-9 中 a 孔和 c 孔流出流量在不考虑承托层和滤料层的阻力影响时,按孔口出流公式计算:

$$Q_a = \mu\omega\sqrt{2gH_a} \tag{8-2}$$

$$Q_c = \mu\omega\sqrt{2gH_c} \tag{8-3}$$

两孔口流量之比:

$$\frac{Q_a}{Q_c} = \frac{\sqrt{H_a}}{\sqrt{H_c}} \tag{8-4}$$

式中 Q_a、Q_c——a 孔和 c 孔的出流量;

H_a、H_c——a 孔和 c 孔的压力水头;

μ——孔口流量系数;

ω——孔口面积;

g——重力加速度。

式(8-4)可写成:

$$\frac{Q_a}{Q_c} = \frac{\sqrt{H_a}}{\sqrt{H_a + \frac{1}{2g}(v_0^2 + v_a^2)}}$$

式中：v_0——干管起端流速；

v_a——支管起端流速。

由上式可知，H_a越大，亦即孔口水头损失越大，Q_a/Q_c越接近于1，配水越均匀，这就是“大阻力”含义的体现。

设配水均匀性要求在95%以上，即令 $Q_a/Q_c \geqslant 0.95$，则：

$$\frac{\sqrt{H_a}}{\sqrt{H_a + \frac{1}{2g}(v_0^2 + v_a^2)}} \geqslant 0.95 \tag{8-5}$$

经整理得：

$$H_a \geqslant 9\,\frac{v_0^2 + v_a^2}{2g} \tag{8-6}$$

为简化计算，设 H_a以孔口平均水头计，则当冲洗强度已定时，H_a为：

$$H_a = \left(\frac{qF \times 10^{-3}}{\mu f}\right)^2 \frac{1}{2g} \tag{8-7}$$

式中：q——冲洗强度，L/(s · m^2)；

F——滤池面积，m^2；

f——孔口流量系数。

干管和支管起端流速分别为：

$$v_0 = \frac{qF \times 10^{-3}}{\omega_0} \tag{8-8}$$

$$v_a = \frac{qF \times 10^{-3}}{n\omega_a} \tag{8-9}$$

式中：ω_0——干管截面面积，m^2；

ω_a——支管截面面积，m^2；

n——支管根数。

$$\frac{1}{2g}\left(\frac{qF \times 10^{-3}}{\mu f}\right)^2 \geqslant 9 \times \frac{1}{2g}\left[\left(\frac{qF \times 10^{-3}}{\omega_0}\right)^2 + \left(\frac{qF \times 10^{-3}}{n\omega_a}\right)^2\right] \tag{8-10}$$

令 $\mu = 0.62$ 并整理得：

$$\left(\frac{f}{\omega_0}\right)^2 + \left(\frac{f}{n\omega_a}\right)^2 \leqslant 0.29 \tag{8-11}$$

上式为计算大阻力配水系统构造尺寸的依据。可以看出，配水均匀性只与配水系统构造尺寸有关，而与冲洗强度和滤池面积无关。

8.3.3 穿孔管大阻力配水系统设计要求

①干管起端流速取1.0~1.5m/s,支管起端流速取1.5~2.0m/s,孔口流速取5~6m/s。

②对于普通快滤池,开孔比α取0.2%~0.25%。开孔比是指孔口总面积与滤池面积之比,其值按下式计算:

$$\alpha = \frac{f}{F}\times 100\% = \frac{\frac{Q}{v}}{\frac{Q}{q}}\times\frac{1}{1000}\times 100\% = \frac{q}{1000v}\times 100\% \tag{8-12}$$

式中:α——配水系统开孔比,%;

Q——冲洗流量,m^3/s;

q——滤池的反冲洗强度,$L/(s\cdot m^2)$;

v——孔口流速,m/s。

③支管中心间距为0.2~0.3m,支管长度与直径之比一般不大于60。

④孔口直径取9~12mm。当干管直径大于300mm时,干管顶部也应开孔布水,并在孔口上方设挡板。

8.3.4 穿孔管大阻力配水系统设计算例

【例8-2】 以《给水工程(第四版)》(中国建筑工业出版社,1999)第339页例题为例。设计如图8-9所示滤池,平面尺寸为$7.5m\times 7.0m = 52.5m^2$。试设计大阻力配水系统。

解 计算步骤如下:

①选取适当的冲洗强度$q = 14\ L/(s\cdot m^2)$,则冲洗流量$Q = 14\times 52.5 = 735(L/s) = 0.735(m^3/s)$。

②计算干管(干渠)尺寸(本设计为干渠)。选取干渠起端流速$v_1 = 1m/s$,得计算干渠的边长为0.8573m,取整得设计边长为0.85m,反算干渠起端流速$v_1 = 1.017m/s$,符合设计要求。

③计算支管尺寸。选取支管中心距$L = 0.25m$,计算支管数$n = 60$,计算每个支管流量$Q_2 = 0.01225\ m^3/s$。选取支管起端流速$v_2 = 2.5m/s$,计算支管管径为0.079m,取整得支管设计管径为80mm,支管横截面积为$0.005024m^2$。

④计算孔口尺寸。选取孔口流速$v_3 = 5.6m/s$,计算孔口总面积$s = 0.13125m^2$,得开孔比$\alpha = 0.25\%$,符合设计要求。选取孔口直径$D_3 = 9mm$,则单孔面积$s_3 = 0.0000636m^2$,计算孔口数$m = 2064.17$,取整得设计孔口数为2064。因干渠横截面积较大,故在干渠顶开两排孔,每排40个孔,孔口中心距$e_1 = 0.187m$。每根支管计算孔口数$m_1 = 33.067$,取偶得每根支管开孔数为34,分两排布置,孔口向下与中垂线呈45°夹角交错排列,每排17个孔,孔口中心距$e_2 = 0.17m$。

⑤配水系统校核。实际孔口数$M = 34\times 60 + 80 = 2120$(个),实际孔口面积$F_3 = 2120\times 0.0000636 = 0.1348(m^2)$,实际孔口流速$V_3 = 0.735/0.1348 = 5.45(m/s)$,$\left(\frac{f}{\omega_0}\right)^2 + \left(\frac{f}{n\omega_a}\right)^2 = 0.24 < 0.29$,符合配水均匀性达到95%以上的设计要求。

计算结果见图8-10。

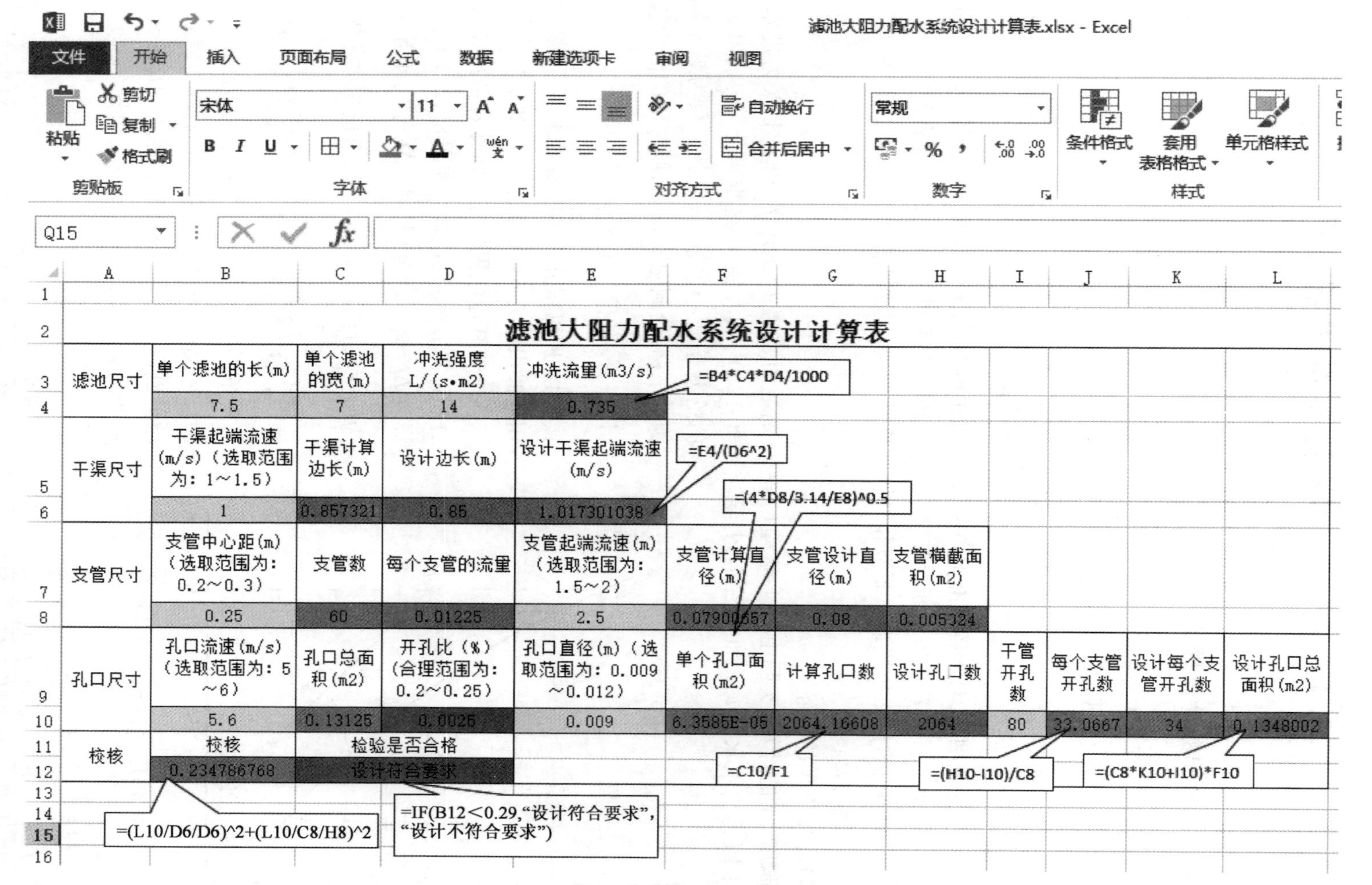

图8-10 滤池大阻力配水系统设计计算表

8.4 逆流冷却塔冷却数求解计算

8.4.1 冷却数计算理论

(1)冷却数计算基本方程

冷却数用 N 表示,其计算公式为:

$$N = \frac{C_w}{K}\int_{t_1}^{t_2}\frac{dt}{i'' - i} \tag{8-13}$$

N 是一个无量纲数,对于各种淋水填料,在气水比相同时,N 值越大,则要求散发的热量越大。上式中的焓差($i'' - i$)是指水面饱和空气层的含热量与其外界空气的含热量之差(即 Δi)。Δi 越小,说明空气含热量越接近水面饱和气层含热量,则水的散热越困难。因此,Δi 可视为冷却塔冷却的推动力。

(2)冷却数 N 的求解

冷却数 N 的计算,实际上是求焓差($i'' - i$)倒数对水温 t 的积分,积分上限为进水水温 t_1,下限为出水水温 t_2。如按图 8-11 绘出图 8-12a),从 t_1 到 t_2 选取若干点,量出各点的焓差值 $i'' - i$。然后,以其倒数为纵坐标,t 为横坐标,绘制图 8-12b),则包围的面积就是 $\int_{t_1}^{t_2}\frac{dt}{i'' - i}$ 的值。由于空气焓不是水温 t 的直接函数,所以积分式不能直接求得,一般只能用近似积分法求解。方法说明如下。

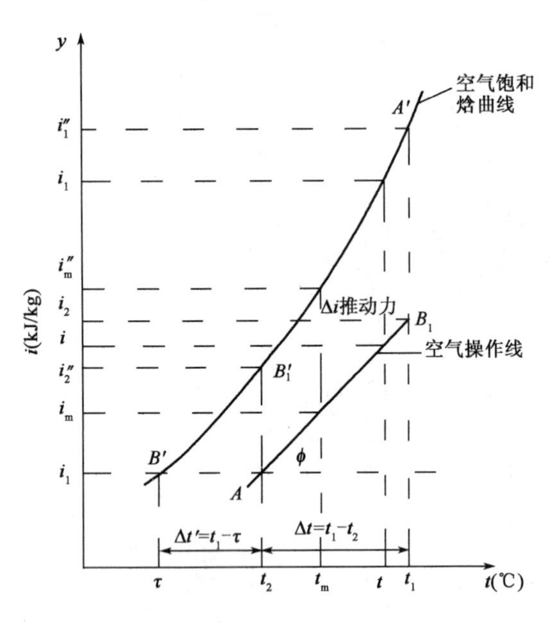

图 8-11　气、水热交换基本图式

辛普森近似积分法。将冷却数的积分式分项计算,求得近似解。在图 8-12a)中,在水温差 $\Delta t = t_1 - t_2$ 范围内将 Δt 分成 n 等份(n 为偶数),每等份为 $dt = \frac{\Delta t}{n}$,求出相应水温 t_2,$t_2 + \frac{\Delta t}{n}$,$t_2 + 2\frac{\Delta t}{n}$,…,$t_2 + (n-1)\frac{\Delta t}{n}$ 和 $t_2 + n\frac{\Delta t}{n} = t_1$ 时的焓差($i'' - i$),其值分别为 Δi_0,Δi_1,Δi_2,…,Δi_{n-1} 和 Δi_n。将各点的温度及相应的焓差倒数点绘在图 8-12b)上,得 AB 曲线,此曲线为抛物线,求 ABt_1t_2 的面积积分,即为其近似解。得:

$$N = \frac{C_w}{K}\int_{t_2}^{t_1}\frac{dt}{i'' - i} = \frac{C_w dt}{3K}\left(\frac{1}{\Delta i_0} + \frac{4}{\Delta i_1} + \frac{2}{\Delta i_2} + \frac{4}{\Delta i_3} + \frac{2}{\Delta i_4} + \cdots + \frac{2}{\Delta i_{n-2}} + \frac{4}{\Delta i_{n-1}} + \frac{1}{\Delta i_n}\right) \tag{8-14}$$

计算时,应从淋水填料底开始,先计算底层的 i 值,再计算以上各层的 i 值。

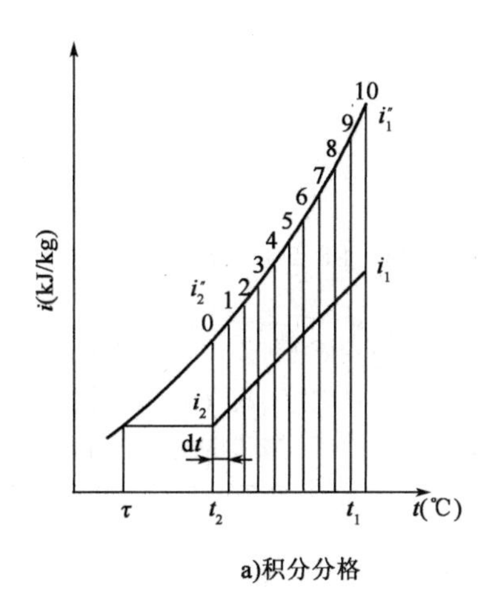

a)积分分格

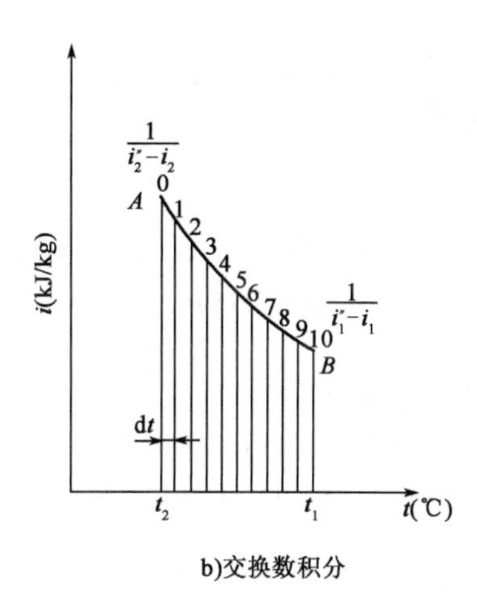

b)交换数积分

图 8-12 求解方法

8.4.2 电算逆流冷却塔冷却数

【例 8-3】 已知逆流式冷却塔的顶端进口水温 $t_1 = 40.25$℃,底端出口水温 $t_2 = 32$℃。当地气象参数为空气相对湿度 $\varphi = 80\%$,大气压强 $P = 99.3$kPa,水的比热容 $c_w = 4.1868$kJ/(kg·℃),考虑蒸发水量传热的流量系数 $K = 0.945$,气水流量比 $\lambda = 0.9$。试计算该冷却塔所需的冷却数。

解 采用辛普森近似积分法,分段数取 8。C++ 语言计算程序如下:

```
#include <iostream>
#include <cmath>
#include <iomanip>
#include <fstream>
using namespace std;
class Sps                                        //采用辛普森近似累加法计算冷却塔冷却数
{public:
        Sps(double t1,double t2,double k,double p,double cw,double lmd,double fi,int m);
        double leijia();
        ~Sps(){};
private:
    double N,T1,T2,K,P,Cw,Lmd,Fi;
    int M;
};
Sps::Sps(double t1,double t2,double k,double p,double cw, double lmd,double fi,int m)
                                                 //构造函数定义,将已知变量定义给变量
{T1 = t1;T2 = t2;K = k;P = p;Cw = cw;Lmd = lmd;Fi = fi;
M = m;N = 0;
}
double Sps::leijia()
```

```
{int j;
double dt,t,pq,i,ii,di,n1,k1;
dt=(T1-T2)/M;
t=T2;n1=0;

pq=0.0141966-3.142305*(1000/(t+273.15)-1000/373.15)+8.2*log10(373.15/(t+273.15))-
0.0024804*(373.16-t-273.15);
                                                    //按纪利公式计算饱和蒸汽压力的对数
  pq=98.0665*pow(10,pq);                            //将饱和蒸汽压单位转化为kPa
  ii=1.005*t+0.622*(2500.8+1.842*t)*pq/(P-pq);      //计算饱和空气的焓值
  i=1.005*t+(1555+1.14*t)*Fi*pq/(P-Fi*pq);          //计算空气从底部进塔时的空气焓值
  di=ii-i;
  n1=1/di;
  for(j=1;j<=M;j++)
{k1=1-t/(586-0.56*(t-20));                          //系数K的计算

  t+=dt;
pq=0.0141966-3.142305*(1000/(t+273.15)-1000/373.15)+8.2*log10(373.15/(t+273.15))-
0.0024804*(373.16-t-273.15);
  pq=98.0665*pow(10,pq);
  ii=1.005*t+0.622*(2500.8+1.842*t)*pq/(P-pq);
  i+=Cw*dt/k1/Lmd;                                  //计算各分段处的空气焓值
  di=ii-i;
  if(j%2!=0)
      n1+=4/di;
  else n1+=2/di;
  }
  n1-=1/di;
N=Cw*dt*n1/3/K;                                     //累加计算冷却塔所需的冷却数
return N;
}
void main()
{double t1, t2, p,k, cw, lmd, fi;                   //变量表示的意思分别为顶部水温,底部
水温,考虑蒸发水量传热的流量系数,大气压强,水的比热,气水流量比,相对湿度
int  m;                                             //变量表示的意思为采用辛普森积分法
的分段数
char infile[20];
cout<<"请输入原始数据文件名(含扩展名)"<<endl;
                                                    //采用文件格式输入已知参数
cin>>infile;
ifstream istrm(infile);
istrm>>m>>t1>>t2>>p>>k>>cw>>lmd>>fi;
```

```
istrm.close();
//t1 =43;t2 =33;k =0.942977606;p =97.7;
//cw =4.2;lmd =1;fi =0.798088;m =8;
Sps l( t1, t2, k, p, cw, lmd, fi, m);
cout < <"冷却塔计算的所需冷却数为:" < <l.leijia() < <endl;
}
```

已知的各个参数存储在一个文本文档里，上述程序调用该文件，即可输出冷却数的计算结果。

存储已知参数的文档内容为：

8　40.25　32　99.3　0.945　4.1868　0.9　0.8

计算结果为：

冷却塔计算所需的冷却数为1.61647。

【思考题与习题】

1. 依雷诺数 $Re=\frac{ud}{v}$ 的不同，悬浮颗粒在静水中的自由沉淀速度 u 有三个公式：层流区 $Re<1$，为斯托克斯公式 $u=\frac{1}{18}\frac{\rho_P-\rho_1}{\mu}gd^2$；过渡区 $1<Re<1000$，为阿兰公式 $u=\left[\left(\frac{4}{225}\right)\frac{(\rho_P-\rho_1)^2g^2}{\mu\rho_1}\right]^{\frac{1}{3}}d$；紊流区 $1000<Re<25000$，为牛顿公式 $u=1.83\sqrt{\frac{\rho_P-\rho_1}{\rho_1}gd}$，编写计算悬浮颗粒在静水中的自由沉速 u 的程序。

2. 某200g天然海砂砂样的筛分结果如表8-3所示，根据设计要求：$d_{10}=0.54\text{mm}$，$K_{80}=2.0$，求筛选滤料时，共需筛除百分之几天然砂粒。

筛分实验记录　　表8-3

筛孔(mm)	留在筛孔上的砂量	
	质量(g)	百分比(%)
2.36	0.8	
1.65	18.4	
1.00	40.6	
0.59	85.0	
0.25	43.4	
0.21	9.2	
筛底盘	2.6	
合计	200.0	

3. 某给水处理厂采用V型滤池过滤,现需设计滤池的大阻力配水系统,已知滤池的平面尺寸为 $8.5 \times 9 = 76.5(m^2)$。试设计该大阻力配水系统[注:冲洗强度采用 $14L/(s \cdot m^2)$]。

4. 已知逆流式冷却塔的顶端进口水温 $t_1 = 41℃$,底端出口水温 $t_2 = 33.5℃$。当地气象参数为空气相对湿度 $\varphi = 85\%$,大气压强 $P = 101.15kPa$,水的比热容 $c_w = 4.2kJ/(kg \cdot ℃)$,考虑蒸发水量传热的流量系数 $K = 0.9$,气水流量比 $\lambda = 0.85$。试计算该冷却塔所需的冷却数。

第9章　停泵水锤防护计算程序设计

9.1　简单管路暂态流动算例

根据水锤有限差分方程和边界条件方程，即可进行管路暂态过程的数值计算。按小步段逐步地在数值上求解暂态流动参数，计算的步骤如下：

①首先求出在整个运算过程中反复使用的固定常数，如已知管径的过水断面面积。波长和摩阻系数的计算常数 B 和 R 等。

②计算暂态起始瞬刻各节点上的初始参数 Q_i 和 H_i，通常是暂态发生前的恒定流动参数。

③进行第一个 Δt 时段的计算：反复使用两个相容性方程的联立，求解时段结束时各内节点上的 Q_{Pi} 和 H_{Pi}。

④利用上、下游边界条件方程和邻接边界的相容性方程，求解时段结束时边界节点上的 Q_{P1}、H_{P1}、Q_{PNS}、H_{PNS}。

⑤将计算所得的时段结束时的 Q_{Pi} 和 H_{Pi}（$i=1$ 至 NS，必要时通过输出到文件或打印保留下来），全都看作是下一个计算时段的初始参数 Q_i 和 H_i，重复以上步骤③和④。

⑥时段依次向后推移，一直计算到问题所给定的时间为止，这样就计算出暂态的全部过程。

编制计算机源程序也依据以上的次序：常数计算──→初始条件计算──→内节点计算──→边界节点计算──→给出下一时段的初始条件──→进行下一时段内节点和边界节点的计算。

【例9-1】　已知：管路长 $L=600\text{m}$，管径 $D=0.5\text{m}$，摩阻系数 $f=0.018$，波速 $a=1200\text{m/s}$，管路下游出口端基准高程作为0，上游水池恒定水位 $H_0=150\text{m}$，阀门装在管路下游出口端，全开时的过流面积乘以流量系数 $C_0=0.009$，部分开启时的流量系数 $C=C_0\tau$，τ 为阀门的相对开启度，$\tau=\left(1-\dfrac{t}{t_c}\right)^{1.5}$，关阀总历时 $t_c=2.1\text{s}$。求解管内水锤波的暂态。

解　(1)符号和计算常数：拟定源程序中有关参数的符号，令暂态前恒定工况的参数为 Q_0 和 H_0，暂态过程中每一计算时段的初时参数为 Q 和 H，末时参数为 Q_P 和 H_P，阀门开启度 τ 用符号 TU 表示。设定管路段数 $N=4$，阀门端节点序号 $NS=5$，每次计算推进的时段 $\Delta t=\dfrac{L}{N\cdot a}=600/(4\times1200)=0.125(\text{s})$。设定每计算 $J=3$ 个时段，打印成果　次，规定计算总暂态历时 $T_m=8\text{s}$。

常数计算公式为：

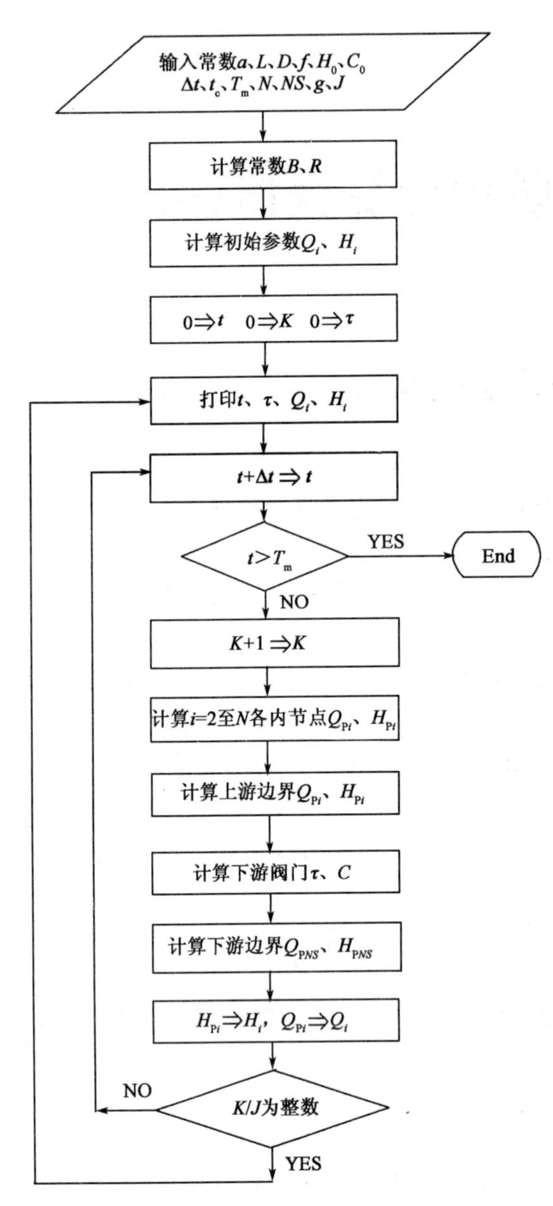

图9-1 简单管路暂态流动计算框图

$$B = \frac{4a}{g\pi D^2}, R = \frac{9fL}{gN\pi^2 D^5}$$

(2)需事先拟定的计算公式如下。暂态开始前的稳态工况(恒定流)水力计算公式为:

$$H_0 = f\frac{L}{D}\frac{Q_0^2}{2g\left(\frac{\pi}{4}D^2\right)^2} + \frac{Q^2}{C_0^2 \times 2g}$$

$$= \left(NR + \frac{1}{2gC_0^2}\right)$$

$$Q_0 = \sqrt{\frac{2gH_0}{2gRN + \frac{1}{C_0^2}}}$$

暂态过程中阀门端的边界参数计算公式为:

$$H_{NS} = C_P - DQ_{NS}$$

$$Q_{NS} = C\sqrt{2gH_{NS}}$$

$$故:Q_{NS}^2 = 2gC^2(C_P - BQ_{NS})$$

$$Q_{NS} = -gBC^2 + \sqrt{g^2B^2C^4 + 2gC_PC^2}$$

暂态过程中内节点参数的计算公式见第1章1.6节,计算框图如图9-1所示。

C++语言计算程序如下:

```
#include < iostream >
#include < cmath >
#include < iomanip >
#include < fstream >
using namespace std;
class Ts
{public:
        Ts(double a,double l,double d,double f,double h0,double c0,int n,int ns,int j,double dt,double tc,
double tm);                              //构造函数
```

```
        void diedai( );                    //迭代计算函数

        int putk( )                        //输出 K 值
        {return K;}

        double putt( )                     //输出 T 值
        {return T;}
        double puttm( )                    //输出 T 值
        {return Tm;}

        int putj( )                        //输出 T 值
        {return J;}

        double puttu( )                    //输出 Tu 值
        {return Tu;}

        double puth(int i)                 //输出节点水压
        {return H[i];}

        double putq(int i)                 //输出节点流量
        {return Q[i];}

          ~Ts( ){};                        //析构函数
private:
        double H[11];                      //储存节点水头
        double Q[11];                      //储存管段流量
        double H0,Q0,C0,Tm,Tc,Dt;
        double B,R;
        double A,L,D,F;                    //分别为波速、管长、管径、摩阻系数
        double T,K,Tu;
        int N,NS,J;                        //N 为管段数,NS 为节点数

};
    Ts::Ts(double a,double l,double d,double f,doubleh0,double c0,int n,int ns,int j,double dt,double tc,
double tm)
    {int i;
    A = a;L = l;D = d;F = f;N = n;NS = ns;J = j;
    C0 = c0;H0 = h0;
    Dt = dt;Tc = tc;Tm = tm;
    T = 0;K = 0;Tu = 1;
    B = 4 * a/(9.807 * 3.14 * d * d);
    R = 8 * F * l/(9.807 * n * 3.14 * 3.14 * pow(d,5));
```

```
    Q0 = sqrt(2 * 9.807 * H0/(2 * 9.807 * R * N + 1/C0/C0));
    for(i = 1;i < = NS;i + + )
        {H[i] = H0 - (i - 1) * R * Q0 * Q0;
        Q[i] = Q0;}

};
void Ts::diedai()
{int i;
 double cp,cm,c;
 double hp[11],qp[11];
        T = T + Dt; K = K + 1;
   for(i = 2;i < = N;i + + )
        { cp = H[i - 1] + Q[i - 1] * (B - R * fabs(Q[i - 1]));
          cm = H[i + 1] - Q[i + 1] * (B - R * fabs(Q[i + 1]));
          hp[i] = .5 * (cp + cm);
          qp[i] = (hp[i] - cm)/B;
        }
   hp[1] = H0; qp[1] = Q[2] + (hp[1] - H[2] - R * Q[2] * fabs(Q[2]))/B;
   if(T > Tc)
   {Tu = 0;   c = 0;}
    else
    Tu = pow(1 - T/Tc,1.5); c = Tu * C0;
   cp = H[N] + Q[N] * (B - R * fabs(Q[N]));
   qp[Ns] = - c * c * 9.807 * B + c * sqrt(c * c * 9.807 * 9.807 * B * B + 2 * 9.807 * cp);
   hp[Ns] = cp - B * qp[Ns];
   for(i = 1;i < = Ns;i + + )
   { H[i] = hp[i];
     Q[i] = qp[i];
   }
};
void main()
{
 int n = 4,ns = 5,j = 3;
 double a = 1200,l = 600,d = 0.5,f = 0.018,h0 = 150,c0 = 0.009;
 double dt = 0.125,tc = 2.1,tm = 8;
 //char infile[20],outfile[20];
 int n,ns,j;
 double a,l,d,f,h0,c0,dt,tc,tm;
 cout < < "请输入原始数据文件名(含扩展名)" < < endl;  //采用文件输入原始数据
 cin > > infile;
 ifstream istrm(infile);
 istrm > > n > > ns > > j;
```

```
    istrm > > a > > l > > d > > f > > h0 > > c0 > > dt > > tc > > tm;
    istrm. close( ); */

    Ts st( a, l, d, f, h0, c0, n, ns, j, dt, tc, tm);

   cout < < "T   TU   X/L =   0.00   0.50   1.00" < < endl;
   do{
       if( ( st. putk( )% st. putj( ) ) = =0)
         { cout < < " - - - - - - - - - - - - - - - - - - - - - - - - - - - - - - - - - -
- - - - - - - - - - - - - - - - - - - - " < < endl;

cout < < fixed < < setprecision(4) < < st. putt( ) < < setw(8) < < setprecision(4) < < st. puttu( ) < < setw(8)
< < "H:   " < < setprecision(4) < < st. puth(1) < < setw(12) < < setprecision(4) < < st. puth(3) < < setw
(12) < < setprecision(4) < < st. puth(5) < < endl;
           cout < < setw(22) < < "Q:   " < < setprecision(4) < < st. putq(1) < < setw(12) < < setprecision
(4) < < st. putq(3) < < setw(12) < < setprecision(4) < < st. putq(5) < < endl;
           st. diedai( );
         }
       else
           st. diedai( );
     }
   while( st. putt( ) < st. puttm( ) );

    /* cout < < "请输入保存计算结果的文件(含扩展名,长度小于 18 个字节)" < < endl;
    cin > > outfile;
    ofstream ostrm( outfile);
    ostrm < < "T   TU   X/L =   0.00   0.50   1.00" < < endl;
    do{
         if( ( st. putk( )% st. putj( ) ) = =0)
            { ostrm < < " - - - - - - - - - - - - - - - - - - - - - - - - - - - - - - - - -
- - - - - - - - - - - - - - - - - - - - - - - " < < endl;
ostrm < < fixed < < setprecision(4) < < st. putt( ) < < setw(8) < < setprecision(4) < < st. puttu( ) < < setw(8)
< < "H:   " < < setprecision(4) < < st. puth(1) < < setw(12) < < setprecision(4) < < st. puth(3) < < setw
(12) < < setprecision(4) < < st. puth(5) < < endl;
  ostrm < < setw(22) < < "Q:   " < < setprecision(4) < < st. putq(1) < < setw(12) < < setprecision(4) < <
st. putq(3) < < setw(12) < < setprecision(4) < < st. putq(5) < < endl;
              st. diedai( );
           }
         else
              st. diedai( );
       }
   while( st. putt( ) < st. puttm( ) ); */
}
```

原始数据为：

```
4   5   3                                       分别表示:n、ns、j;
1200   600   0.5   0.018   150   0.009          分别表示:a、l、d、f、h0、c0;
0.125   2.1 8                                   分别表示:dt、tc、tm;
```

输出结果为：

```
T         TU        X/L=0.00        0.50        1.00
--------------------------------------------------------
0.000     1.000     H:    150.0     146.7       143.5
                    Q:    0.477     0.477       0.477
--------------------------------------------------------
0.375     0.744     H:    150.0     160.2       187.8
                    Q:    0.477     0.456       0.407
--------------------------------------------------------
0.750     0.515     H:    150.0     207.5       242.6
                    Q:    0.388     0.380       0.320
--------------------------------------------------------
1.125     0.316     H:    150.0     222.1       284.7
                    Q:    0.228     0.221       0.213
--------------------------------------------------------
1.500     0.153     H:    150.0     214.6       264.8
                    Q:    0.038     0.064       0.099
--------------------------------------------------------
1.875     0.035     H:    150.0     177.2       202.4
                    Q:   -0.067    -0.048       0.020
--------------------------------------------------------
2.250     0.000     H:    150.0     132.0       125.2
                    Q:   -0.085    -0.056       0.000
--------------------------------------------------------
2.625     0.000     H:    150.0     109.1       93.0
                    Q:    0.004     0.002       0.000
--------------------------------------------------------
3.000     0.000     H:    150.0     135.9       133.2
                    Q:    0.085     0.062       0.000
--------------------------------------------------------
3.375     0.000     H:    150.0     179.7       191.8
                    Q:    0.064     0.043       0.000
--------------------------------------------------------
3.750     0.000     H:    150.0     184.8       202.8
                    Q:   -0.040    -0.029       0.000
```

```
------------------------------------------------
4.125    0.000    H:   150.0    149.1    147.4
                  Q:   -0.091   -0.065   0.000
------------------------------------------------
4.500    0.000    H:   150.0    111.4    97.4
                  Q:   -0.027   -0.022   0.000
------------------------------------------------
4.875    0.000    H:   150.0    123.0    110.3
                  Q:   0.067    0.048    0.000
------------------------------------------------
5.250    0.000    H:   150.0    167.9    174.6
                  Q:   0.084    0.056    0.000
------------------------------------------------
5.625    0.000    H:   150.0    190.6    206.4
                  Q:   -0.004   -0.002   0.000
------------------------------------------------
6.000    0.000    H:   150.0    164.0    166.7
                  Q:   -0.084   -0.062   0.000
------------------------------------------------
6.375    0.000    H:   150.0    120.6    108.6
                  Q:   -0.063   -0.043   0.000
------------------------------------------------
6.750    0.000    H:   150.0    115.5    97.7
                  Q:   0.039    0.029    0.000
------------------------------------------------
7.125    0.000    H:   150.0    150.9    152.6
                  Q:   0.090    0.065    0.000
------------------------------------------------
7.500    0.000    H:   150.0    188.3    202.1
                  Q:   0.027    0.022    0.000
------------------------------------------------
7.875    0.000    H:   150.0    176.7    189.4
                  Q:   -0.066   -0.047   0.000
```

9.2 无阀管路停泵水锤算例

1)问题的提出

如图9-2所示,某取水泵站有3台同型号的离心水泵并联工作,泵的额定参数为 $N_n =$

1760r/min, $Q_n=0.304\ m^3/s$, $H_n=67.1m$, $\eta_n=0.846$,飞轮矩 $GD^2=635.5N\cdot m^2$。泵体紧靠吸水池安装,吸水管长度在计算中可忽略不计。压水管的长度 $L=1200m$,吸水池水面高程$\nabla_s=0$,高位水池水面高程$\nabla=67.1m$,泵轮安装高程$\nabla_1=0$,3 台泵共用一条压水管路,直径 $D=0.813m$,管内波速 $a=860m/s$。设摩擦阻力和局部阻力忽略不计,停泵过程中无阀门动作,试计算 3 台泵同时断电后的暂态。

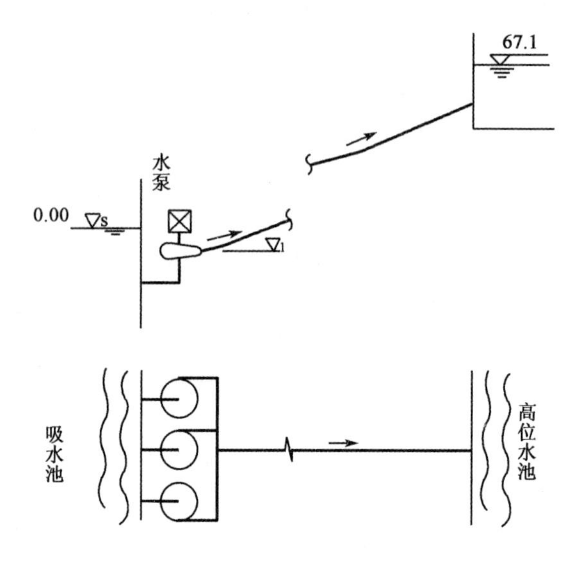

图 9-2 无阀管路

泵的比转速为 $N_s=3.65N_0\sqrt{Q_n}/H_n^{0.75}=151$,近似采用 $N_s=128$ 的离心泵的全面性能曲线(但已经改造为无因次参数的离散数据形式)进行计算,这虽然与实际 N_s有一定出入,但根据计算经验,N_s值相差不多时所引起的暂态计算误差是很小的。

计算泵的额定转矩:

$$M_n=\frac{\gamma Q_n H_n}{\omega_n\eta_n}=\frac{60\gamma Q_n H_n}{2\pi N_n\eta_n}=130.88\times9.81=1283.9(N\cdot m^2)$$

将压水管划分为 6 个等距的计算步段,每段长 $\Delta L=200m$,相应的计算时段 $\Delta t=\Delta L/a=0.2326s$。设定每运行 $JP=2$ 个时段打印计算成果一次,计算进行到暂态过程完全清楚的 $TM=30s$ 为止。

2)计算框图及源程序

变量说明(参见参考文献[14]第 229、230 页内容):

$GD\longrightarrow GD^2, EL\longrightarrow\nabla, ES\longrightarrow\nabla_S, BT\longrightarrow\beta, BA\longrightarrow\beta_0, BB\longrightarrow\beta_{00}$

$V\longrightarrow v, VA\longrightarrow v_0, VB\longrightarrow v_{00}, DB\longrightarrow\Delta\beta, DV\longrightarrow\Delta v, FA\longrightarrow\frac{\partial F_1}{\partial v}$

$FB\longrightarrow\frac{\partial F_1}{\partial\beta}, FC\longrightarrow\frac{\partial F_2}{\partial v}, FD\longrightarrow\frac{\partial F_2}{\partial\beta}, A\longrightarrow a, AR\longrightarrow\frac{\pi}{4}D^2, M\longrightarrow m_0, F\longrightarrow f$。

计算框图如图 9-3 所示。

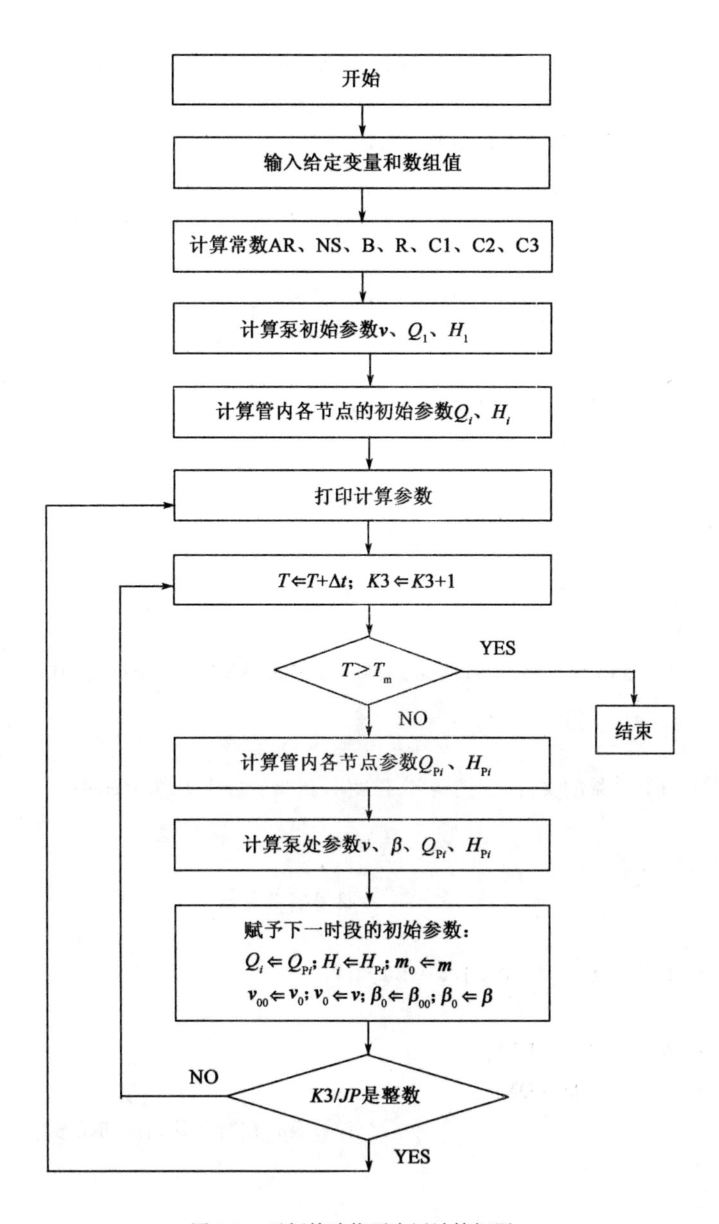

图9-3 无阀管路停泵水锤计算框图

C++语言计算程序如下:

```
#include <iostream>
#include <math.h>
#include <fstream>
#include <iomanip>
#define Pi 3.1415926
#define G  9.807
using namespace std;
int main()
```

```
{float H[8],HP[8],Q[8],QP[8],AR,B,R,C1,C2,C3,X,A0,A1,M,VA,VB,BT,BA,BB,T;
                                                    //定义数组和变量
float CP,CM,F1,DF,Q0,B0,B1,FA,FB,FC,FD,DB,DV,F2;
int NS,I,II,K1,K2,K3,K4,K5;
                                                    //采用文件输入原始数据
double WH[91],WM[91];
float F,D,A,EL,ES,QN,HN,NN,MN, GD,DT,TM,DX,V;
int i,JP,N;
char infile[20],outfile[20];
cout<<"请输入原始数据文件名(含扩展名)"<<endl;
cin>>infile;
ifstream istrm(infile);
for(i=0;i<91;i++)
    istrm>>WH[i];
for(i=0;i<91;i++)
    istrm>>WM[i];
istrm>>F>>D>>A>>EL>>ES>>QN>>HN>>NN>>MN>>GD>>DT>>TM>>DX>>V;
istrm>>JP>>N;
istrm.close();
cout<<"请输入保存计算结果的文件(含扩展名,长度小于18个字节)"<<endl;
cin>>outfile;
ofstream ostrm(outfile);
AR=0.25*Pi*D*D;                                     //计算有关常数
NS=N+1;
B=A/(G*AR); R=F*A*DT/(2*G*D*AR*AR);
HP[NS]=EL;
C3=0.05236*GD*NN/(G*MN*DT);
C1=ES-EL; C2=9*N*R*QN*QN;
X=Pi+atan(V);                                       //计算泵处在暂态开始前初始参数
I=(int)(X/DX+1);
K1=0;
do{
A1=(WH[I+1]-WH[I])/DX;
  A0=WH[I+1]-A1*I*DX;
  for(K2=1;K2<=8;K2++)                              //v 的确定需要通过多次迭代计算
      {F1=C1+HN*(1+V*V)*(A0+A1*X)-C2*V*V;
       DF=HN*(2*V*(A0+A1*X)+A1)-2*C2*V;
       V=V-F1/DF;
       X=Pi+atan(V);}
     II=(int)(X/DX+1);
     if(II==I) break;
     K1=K1+1;
```

```
    if(K1 >6)
        {ostrm < <"TROUBLE WITH STEADY STATE\n" < <endl;
         I =1;exit(0);};
    I =II;
    }while(1);
  B1 =(WM[I+1] -WM[I])/DX;
  B0 =WM[I+1] -B1 * I * DX;
  M =(1 +V * V) * (B0 +B1 * X);
  Q0 =3 * V * QN; VA =1; VB =1;
  BT =1;BA =1;BB =1;
  T =0; K3 =0;
  for(I =1;I< =NS;I+ +)                    //计算压水管中各节点 i =1 至 7 的 Qi 和 Hi 值
      {Q[I] =Q0; H[I] =EL +(NS -I) * R * Q0 * Q0;}
       ostrm< <"TIME   BETA   V   Q[1]   H[1]" < <endl;
                                             //打印反映状态参数的有用数据
  ostrm< <setw(12) < <T< <setw(12) < <BT< <setw(12) < <V< <setw(12) < <Q[1]< <setw
(12) < <H[1] < <endl;
  do{
    T =T +DT;K3 =K3 +1;                      //暂态过程每一计算时段的开始语句
    if(T >TM)
        {I =1;exit(0);}                      //判断计算是否结束
    QP[NS] =Q[N] +(H[N] -EL -R * Q[N] * fabs(Q[N]))/B;
                                             //求压水管终端断面节点参数
                                             //本算例中 HP7 =67.1m,固定不变
    for(I =2;I< =N;I+ +)                     //计算压水管各内节点(i =2 至 6)上的 QPi 和 HPi
        {CP =H[I -1] +Q[I -1] * (B -R * fabs(Q[I -1]));
         HP[I] =0.5 * (CP +H[I +1] -Q[I +1] * (B -R * fabs(Q[I +1])));
         QP[I] =(CP -HP[I])/B;}
    CP =ES;                                  //计算泵处在该计算时段结束瞬刻的 v 和 β
    CM =H[2] -Q[2] * (B -R * fabs(Q[2]));
    BT =2 * BA -BB; V =2 * VA -VB;
    K4 =0;
 do{
    do{
        if(BT <0)
        {if(V < =0)
             {X =atan(V/BT);break;}
        X =2 * Pi +atan(V/BT);               //v > 0,β > 0 时,x = 2π + tan^-1(v/β)

        break;}
```

```
X = Pi + atan(V/BT);                    //v > 0,β > 0 } 时,x = π + tan^-1(v/β)
                                          v < 0,β < 0 }
      break;
}while(1);
I = (int)(X/DX + 1);                    //v ≤ 0,β < 0 时,x = tan^-1(v/β)
A1 = (WH[I + 1] - WH[I])/DX;            //计算常数 A0、A1、B0、B1
A0 = WH[I + 1] - A1 * I * DX;
B1 = (WM[I + 1] - WM[I])/DX;
B0 = WM[I + 1] - B1 * I * DX;
  for(K5 = 1;K5 < = 8;K5 + + )          //反复迭代计算 v 和 β, 直至 |Δv| + |Δβ| < 0.0002
    {F1 = CP - CM - 3 * B * QN * V + HN * (BT * BT + V * V) * (A0 + A1 * X);
     FA = -3 * B * QN + HN * (2 * V * (A0 + A1 * X) + BT * A1);
     FB = HN * (2 * BT * (A0 + A1 * X) - V * A1);
     F2 = (BT * BT + V * V) * (B0 + B1 * X) + M + C3 * (BT - BA);
     FC = 2 * V * (B0 + B1 * X) + BT * B1;
     FD = 2 * BT * (B0 + B1 * X) - V * B1 + C3;
     DB = (F2/FC - F1/FA)/(FB/FA - FD/FC);
     DV = -F1/FA - DB * FB/FA;
     V = V + DV;
     BT = BT + DB;
     do{
          if(BT < 0)
            {if(V < = 0)
                 {X = atan(V/BT);
                  break;};
             X = 2 * Pi + atan(V/BT);
             break;}
            X = Pi + atan(V/BT);
            break;
            }while(1);
     if(fabs(DB) + fabs(DV) < 0.0002) break;}
II = (int)(X/DX + 1);                   //核算 X 的终值是否仍保持在迭代前的区段范围内
  if(II = = I)
       break;                           //保持在原区段内,v 和 β 的终值有效,进入后续计算
  I = II;
  K4 = K4 + 1;
  if(K4 < 5)
       continue;                        //否则按 X 终值所处的新区段,回到语句 A295,重新
迭代计算
  ostrm < < "TROUBLE WITH PUMP" < < endl;break;
```

```
 } while(1);
 QP[1]=3*V*QN;            //根据最终确定的v和β,计算泵出口节点1的参数QP1和HP1
 HP[1]=CM+B*QP[1];
     VB=VA;VA=V;BB=BA;BA=BT;
                          //将已经算出的本时段末的所有参数均定义为下一时段的初始参数值
     M=(BT*BT+V*V)*(B0+B1*X);
     for(I=1;I<=NS;I++)
         {Q[I]=QP[I]; H[I]=HP[I];}
     if((int)(K3%JP==0))

  ostrm<<setw(12)<<T<<setw(12)<<BT<<setw(12)<<V<<setw(12)<<Q[1]<<setw
(12)<<H[1]<<endl;
                          //判断本时段终值是否打印并转入下一时段的计算
  }while(1);
  return 0;
 }
```

输入的原始已知参数为：

0	0.634	0.643	0.646	0.640	0.629	0.613	0.595	0.575	0.552
	0.533	0.516	0.505	0.504	0.510	0.512	0.522	0.539	0.559
	0.580	0.601	0.630	0.662	0.692	0.722	0.753	0.782	0.808
	0.832	0.857	0.879	0.904	0.930	0.959	0.996	1.027	0.060
	1.090	1.124	1.165	1.204	1.238	1.258	1.271	1.282	1.288
	1.281	1.260	1.225	1.172	1.107	1.031	0.942	0.842	0.733
	0.617	0.500	0.368	0.240	0.125	0.011	-0.102	-0.168	-0.255
	-0.342	-0.423	-0.494	-0.556	-0.620	-0.655	-0.670	-0.670	-0.660
	-0.655	-0.640	-0.600	-0.570	-0.520	-0.470	-0.430	-0.360	-0.257
	-0.160	-0.040	0.130	0.295	0.430	0.550	0.620	0.634	0.643

0	-0.684	-0.547	-0.414	-0.292	-0.187	-0.105	-0.053	-0.012	0.042
	0.097	0.156	0.227	0.300	0.371	0.444	0.522	0.596	0.672
	0.738	0.763	0.797	0.837	0.865	0.883	0.886	0.877	0.859
	0.838	0.804	0.758	0.703	0.645	0.583	0.521	0.454	0.408
	0.370	0.343	0.331	0.329	0.338	0.354	0.372	0.405	0.450
	0.486	0.520	0.552	0.579	0.603	0.616	0.617	0.606	0.582
	0.546	0.500	0.432	0.360	0.288	0.214	0.123	0.037	-0.053
	-0.161	-0.248	-0.314	-0.372	-0.580	-0.740	-0.880	-1.000	-1.120
	-1.250	-1.370	-1.490	-1.590	-1.660	-1.690	-1.770	-1.650	-1.590
	-1.520	-1.420	-1.320	-1.230	-1.100	-0.980	-0.820	-0.684	-0.547

0　0.813　860　67.1　0　0.304　67.1　1760　131　64.88　0.2326　30　0.0714
1　2　6

程序运行结果为:

TIME	BETA	V	Q[1]	H[1]
0	1	1.00004	0.912037	67.1
0.4652	0.832715	0.858466	0.782921	45.2892
0.9304	0.7133	0.77041	0.702614	31.7235
1.3956	0.623688	0.711984	0.64933	22.7225
1.8608	0.554012	0.671628	0.612525	16.5053
2.326	0.498425	0.642492	0.585952	12.0165
2.7912	0.453104	0.621156	0.566494	8.72952
3.2564	0.415694	0.36242	0.330527	12.4906
3.7216	0.387834	0.186405	0.170002	12.5056
4.1868	0.369186	0.0645576	0.0588765	11.7358
4.652	0.356558	-0.0210386	-0.0191872	10.9833
5.1172	0.347025	-0.0812492	-0.0740993	10.6849
5.5824	0.338338	-0.124973	-0.113975	10.523
6.0476	0.324259	-0.334262	-0.304847	14.3795
6.5128	0.28979	-0.480812	-0.438501	18.9038
6.978	0.233816	-0.585093	-0.533605	22.3798
7.4432	0.160459	-0.66135	-0.603152	24.5711
7.9084	0.0739619	-0.716669	-0.653602	25.6231
8.3736	-0.0212551	-0.757591	-0.690923	26.2167
8.8388	-0.13595	-0.89057	-0.8122	34.1164
9.304	-0.275892	-0.970773	-0.885345	39.8135
9.76921	-0.42906	-1.01931	-0.929615	44.9247
10.2344	-0.579999	-1.04751	-0.955332	50.1372
10.6996	-0.722008	-1.05674	-0.963744	56.1866
11.1648	-0.851244	-1.0535	-0.960796	62.3952
11.63	-0.972269	-1.07756	-0.982734	71.2762
12.0952	-1.08314	-1.07187	-0.977546	78.8115
12.5604	-1.17632	-1.0446	-0.952675	85.3797
13.0256	-1.25006	-1.00511	-0.916658	90.5957
13.4908	-1.30526	-0.953124	-0.869249	93.9759
13.956	-1.34258	-0.897912	-0.818896	95.7752

14.4212	-1.36614	-0.856772	-0.781376	96.938
14.8864	-1.37737	-0.804485	-0.733691	96.5816
15.3516	-1.37627	-0.746689	-0.680981	94.716
15.8168	-1.36593	-0.692106	-0.631201	91.8249
16.282	-1.34896	-0.640398	-0.584043	88.4022
16.7472	-1.3269	-0.597331	-0.544765	84.732
17.2124	-1.30203	-0.5714	-0.521116	81.226
17.6776	-1.27544	-0.544937	-0.496982	77.6041
18.1428	-1.24772	-0.522402	-0.476431	74.0374
18.608	-1.22018	-0.507956	-0.463256	70.7452
19.0732	-1.19368	-0.498049	-0.45422	67.7279
19.5384	-1.16893	-0.495797	-0.452166	65.1102
20.0036	-1.14744	-0.505512	-0.461027	63.1245
20.4688	-1.12924	-0.513266	-0.468098	61.4751
20.934	-1.11374	-0.522594	-0.476606	60.1331
21.3992	-1.10081	-0.53589	-0.488731	59.1514
21.8644	-1.09042	-0.550041	-0.501637	58.4622
22.3296	-1.08253	-0.567095	-0.51719	58.1057
22.7948	-1.0776	-0.589223	-0.537372	58.179
23.26	-1.07563	-0.606379	-0.553018	58.38
23.7252	-1.07629	-0.621666	-0.566959	58.8041
24.1904	-1.07936	-0.636998	-0.580942	59.472
24.6556	-1.08442	-0.650296	-0.59307	60.2926
25.1208	-1.09113	-0.663293	-0.604923	61.2742
25.586	-1.09959	-0.677227	-0.617631	62.4633
26.0512	-1.10911	-0.685588	-0.625256	63.6173
26.5164	-1.11889	-0.690931	-0.63013	64.7249
26.9816	-1.12865	-0.694934	-0.63378	65.8023
27.4468	-1.138	-0.696546	-0.63525	66.7822
27.912	-1.14668	-0.697343	-0.635976	67.6801
28.3772	-1.15481	-0.698067	-0.636637	68.526
28.8424	-1.16192	-0.694798	-0.633656	69.1638
29.3076	-1.16763	-0.689982	-0.629264	69.6213
29.7728	-1.17199	-0.684939	-0.624664	69.9375

9.3 有防止负压自动进气装置的管路停泵水锤算例

1)问题的提出

输水钢管直径 $D=2.5\text{m}$,管长 $L=980\text{m}$,管路布置如图 9-4 所示,在折点 5 处设置特制大口径进气阀,管段 1-5 长 570m,管段 5-8 长 410m,管路中无其他阀门在暂态过程中动作。输水管由两台 52B-11 型离心泵并联供水,水泵额定参数为 $Q_n=7.33\text{m}^3/\text{s}$,$H_n=79.2\text{m}$,$M_n=168.7\text{kN}\cdot\text{m}$,$N_n=375\text{r/min}$,$GD^2=981\text{kN}\cdot\text{m}^2$。

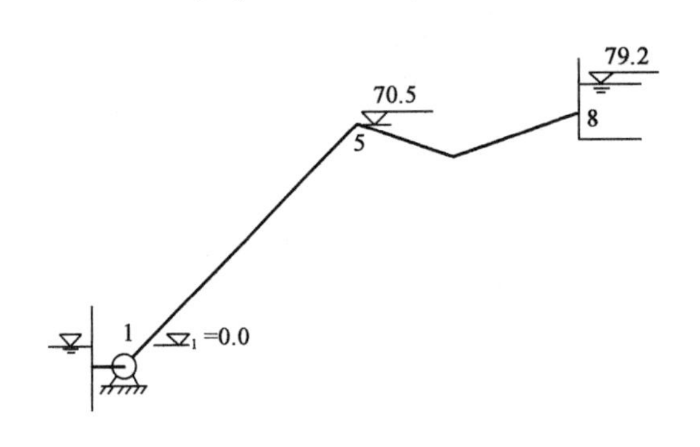

图 9-4 有自动进气装置的管路布置

计算条件包括:

①两泵并联工作,同时断电。

②摩阻忽略不计。

③波速 $a=1000\text{m/s}$。

④全管分为 7 个步段,$\Delta L=980/7=140$(m),时段 $\Delta t=\Delta L/a=140/1000=0.14$(s)。为使装设特制进气阀的折点位于节点上,假定折点位置沿管线向上游移动 50m,使折点断面为节点 5。设定每隔 $JP=5$ 个时段,打印一次成果。计算进行到暂态总历时 $T_m=50\text{s}$ 为止。

⑤当 $H_5>70.5\text{m}$ 时,节点 5 按通常的内节点之一进行计算;当初次出现 $H_5\leqslant 70.5\text{m}$ 时,则令 $H_5=70.5\text{m}$,并用此固定的 H_5 值根据相容性方程,分别计算空气腔上游步段的输入流量 $Q_{5,\text{in}}$ 和下游步段的输出流量 $Q_{5,\text{ou}}$,在节点 5 处所形成的空气腔累计总长度则为:

$$L=\frac{\sum\left(Q_{5,\text{ou}}-Q_{5,\text{in}}\right)\Delta t}{\frac{\pi}{4}D^2}$$

2)计算框图及源程序

变量符与前两节中的算例一致,所需补充的除空气腔累计总长度 L 外,还有节点 5 的流量,现设定:$QO\longrightarrow Q_{5,\text{in}}$,$QI\longrightarrow Q_{\text{P5,in}}$,$Q(5)\longrightarrow Q_{5,\text{ou}}$,$Q(5)\longrightarrow Q_{\text{P5,ou}}$。

计算框图中暂态开始前恒定参数(常数)的计算、暂态过程中泵处节点参数的计算与前两节中的算例基本一致,这里不再赘述。不同的是,在内节点计算中,增加节点 5 是否进入空气和空气腔累计总长度 L 值的计算。这部分框图如图 9-5 所示,源程序见后,输出计算结果附后。

进气阀的动作是这样设计的:当进气阀设置断面处的压强小于大气压时,自动开启进气,并维持该处压强为大气压;当管内空气腔达到最大长度 LM(随着压缩波的到来)时,空气腔增加量 DL 开始出现负值,即空气腔长度开始缩短,进气阀自动关闭,让已进入管内的空气按气

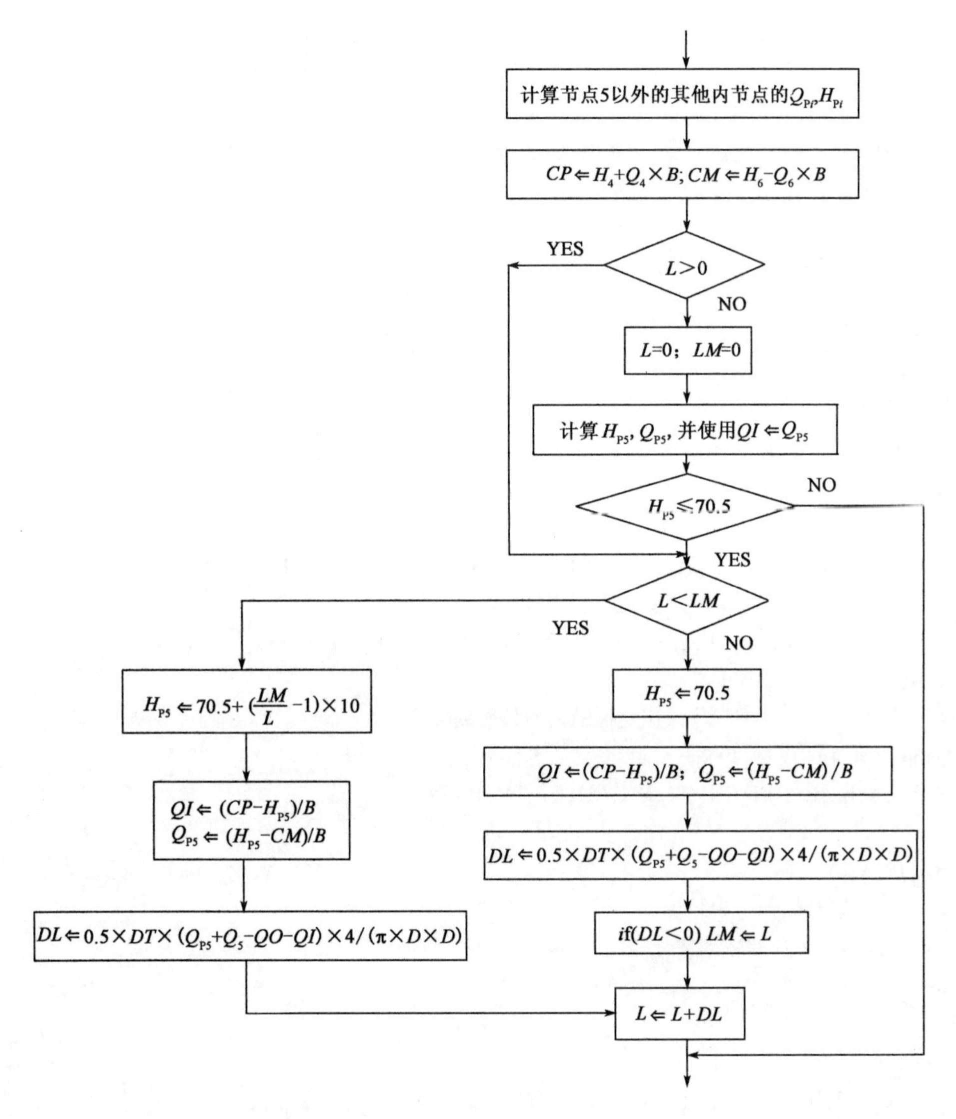

图9-5 判断节点5是否进入空气和空气腔长度计算框图

体状态方程进行压缩,成为类似于密闭气囊的缓冲水锤波的水锤消除装置。这种起缓冲作用的自动进气装置,有以下的特点。

在初次出现$H_5\leqslant 70.5$m时,进气阀开始进气,情况与前面的算例相同;在空气腔长度L达到LM后,出现$DL<0$,当空气被压缩时,H_5按气体状态方程计算,即L与压强P_5成反比关系变化。

因:

$$P_5=[(H_5+10)-0.75]\gamma$$

又:

$$\frac{1}{\gamma}\frac{P_5}{10}=\frac{LM}{L}$$

故:

$$H_5 = 70.5 + (\frac{LM}{L} - 1) \times 10$$

对节点 5 的计算修改如下:增加 3 个判断,第一判断是否已经注入空气;第二判断 H_5 是否小于或等于 70.5m;第三判断是否应按压缩的办法计算空气腔的长度 L。

C++ 语言计算程序如下:

```
#include <iostream>
#include <math.h>
#include <fstream>
#include <iomanip>
#define Pi 3.1415926
#define G  9.807
using namespace std;
int main()
{float H[8],HP[8],Q[8],QP[8],B,VB,L,QI,C1,C3,X,A0,A1,M,VA,BT,BA,BB,T;
                              //定义数组和变量
     float CP,CM,F1,DF,Q0,B0,B1,FA,FB,FC,FD,DB,DV,F2;
     int NS,I,II,K1,K2,K3,K4,K5;
                              //采用文件输入原始数据
     double WH[49],WM[49];
     float D,A,EL,ES,QN,HN,NN,MN,GD,DT,TM,DX,V;

     int i,JP,N;
     char infile[20],outfile[20];
     cout<<"请输入原始数据文件名(含扩展名)"<<endl;
     cin>>infile;
     ifstream istrm(infile);
     for(i=0;i<49;i++)
       istrm>>WH[i];
     for(i=0;i<49;i++)
       istrm>>WM[i];
     istrm>>D>>A>>EL>>ES>>QN>>HN>>NN>>MN>>GD>>DT>>TM>>DX>
>V;
     istrm>>JP>>N;
     istrm.close();

     cout<<"请输入保存计算结果的文件(含扩展名,长度小于18个字节)"<<endl;
     cin>>outfile;
     ofstream ostrm(outfile);
     NS=N+1;
     B=4*A/(G*Pi*D*D);
     HP[NS]=EL;
```

```
    C3 = 0.05236 * GD * NN/(G * MN * DT);
    C1 = ES - EL;
    X = Pi + atan(V);
    I = (int)(X/DX + 6);
    K1 = 0;
    do{
      A1 = (WH[I+1] - WH[I])/DX;
      A0 = WH[I+1] - A1 * (I-5) * DX;
      for(K2 = 1;K2 <= 4;K2++)
          {F1 = C1 + HN * (1 + V * V) * (A0 + A1 * X);
          DF = HN * (2 * V * (A0 + A1 * X) + A1);
          V = V - F1/DF;
          X = Pi + atan(V);}
      II = (int)(X/DX + 6);
      if(II == I) break;
      K1 = K1 + 1;
      if(K1 > 4)
          {ostrm << "TROUBLE WITH STEADY STATE" << endl;
          I = 1;exit(0);}
      I = II;
    }while(1);
   B1 = (WM[I+1] - WM[I])/DX;
   B0 = WM[I+1] - B1 * (I-5) * DX;
   M = (1 + V * V) * (B0 + B1 * X);
   VB = V; VA = V;
   BT = 1;BA = 1;BB = 1;L = 0;
   T = 0; K3 = 0;
   for(I = 1;I <= NS;I++)
     {Q[I] = 2 * V * QN; H[I] = EL;Q0 = Q[5];}
   ostrm << "TIME   BETA   V   H[1]   H[5]   L" << endl;

ostrm << setw(6) << setprecision(4) << T << setw(12) << BT << setw(12) << V << setw(12) << H
[1] << setw(12) << H[5] << setw(10) << L << endl;
   do{
    T = T + DT;
    K3 = K3 + 1;
    if(T > TM)
        {I = 1;exit(0);};
    QP[NS] = Q[N] + (H[N] - EL)/B;
    for(I = 6;I <= N;I++)
        {CP = H[I-1] + Q[I-1] * B;
        HP[I] = 0.5 * (CP + H[I+1] - Q[I+1] * B);
```

```
            QP[I] = (CP - HP[I])/B;}
        CP = H[4] + Q[4] * B;
        CM = H[6] - Q[6] * B;
    do{
        if(L > 0)
            {HP[5] = 70.5;
            QI = (CP - HP[5])/B;
            QP[5] = (HP[5] - CM)/B;
            L = L + 0.5 * DT * (QP[5] + Q[5] - QI - Q0) * 4/(Pi * D * D);
            break;}
        L = 0;
        HP[5] = 0.5 * (CP + CM);
        QP[5] = (HP[5] - CM)/B;
        QI = QP[5];
        if(HP[5] < = 70.5)
            {HP[5] = 70.5;
            QI = (CP - HP[5])/B;
            QP[5] = (HP[5] - CM)/B;
            L = L + 0.5 * DT * (QP[5] + Q[5] - QI - Q0) * 4/(Pi * D * D);
          break;}
      break;
      } while(1);
for(I = 2;I < = 3;I + + )
      {CP = H[I - 1] + Q[I - 1] * B;
       HP[I] = 0.5 * (CP + H[I + 1] - Q[I + 1] * B);
       QP[I] = (CP - HP[I])/B;}
CP = H[3] + Q[3] * B;
HP[4] = 0.5 * (CP + H[5] - Q0 * B);
QP[4] = (CP - HP[4])/B;
CM = H[2] - Q[2] * B;
BT = 2 * BA - BB; V = VA;
K4 = 0;
do{
    if(BT < 0)
        {X = atan(V/BT);
        break;}
    X = Pi + atan(V/BT);
    break;
} while(1);
I = (int)(X/DX + 6);
do{
    A1 = (WH[I + 1] - WH[I])/DX;
```

```
    A0 = WH[I+1] - A1 * (I-5) * DX;
    B1 = (WM[I+1] - WM[I])/DX;
    B0 = WM[I+1] - B1 * (I-5) * DX;
    for(K5 = 1;K5 < = 8;K5 + + )
        {F1 = ES - CM - 2 * B * QN * V + HN * (BT * BT + V * V) * (A0 + A1 * X);
        FA = -2 * B * QN + HN * (2 * V * (A0 + A1 * X) + BT * A1);
        FB = HN * (2 * BT * (A0 + A1 * X) - V * A1);
        F2 = (BT * BT + V * V) * (B0 + B1 * X) + M + C3 * (BT - BA);
        FC = 2 * V * (B0 + B1 * X) + BT * B1;
        FD = 2 * BT * (B0 + B1 * X) - V * B1 + C3;
        DB = (F2/FC - F1/FA)/(FB/FA - FD/FC);
        DV = - F1/FA - DB * FB/FA;
        V = V + DV;
        BT = BT + DB;
        do{
         if(BT <0)
              {X = atan(V/BT);
              break;}
         X = Pi + atan(V/BT);
         break;
         }while(1);
              if(fabs(DB) + fabs(DV) <0.0002) break;}
         II = (int)(X/DX +6);
         if(II = = I) break;
         I = II;
         K4 = K4 + 1;
         if(K4 <5) continue;
         ostrm < < "TROUBLE WITH PUMP" < < endl;
         I = 1;exit(0);
         }while(1);
      QP[1] =2 * V * QN;
        HP[1] = CM + B * QP[1];
        VB = VA;VA = V;BB = BA;BA = BT;Q0 = QI;
        M = (BT * BT + V * V) * (B0 + B1 * X);
        for(I = 1;I < = NS;I + + )
           {Q[I] = QP[I]; H[I] = HP[I];}
        if((int)(K3% JP = =0))

  ostrm < < setw(6) < < T < < setw(12) < < BT < < setw(12) < < V < < setw(12) < < H[1] < < setw(12) <
< H[5] < < setw(10) < < L < < endl;
        }while(1);
     return 0;}
```

输入的原始已知参数为:

0 0.14 0.30 0.45 0.60 0.73 0.81 0.77 0.73 0.695 0.67 0.66 0.655
0.66 0.67 0.695 0.725 0.77 0.825 0.89 0.975 1.10 1.26 1.40 1.54
1.64 1.68 1.68 1.66 1.63 1.59 1.54 1.495 1.47 1.41 1.39 1.38
1.38 1.375 1.36 1.34 1.27 1.16 0.99 0.78 0.54 0.30 0.08 -0.12

0 -0.86 -0.70 -0.56 -0.48 -0.39 -0.30 -0.23 -0.15 -0.06 0.03 0.13 0.225
0.335 0.44 0.545 0.66 0.76 0.86 0.96 1.07 1.16 1.25 1.31 1.35
1.365 1.35 1.30 1.21 1.09 0.90 0.70 0.56 0.47 0.40 0.36 0.34
0.36 0.40 0.45 0.495 0.53 0.55 0.56 0.565 0.52 0.42 0.30 0.18

2.5 1000 79.2 0 7.33 79.2 375 17200 100000 0.14 50 0.1 1
5 7

程序运行结果为:

TIME	BETA	V	H[1]	H[5]	L
0	1	0.9652	79.2	79.2	0
0.7	0.8939	0.9005	59.48	74.73	0
1.4	0.8083	0.8527	44.94	70.5	0.08124
2.1	0.7376	0.7283	41.74	70.5	0.2828
2.8	0.6785	0.6102	39.72	70.5	0.6436
3.5	0.6306	0.4853	39.38	70.5	1.167
4.2	0.5933	0.352	38.79	70.5	1.865
4.9	0.5656	0.2193	36.65	70.5	2.735
5.6	0.5461	0.07102	32.77	70.5	3.784
6.3	0.5327	-0.08303	31.8	70.5	5.059
7	0.5186	-0.2245	36.68	70.5	6.568
7.7	0.4958	-0.3524	44.81	70.5	8.274
8.4	0.458	-0.4431	51.5	70.5	10.11
9.1	0.404	-0.5137	55.78	70.5	12
9.8	0.3397	-0.5696	58.47	70.5	13.91
10.5	0.2686	-0.6162	59.87	70.5	15.82
11.2	0.1931	-0.6613	59.94	70.5	17.73

11.9	0.1136	-0.7074	58.63	70.5	19.63
12.6	0.02954	-0.7563	57.79	70.5	21.54
13.3	-0.05965	-0.8104	57.35	70.5	23.46
14	-0.1543	-0.8596	58.55	70.5	25.38
14.7	-0.2535	-0.9012	61.62	70.5	27.3
15.4	-0.3558	-0.9303	65.1	70.5	29.2
16.1	-0.4593	-0.9458	68.32	70.5	31.05
16.8	-0.5622	-0.9486	71.36	70.5	32.83
17.5	-0.6619	-0.9388	74.41	70.5	34.49
18.2	-0.755	-0.9178	77.25	70.5	36.02
18.9	-0.8404	-0.8855	79.42	70.5	37.38
19.6	-0.9166	-0.8439	81.68	70.5	38.58
20.3	-0.9825	-0.7954	83.41	70.5	39.58
21	-1.037	-0.7406	84.34	70.5	40.37
21.7	-1.079	-0.6826	84.85	70.5	40.95
22.4	-1.112	-0.6249	84.96	70.5	41.29
23.1	-1.135	-0.5657	84.5	70.5	41.41
23.8	-1.148	-0.5108	83.57	70.5	41.32
24.5	-1.154	-0.4594	82.46	70.5	41.01
25.2	-1.153	-0.4133	81.23	70.5	40.51
25.9	-1.147	-0.3726	79.61	70.5	39.81
26.6	-1.137	-0.3388	77.83	70.5	38.93
27.3	-1.124	-0.3128	75.96	70.5	37.88
28	-1.109	-0.2945	73.94	70.5	36.7
28.7	-1.093	-0.2847	71.88	70.5	35.38
29.4	-1.078	-0.2829	69.9	70.5	33.96
30.1	-1.064	-0.2889	68.1	70.5	32.44
30.8	-1.052	-0.3021	66.59	70.5	30.84
31.5	-1.042	-0.32	65.43	70.5	29.17
32.2	-1.034	-0.3414	64.85	70.5	27.44
32.9	-1.029	-0.365	64.71	70.5	25.67
33.6	-1.027	-0.3881	64.94	70.5	23.85

34.3	-1.028	-0.4096	65.48	70.5	21.98
35	-1.031	-0.4286	66.26	70.5	20.05
35.7	-1.035	-0.4436	67.26	70.5	18.05
36.4	-1.041	-0.455	68.38	70.5	15.98
37.1	-1.048	-0.4614	69.42	70.5	13.83
37.8	-1.055	-0.4639	70.34	70.5	11.6
38.5	-1.062	-0.4632	71.11	70.5	9.27
39.2	-1.068	-0.4595	71.7	70.5	6.825
39.9	-1.074	-0.4539	72.11	70.5	4.268
40.6	-1.078	-0.4465	72.45	70.5	1.602
41.3	-1.081	-0.4382	72.64	278.7	0
42	-1.192	-1.421	187.6	80.84	0
42.7	-1.332	-0.3764	106.8	70.5	0.8162
43.4	-1.38	-0.7967	132.5	70.5	1.132
44.1	-1.37	-0.5027	115	70.5	1.254
44.8	-1.353	0.1739	102.2	70.5	0.4274
45.5	-1.301	-0.2225	102.5	209.4	0
46.2	-1.288	-0.6036	106.7	70.5	0.06924
46.9	-1.28	0.004698	104.8	70.5	0.6625
47.6	-1.261	-0.3935	95.97	70.5	0.9446
48.3	-1.216	-0.2041	89.46	70.5	1.304
49	-1.184	0.2256	70.75	70.5	0.99
49.7	-1.135	-0.1754	78.27	70.5	0.6187

9.4　有阀管路停泵水锤算例

电算程序具有通用性和简便性,这是它比数解综合法和图解法优异的重要方面。对于上一节中的无阀管路停泵水锤源程序,只需稍加补充调整,就可用来进行有阀系统的水锤计算。下面分别就安装普通止回阀和缓闭止回阀的情况进行计算。

9.4.1　安装普通止回阀水锤计算

在上节算例中,每台水泵出口增设一台普通止回阀。正向流动时的阀门全开,开度 $TA=1$,无阻;一旦流速降为零,阀门就瞬时关闭,开度 $TA=0$,这时的相对流量 $q=0$,流速 $v=0$。在

无阀管路停泵水锤计算源程序的基础上进行补充调整,调整后的源程序如下:

```
#include  < iostream >
#include  < math. h >
#include < iomanip >
#include < fstream >
#define Pi 3. 1415926
#define G   9. 807
using namespace std;
intmain( )
{ float H[8],HP[8],Q[8],QP[8],AR,B,R,C1,C2,C3,X,A0,A1,M,VA,VB,BT,BA,BB,T;
                                                    //定义数组和变量
float CP,CM,F1,DF,Q0,B0,B1,FA,FB,FC,FD,DB,DV,F2;
int NS,I,II,K1,K2,K3,K4,K5,TA;
                                                    //采用文件输入原始数据
double WH[91],WM[91];
float F,D,A,EL,ES,QN,HN,NN,MN, GD,DT,TM,DX,V;

int i,JP,N;
char infile[20],outfile[20];
cout < < "请输入原始数据文件名(含扩展名)" < < endl;
cin > > infile;
ifstream istrm( infile);
for( i =0;i <91;i + + )
      istrm > > WH[i];
for( i =0;i <91;i + + )
      istrm > > WM[i];
istrm > > F > > D > > A > > EL > > ES > > QN > > HN > > NN > > MN > > GD > > DT > > TM > > DX > > V;
istrm > > JP > > N;
istrm. close( );

cout < < "请输入保存计算结果的文件(含扩展名,长度小于 18 个字节)" < < endl;
cin > > outfile;
ofstream ostrm( outfile);

   AR =0. 25 * Pi * D * D;                          //计算有关常数
   NS = N +1;
   B = A/(G * AR); R = F * A * DT/(2 * G * D * AR * AR);
   HP[NS] = EL;
   C3 =0. 05236 * GD * NN/(G * MN * DT);
   C1 = ES - EL; C2 =9 * N * R * QN * QN;
   X = Pi + atan(V);                                //计算泵处在暂态开始前初始参数
   I = (int)(X/DX +1);
```

```
  K1 =0;
  do{
    A1 = (WH[I+1] - WH[I])/DX;
    A0 = WH[I+1] - A1 * I * DX;
    for(K2 =1;K2 < =8;K2 + + )                    //v 的确定需要通过多次迭代计算
        {F1 = C1 + HN * (1 + V * V) * (A0 + A1 * X) - C2 * V * V;
         DF = HN * (2 * V * (A0 + A1 * X) + A1) - 2 * C2 * V;
         V = V - F1/DF;
         X = Pi + atan(V);}
    II = (int)(X/DX + 1);
    if(II = = I) break;
    K1 = K1 + 1;
    if(K1 >6)
        {ostrm < <"TROUBLE WITH STEADY STATE" < <endl;
         I = 1;exit(0);}
    I = II;
    }while(1);

  B1 = (WM[I+1] - WM[I])/DX;
  B0 = WM[I+1] - B1 * I * DX;
  M = (1 + V * V) * (B0 + B1 * X);
  Q0 =3 * V * QN; VA =1; VB =1;
  BT =1;BA =1;BB =1;
  T =0; K3 =0;
  TA =1;                                          //缓闭止回阀开度初始假设全开 TA =1
  for(I =1;I < =NS;I + + )                        //计算压水管中各节点 i =1 至 7 的 Qi 和 Hi 值
    {Q[I] = Q0; H[I] = EL + (NS - I) * R * Q0 * Q0;}
  ostrm < <"TIME   BETA   V   Q[1]   H[1]   TA" < <endl;
                                                  //打印反映状态参数的有用数据
ostrm < <setw(12) < <T < <setw(12) < <BT < <setw(12) < <V < <setw(12) < <Q[1] < <setw(12) <
 <H[1] < <setw(6) < <TA < <endl;
  do{
T = T + DT;K3 = K3 +1;                            //暂态过程每一计算时段的开始语句
  if(T > TM)
    {I =1;exit(0);}                               //判断计算是否结束
  QP[NS] = Q[N] + (H[N] - EL - R * Q[N] * fabs(Q[N]))/B;
                                                  //求压水管终端断面结点参数
                                                  //本算例中 HP7 =67.1m,固定不变
  for(I =2;I < =N;I + + )                         //计算压水管各内节点(i =2 至 6)上的 QPi 和 HPi
  {CP = H[I - 1] + Q[I - 1] * (B - R * fabs(Q[I - 1]));
   HP[I] =0.5 * (CP + H[I +1] - Q[I +1] * (B - R * fabs(Q[I +1])));
   QP[I] = (CP - HP[I])/B;}
```

```
CP = ES;                                   //计算泵处在该计算时段结束瞬刻的 v 和 β
  CM = H[2] - Q[2] * (B - R * fabs(Q[2]));
  BT = 2 * BA - BB; V = 2 * VA - VB;
  if (V > 0)
     TA = 1;
else
     {TA = 0;V = 0;}                       //计算开度 TA
K4 = 0;
do{
    do{
        if(BT < 0)
            {if(V < = 0)
                {X = atan(V/BT);break;}


                X = 2 * Pi + atan(V/BT);   // v > 0,β > 0 时,x = 2π + tan^-1(v/β)

            break;};

        X = Pi + atan(V/BT);               // v > 0,β > 0 / v < 0,β < 0 } 时, x = π + tan^-1(v/β)

        break;
        }while(1);

    I = (int)(X/DX + 1);                   //v ≤ 0,β < 0 时,x = tan^-1(v/β)

A1 = (WH[I + 1] - WH[I])/DX;               //计算常数 A0、A1、B0、B1
    A0 = WH[I + 1] - A1 * I * DX;
    B1 = (WM[I + 1] - WM[I])/DX;
    B0 = WM[I + 1] - B1 * I * DX;

    for(K5 = 1;K5 < = 8;K5 + + )           //反复迭代计算 v 和 β,直至满足计算要求
        {F1 = CP - CM - 3 * B * QN * V + HN * (BT * BT + V * V) * (A0 + A1 * X);
         FA = - 3 * B * QN + HN * (2 * V * (A0 + A1 * X) + BT * A1);
         FB = HN * (2 * BT * (A0 + A1 * X) - V * A1);
         F2 = (BT * BT + V * V) * (B0 + B1 * X) + M + C3 * (BT - BA);
         FC = 2 * V * (B0 + B1 * X) + BT * B1;
         FD = 2 * BT * (B0 + B1 * X) - V * B1 + C3;
         DB = (F2/FC - F1/FA)/(FB/FA - FD/FC);
         if(TA > 0)
             {DV = - F1/FA - DB * FB/FA;
              V = V + DV;}
         else V = 0;                       //计算 v 值
         BT = BT + DB;
         do{
```

```
            if(BT<0)
                {if(V<=0)
                    {X=atan(V/BT);
                    break;};
                X=2*Pi+atan(V/BT);
                break;};
                X=Pi+atan(V/BT);
                break;
                }while(1);
            if(fabs(DB)+fabs(DV)<0.0002) break;
        };
    II=(int)(X/DX+1);               //核算 X 的终值是否仍保持在迭代前的区段范围内
    if(II==I) break;                //保持在原区段内,v 和 β 的终值有效,进入后续计算
    I=II;
    K4=K4+1;
if(K4<5) continue;                  //否则按 X 终值所处的新区段,回到语句 A295,重新迭代计算
    ostrm<<"TROUBLE WITH PUMP"<<endl;break;
}while(1);

  QP[1]=3*V*QN;                     //根据最终确定的 v 和 β,计算泵出口节点 1 的参数 QP1 和 HP1
  HP[1]=CM+B*QP[1];
  VB=VA;VA=V;BB=BA;BA=BT;   //将已经算出的本时段末的所有参数均定义为下一时段的初始参数值
  M=(BT*BT+V*V)*(B0+B1*X);
  for(I=1;I<=NS;I++)
      {Q[I]=QP[I]; H[I]=HP[I];}
  if((int)(K3%JP==0))

ostrm<<setw(12)<<T<<setw(12)<<BT<<setw(12)<<V<<setw(12)<<Q[1]<<setw(12)<<H[1]<<setw(6)<<TA<<endl;
  }while(1);
  return 0;
}
```

输入的原始已知参数为:

```
0  0.634  0.643  0.646  0.640  0.629  0.613  0.595  0.575  0.552
   0.533  0.516  0.505  0.504  0.510  0.512  0.522  0.539  0.559
   0.580  0.601  0.630  0.662  0.692  0.722  0.753  0.782  0.808
   0.832  0.857  0.879  0.904  0.930  0.959  0.996  1.027  0.060
   1.090  1.124  1.165  1.204  1.238  1.258  1.271  1.282  1.288
   1.281  1.260  1.225  1.172  1.107  1.031  0.942  0.842  0.733
```

```
   0.617   0.500   0.368   0.240   0.125   0.011  -0.102  -0.168  -0.255
  -0.342  -0.423  -0.494  -0.556  -0.620  -0.655  -0.670  -0.670  -0.660
  -0.655  -0.640  -0.600  -0.570  -0.520  -0.470  -0.430  -0.360  -0.257
  -0.160  -0.040   0.130   0.295   0.430   0.550   0.620   0.634   0.643

0 -0.684  -0.547  -0.414  -0.292  -0.187  -0.105  -0.053  -0.012   0.042
   0.097   0.156   0.227   0.300   0.371   0.444   0.522   0.596   0.672
   0.738   0.763   0.797   0.837   0.865   0.883   0.886   0.877   0.859
   0.838   0.804   0.758   0.703   0.645   0.583   0.521   0.454   0.408
   0.370   0.343   0.331   0.329   0.338   0.354   0.372   0.405   0.450
   0.486   0.520   0.552   0.579   0.603   0.616   0.617   0.606   0.582
   0.546   0.500   0.432   0.360   0.288   0.214   0.123   0.037  -0.053
  -0.161  -0.248  -0.314  -0.372  -0.580  -0.740  -0.880  -1.000  -1.120
  -1.250  -1.370  -1.490  -1.590  -1.660  -1.690  -1.770  -1.650  -1.590
  -1.520  -1.420  -1.320  -1.230  -1.100  -0.980  -0.820  -0.684  -0.547

0  0.813  860  67.1  0  0.304  67.1  1760  131  64.88  0.2326  30  0.0714  1
2  6
```

程序运行结果为：

TIME	BETA	V	Q[1]	H[1]	TA
0	1	1.00004	0.912037	67.1	1
0.4652	0.832715	0.858466	0.782921	45.2892	1
0.9304	0.7133	0.77041	0.702614	31.7235	1
1.3956	0.623688	0.711984	0.64933	22.7225	1
1.8608	0.554012	0.671628	0.612525	16.5053	1
2.326	0.498425	0.642492	0.585952	12.0165	1
2.7912	0.453104	0.621156	0.566494	8.72952	1
3.2564	0.415694	0.36242	0.330527	12.4906	1
3.7216	0.387834	0.186405	0.170002	12.5056	1
4.1868	0.369186	0.0645576	0.0588765	11.7358	1
4.652	0.35657	0	0	14.2245	0
5.1172	0.346973	0	0	23.2021	0
5.5824	0.338969	0	0	29.7761	0
6.0476	0.335389	0	0	65.8755	0
6.5128	0.335965	0	0	92.9771	0

6.978	0.33947	0	0	112.519	0
7.4432	0.344563	0	0	119.975	0
7.9084	0.34853	0	0	110.998	0
8.3736	0.351353	0	0	104.424	0
8.8388	0.349883	0	0	68.3245	0
9.304	0.344353	0	0	41.2229	0
9.76921	0.336208	0	0	21.6815	0
10.2344	0.326972	0	0	14.2245	0
10.6996	0.319208	0	0	23.2021	0
11.1648	0.312794	0	0	29.7761	0
11.63	0.310383	0	0	65.8755	0
12.0952	0.311778	0	0	92.9771	0
12.5604	0.315881	0	0	112.519	0
13.0256	0.321469	0	0	119.975	0
13.4908	0.326014	0	0	110.998	0
13.956	0.329485	0	0	104.424	0
14.4212	0.328908	0	0	68.3245	0
14.8864	0.324461	0	0	41.2229	0
15.3516	0.317479	0	0	21.6815	0
15.8168	0.309388	0	0	14.2245	0
16.282	0.302619	0	0	23.2021	0
16.7472	0.297073	0	0	29.7761	0
17.2124	0.295287	0	0	65.8755	0
17.6776	0.297106	0	0	92.9771	0
18.1428	0.301503	0	0	112.519	0
18.608	0.307327	0	0	119.975	0
19.0732	0.312163	0	0	110.998	0
19.5384	0.315973	0	0	104.424	0
20.0036	0.315891	0	0	68.3245	0
20.4688	0.312066	0	0	41.2229	0
20.934	0.305763	0	0	21.6815	0
21.3992	0.298347	0	0	14.2245	0
21.8644	0.292167	0	0	23.2021	0
22.3296	0.287136	0	0	29.7761	0
22.7948	0.285717	0	0	65.8755	0
23.26	0.287777	0	0	92.9771	0
23.7252	0.292335	0	0	112.519	0

24.1904	0.298284	0	0	119.975	0
24.6556	0.30328	0	0	110.998	0
25.1208	0.307283	0	0	104.424	0
25.586	0.307498	0	0	68.3245	0
26.0512	0.304052	0	0	41.2229	0
26.5164	0.29817	0	0	21.6815	0
26.9816	0.291176	0	0	14.2245	0
27.4468	0.285365	0	0	23.2021	0
27.912	0.280655	0	0	29.7761	0
28.3772	0.279464	0	0	65.8755	0
28.8424	0.281669	0	0	92.97710	
29.3076	0.286322	0	0	112.519	0
29.7728	0.292341	0	0	119.975	0

由计算结果分析可知：突然断电后，倒流发生前止回阀是全开的，故暂态计算和无阀时没有区别；当 $t=4.652$s 时，$q=v=0$，阀门瞬间全关；在 $t=7.44$s 时，阀后出现第一个压力峰值 $H_1=119.97$m，此后每隔约 6s 出现一次峰值。由于计算过程中忽略摩阻项，故相继出现的峰值并无衰减趋势。事实上，止回阀关死的动作需要一个短暂的时段，在管路内开始出现倒流以后，反向流速的增长是十分迅速的，阀门的延迟关闭，将会造成更大的冲击压力。

9.4.2 安装可控制的缓闭止回阀计算

普通止回阀虽然可以避免机组的反转，但可能引起相当大的管路水锤压力。为了既降低管路内的升压，又能有效地减小机组的反转速度，缓闭止回阀应运而生。在上节算例中的每个水泵出口加装一个缓闭止回阀，对安装缓闭止回阀的管路的停泵水锤进行计算，仅需在无阀管路停泵水锤计算源程序的基础上稍加补充和调整即可上机运行。假设阀门全开时的阻力系数 $\zeta_0=1.4$，缓闭阀设置处的直径 $d=0.46$m，缓闭阀的动作设计为快关 4.5s，慢关 13.5s，各时刻的阀门开度见表 9-1。

缓闭止回阀各时刻阀门开度表 表 9-1

t(s)	τ	t(s)	τ
0	1	10.5	0.02
1.5	0.5	12.0	0.015
3.0	0.2	13.5	0.01
4.5	0.07	15.0	0.006
6.0	0.05	16.5	0.004
7.5	0.04	18.0	0
9.0	0.03		

变量说明：

KK——ζ_0，TU——τ，D1——d。

改编后的缓闭止回阀停泵水锤计算的源程序如下：

```
#include  < iostream >
#include  < math. h >
#include < iomanip >
#include < fstream >
#define Pi 3. 1415926
#define G   9. 807
using namespace std;
int main( )
{ float H[8],HP[8],Q[8],QP[8],AR,B,R,C1,C2,C3,X,A0,A1,M,VA,VB,BT,BA,BB,T;
                                                //定义数组和变量
float CP,CM,F1,DF,Q0,B0,B1,FA,FB,FC,FD,DB,DV,F2,Z,DH,TA;
int NS,I,II,K1,K2,K3,K4,K5;
                                                //采用文件输入原始数据
double WH[91],WM[91],TU[13];
float F,D,A,EL,ES,QN,HN,NN,MN, GD,DT,TM,DX,V,D1,KK;
int i,JP,N;
char infile[20],outfile[20];
cout < < "请输入原始数据文件名(含扩展名)" < < endl;
cin > > infile;
ifstream istrm( infile) ;
for( i =0;i <91;i + + )
      istrm > > WH[i];
for( i =0;i <91;i + + )
      istrm > > WM[i];
for( i =0;i <13;i + + )
istrm > > TU[i];
istrm > > F > > D > > A > > EL > > ES > > QN > > HN > > NN > > MN > > GD > > DT > > TM > > DX > > V
 > > D1 > > KK;
istrm > > JP > > N;
istrm. close( ) ;

cout < < "请输入保存计算结果的文件(含扩展名,长度小于 18 个字节)" < < endl;
cin > > outfile;
ofstream ostrm( outfile) ;
   AR =0. 25 * Pi * D * D;                      //计算有关常数
   Z =0. 25 * Pi * D1 * D1;                     //缓闭止回阀横截面积
   DH = KK * QN * QN/(2 * G * Z * Z) ;          //缓闭止回阀内部水头损失
   NS = N +1;
   B = A/( G * AR); R = F * A * DT/(2 * G * D * AR * AR) ;
   HP[NS] = EL;
   C3 =0. 05236 * GD * NN/( G * MN * DT) ;
   C1 = ES - EL;
```

```
 C2 =9 * N * R * QN * QN + DH;                    //C2 值计算增加止回阀内部水头损失
 X = Pi + atan(V);                                //计算泵处在暂态开始前初始参数
 I = (int)(X/DX +1);
 K1 =0;
 do{
     A1 = (WH[I+1] - WH[I])/DX;
     A0 = WH[I+1] - A1 * I * DX;
     for(K2 =1;K2 < =8;K2 + + )                   //v 的确定需要通过多次迭代计算
         {F1 = C1 + HN * (1 + V * V) * (A0 + A1 * X) - C2 * V * V;
          DF = HN * (2 * V * (A0 + A1 * X) + A1) - 2 * C2 * V;
          V = V - F1/DF;
          X = Pi + atan(V);}
    II = (int)(X/DX +1);
    if(II = = I) break;
    K1 = K1 +1;
    if(K1 >6)
        {ostrm < < "TROUBLE WITH STEADY STATE" < < endl;
         I = 1;exit(0);}
    I = II;
    }while(1);
 B1 = (WM[I+1] - WM[I])/DX;
 B0 = WM[I+1] - B1 * I * DX;
 M = (1 + V * V) * (B0 + B1 * X);
 Q0 =3 * V * QN; VA =1; VB =1;
 BT =1;BA =1;BB =1;
 T =0; K3 =0;
 TA =1;                                           //缓闭止回阀开度初始假设全开 TA =1
 for(I =1;I < =NS;I + + )                         //计算压水管中各节点 i =1 至 7 的 Qi 和 Hi 值
    {Q[I] =Q0; H[I] =EL + (NS - I) * R * Q0 * Q0;}
 ostrm < < "TIME   BETA   V   Q[1]   H[1]" < < endl;
                                                  //打印反映状态参数的有用数据
 ostrm < < setw(8) < < T < < setw(12) < < BT < < setw(12) < < V < < setw(12) < < Q[1] < < setw(12) <
< H[1] < < endl;
 do{
     T = T + DT;K3 = K3 +1;                       //暂态过程每一计算时段的开始语句
     if(T > TM)
         {I =1;exit(0);}                          //判断计算是否结束
    QP[NS] =Q[N] + (H[N] - EL - R * Q[N] * fabs(Q[N]))/B;
                                                  //求压水管终端断面节点参数
                                                  //本算例中 HP7 =67.1m,固定不变
    for(I =2;I < =N;I + + )                       //计算压水管各内节点(i =2 至 6)上的 QPi 和 HPi
       {CP = H[I -1] + Q[I -1] * (B - R * fabs(Q[I -1]));
```

```
        HP[I] =0.5 * (CP + H[I+1] - Q[I+1] * (B - R * fabs(Q[I+1])));
        QP[I] = (CP - HP[I])/B;}

    I = int(T/1.5 +1);

   if(I > =13)                                  //计算开度 TA
       TA =0;
       else
           TA = TU[I] + (TU[I+1] - TU[I]) * (T/1.5 +1 - I);

  CP = ES;                                      //计算泵处在该计算时段结束瞬刻的 v 和 β
  CM = H[2] - Q[2] * (B - R * fabs(Q[2]));
  BT =2 * BA - BB; V =2 * VA - VB;
  K4 =0;
  do{
    do{
        if(BT <0)
            {if(V < =0)
                {X = atan(V/BT);break;}
            X =2 * Pi + atan(V/BT);
          break;};
      X = Pi + atan(V/BT);
      break;
      }while(1);

I = (int)(X/DX +1);
A1 = (WH[I+1] - WH[I])/DX;                     //计算常数 A0、A1、B0、B1
A0 = WH[I+1] - A1 * I * DX;
B1 = (WM[I+1] - WM[I])/DX;
B0 = WM[I+1] - B1 * I * DX;

for(K5 =1;K5 < =8;K5 + +)                      //反复迭代计算 v 和 β,直至满足计算要求
     {F1 = CP - CM - 3 * B * QN * V + HN * (BT * BT + V * V) * (A0 + A1 * X);
      F1 = F1 * TA * TA - DH * V * fabs(V);       //1112222

      FA = -3 * B * QN + HN * (2 * V * (A0 + A1 * X) + BT * A1);
      FA = FA * TA * TA - 2 * DH * fabs(V);       //FA 计算增加阀门阻力项
      FB = HN * (2 * BT * (A0 + A1 * X) - V * A1);
      FB = FB * TA * TA;                          //FB 计算增加阀门阻力项
      F2 = (BT * BT + V * V) * (B0 + B1 * X) + M + C3 * (BT - BA);
      FC =2 * V * (B0 + B1 * X) + BT * B1;
      FD =2 * BT * (B0 + B1 * X) - V * B1 + C3;
```

```
    if(TA >0)                    //计算速度 V
        {DB = (F2/FC - F1/FA)/(FB/FA - FD/FC);
        DV = - F1/FA - DB * FB/FA;
        V = V + DV;}
        else
            {DB = - F2/FD;
            V =0;}               //计算 V 值
    BT = BT + DB;

    do{
        if(BT <0)
            {if(V < =0)
                {X = atan(V/BT);
                break;};
            X =2 * Pi + atan(V/BT);
            break;};
        X = Pi + atan(V/BT);
        break;
        }while(1);
    if(fabs(DB) + fabs(DV) <0.0002) break;
    };

    II = (int)(X/DX +1);         //核算 X 的终值是否仍保持在迭代前的区段范围内
    if(II = =I) break;           //保持在原区段内,v 和 β 的终值有效,进入后续计算
    I = II;
    K4 = K4 +1;
    if(K4 <5) continue;          //否则按 X 终值所处的新区段,回到语句 A295,重新迭代计算
    ostrm < <"TROUBLE WITH PUMP" < <endl;break;
  }while(1);

  QP[1] =3 * V * QN;             //根据最终确定的 v 和 β,计算泵出口节点 1 的参数 QP1 和 HP1
  HP[1] =CM + B * QP[1];
  VB = VA;VA = V;BB = BA;BA = BT;
                                 //将已经算出的本时段末的所有参数均定义为下一时段的初始参数值
  M = (BT * BT + V * V) * (B0 + B1 * X);
  for(I =1;I < =NS;I + +)
        {Q[I] =QP[I]; H[I] =HP[I];}
  if((int)(K3% JP = =0))
  ostrm < <setw(8) < <T < <setw(12) < <BT < <setw(12) < <V < <setw(12) < <Q[1] < <setw(12) <
< H[1] < <endl;                              //判断本时段终值是否打印并转入下一时段的计算
  }while(1);
  return 0;
}
```

输入的原始已知参数为：

0 0.634 0.643 0.646 0.640 0.629 0.613 0.595 0.575 0.552
0.533 0.516 0.505 0.504 0.510 0.512 0.522 0.539 0.559
0.580 0.601 0.630 0.662 0.692 0.722 0.753 0.782 0.808
0.832 0.857 0.879 0.904 0.930 0.959 0.996 1.027 0.060
1.090 1.124 1.165 1.204 1.238 1.258 1.271 1.282 1.288
1.281 1.260 1.225 1.172 1.107 1.031 0.942 0.842 0.733
0.617 0.500 0.368 0.240 0.125 0.011 -0.102 -0.168 -0.255
-0.342 -0.423 -0.494 -0.556 -0.620 -0.655 -0.670 -0.670 -0.660
-0.655 -0.640 -0.600 -0.570 -0.520 -0.470 -0.430 -0.360 -0.257
-0.160 -0.040 0.130 0.295 0.430 0.550 0.620 0.634 0.643

0 -0.684 -0.547 -0.414 -0.292 -0.187 -0.105 -0.053 -0.012 0.042
0.097 0.156 0.227 0.300 0.371 0.444 0.522 0.596 0.672
0.738 0.763 0.797 0.837 0.865 0.883 0.886 0.877 0.859
0.838 0.804 0.758 0.703 0.645 0.583 0.521 0.454 0.408
0.370 0.343 0.331 0.329 0.338 0.354 0.372 0.405 0.450
0.486 0.520 0.552 0.579 0.603 0.616 0.617 0.606 0.582
0.546 0.500 0.432 0.360 0.288 0.214 0.123 0.037 -0.053
-0.161 -0.248 -0.314 -0.372 -0.580 -0.740 -0.880 -1.000 -1.120
-1.250 -1.370 -1.490 -1.590 -1.660 -1.690 -1.770 -1.650 -1.590
-1.520 -1.420 -1.320 -1.230 -1.100 -0.980 -0.820 -0.684 -0.547

1 0.5 0.2 0.07 0.05 0.04 0.03 0.02 0.015 0.01 0.006 0.004 0

0 0.813860 67.1 0 0.304 67.1 1760 131 64.88 0.2326 30 0.0714 1
0.46 1.4 2 6

程序运行结果为：

TIME	BETA	V	Q[1]	H[1]
0	1	0.99452	0.907003	67.1
0.4652	0.83284	0.849238	0.774505	44.718
0.9304	0.713458	0.75916	0.692354	30.8408
1.3956	0.623885	0.695576	0.634365	21.045
1.8608	0.554187	0.64874	0.591651	13.8296
2.326	0.498506	0.609618	0.555971	7.80241
2.7912	0.453037	0.564059	0.514422	0.7837
3.2564	0.416226	0.318558	0.290525	7.72603
3.7216	0.389684	0.160209	0.146111	11.0856

4.1868	0.372108	0.0378429	0.0345127	11.8256
4.652	0.36047	-0.0569159	-0.0519073	11.6579
5.1172	0.351062	-0.125864	-0.114788	13.0902
5.5824	0.341254	-0.19482	-0.177676	16.5044
6.0476	0.324861	-0.315153	-0.28742	28.8453
6.5128	0.299899	-0.37797	-0.344709	40.2032
6.978	0.267995	-0.417921	-0.381144	52.16
7.4432	0.231585	-0.43747	-0.398973	63.9143
7.9084	0.194379	-0.434445	-0.396214	73.5702
8.3736	0.159219	-0.419322	-0.382422	83.1091
8.8388	0.127137	-0.394541	-0.359822	93.1243
9.304	0.100339	-0.365033	-0.33291	95.9899
9.76921	0.0775956	-0.335569	-0.306039	94.727
10.2344	0.058928	-0.301897	-0.27533	91.172
10.6996	0.044176	-0.266779	-0.243302	86.4602
11.1648	0.0329532	-0.230263	-0.21	80.2171
11.63	0.0249467	-0.192696	-0.175739	72.1717
12.0952	0.0192682	-0.164197	-0.149748	69.1505
12.5604	0.0150252	-0.143547	-0.130915	69.0557
13.0256	0.0118208	-0.124074	-0.113155	70.4231
13.4908	0.00948022	-0.104721	-0.0955057	72.7062
13.956	0.00770417	-0.0951389	-0.0867667	74.7999
14.4212	0.00622946	-0.0862673	-0.0786758	78.4246
14.8864	0.0050653	-0.0752529	-0.0686306	78.7522
15.3516	0.00428266	-0.0555377	-0.0506504	78.7029
15.8168	0.00392307	-0.0328755	-0.0299825	77.8268
16.282	0.0038271	-0.0103715	-0.00945884	76.0292
16.7472	0.00382099	0	0	74.0571
17.2124	0.00381967	0	0	69.0656
17.6776	0.00381836	0	0	67.0412
18.1428	0.00381705	0	0	64.0532
18.608	0.00381574	0	0	61.438
19.0732	0.00381443	0	0	59.7687
19.5384	0.00381312	0	0	60.1429
20.0036	0.00381181	0	0	65.1344
20.4688	0.00381051	0	0	67.1588
20.934	0.0038092	0	0	70.1468
21.3992	0.0038079	0	0	72.762

21.8644	0.00380659	0	0	74.4313
22.3296	0.00380529	0	0	74.0571
22.7948	0.00380399	0	0	69.0656
23.26	0.00380269	0	0	67.0412
23.7252	0.00380139	0	0	64.0532
24.1904	0.00380009	0	0	61.438
24.6556	0.00379879	0	0	59.7687
25.1208	0.00379749	0	0	60.1429
25.586	0.00379619	0	0	65.1344
26.0512	0.0037949	0	0	67.1588
26.5164	0.0037936	0	0	70.1468
26.9816	0.00379231	0	0	72.762
27.4468	0.00379101	0	0	74.4313
27.912	0.00378972	0	0	74.0571
28.3772	0.00378843	0	0	69.0656
28.8424	0.00378714	0	0	67.0412
29.3076	0.00378585	0	0	64.0532
29.7728	0.00378456	0	61.438	

由计算结果分析可知,阀后最低水头为0.78m,最高水头为95.99m,与无阀管路计算结果接近,与安装普通止回阀的压力相比波动大为减小,管路中的最大逆流量为0.398m^3/s,比无阀门管路减少一半。由此可见,缓闭阀比普通止回阀防水锤更为有效。但应强调的是,缓闭阀的动作设计必须恰当,对于不同管路,缓闭阀的优选动作也是不同的,若设计不当,甚至可能造成比普通止回阀更为不利的压力波动。

【思考题与习题】

在不设置自动进气装置的管路中,若管内某处的压强在暂态过程中降低至汽化压强,则水体将急剧汽化,形成蒸汽穴(蒸汽腔),隔断水柱,并在两股水柱重新弥合时形成断流弥合水锤。

设某管路布置如图9-6所示。某取水泵站有3台同型号的离心水泵并联工作,泵的额定参数为$N_n=1760r/min$,$Q_n=0.304\ m^3/s$,$H_n=67.1m$,$\eta_n=0.846$,组飞轮矩$GD^2=635.5N\cdot m^2$。泵体紧靠吸水池安装,吸水管长度在计算中可忽略不计。泵出口有普通止回阀,压水管的长度$L=1200m$,吸水池水面高程$\nabla_s=0$,高位水池水面高程$\nabla=67.1m$,泵轮安装高程$\nabla_1=0$。3台泵共用一条压水管路,直径$D=0.813m$,管内波速$a=860m/s$。设摩擦阻力和局部阻力忽略不计,从阀后节点1处起有一200m长的陡升高度为23m的管路,若使计算步段$\Delta L=200m$,则陡升管路顶端正好为节点2,该处在暂态过程中一般将先降至汽化压强,并发生断流(汽)。现将节点2作为新增的边界点,补充一些判断是否断流以及断流后如何计算节点2的参数语句。由于节点2的绝对压强 $P_2=[(H_2+10)-\nabla_2]\gamma$,假定当时温度下的汽化压强为 $P_V/\gamma=0.5mH_2O$,则当 $P_2/\gamma \leqslant P_V/\gamma$ 时,节点2的总水头 $H_2 \leqslant 23-10+0.5=13.5(m)$,可设定在 $H_2 \leqslant 13.5m$ 时在节点2发生断流(汽),∇_2 为2点高程,即 $\nabla_2=23.0m$。试参考有关文献编制管路中发生断流(汽)的停泵水锤计算程序。

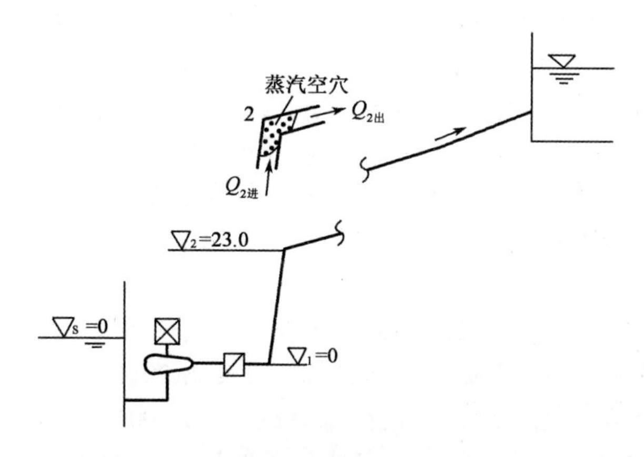

图9-6 形成蒸汽腔的管路布置图

参考文献

[1] 彭永臻,崔福义. 给水排水工程计算机应用.2 版. 北京:中国建筑工业出版社,2002.
[2] 陈在康,杨昌智. 暖通空调计算机应用. 长沙:湖南大学出版社,2003.
[3] 严熙世,范瑾初. 给水工程.4 版. 北京:中国建筑工业出版社,1999.
[4] 张智. 排水工程　上册.5 版. 北京:中国建筑工业出版社,2015.
[5] 王增长. 建筑给水排水工程.6 版. 北京:中国建筑工业出版社,2010.
[6] 马金. 建筑给水排水工程. 北京:清华大学出版社,2004.
[7] 谭浩强. C++ 程序设计.3 版. 北京:清华大学出版社,2015.
[8] 谭浩强,田淑清. FORTRAN 语言——FORTRAN77 结构化程序设计. 北京:清华大学出版社,1990.
[9] 徐士良. C 常用算法程序集.2 版. 北京:清华大学出版社,1996.
[10] 姜乃昌. 泵与泵站.5 版. 北京:中国建筑工业出版社,2011.
[11] 刘鹤年. 流体力学.2 版. 北京:中国建筑工业出版社,2004.
[12] 张勤,张建高. 水工程经济. 北京:中国建筑工业出版社,2002.
[13] 黄廷林,马学尼. 水文学.5 版. 北京:中国建筑工业出版社,2014.
[14] 金锥,姜乃昌,汪兴华,等. 停泵水锤及其防护.2 版. 北京:中国建筑工业出版社,2004.
[15] 王彤,赵剑强,蔡广. 无压圆管均匀流水力特性探讨. 建筑科学与工程学报,2003,20(1):9-10.
[16] 王彤,吴志荣,刘霁阳. 建筑热水循环管网计算方法的探讨. 中国给水排水, 2004,20(5):65-67.
[17] 王彤,赵剑强,葛万斌,等. 压力流屋面雨水排水管系水力模型研究. 兰州理工大学学报,2004,30(5):119-122.
[18] 王彤,吴志荣,刘霁阳. 多水源给水管网技术经济计算. 中国给水排水,2005,21(6):56-59.
[19] 高俊发,王彤. 城镇污水处理及回用技术. 北京:化学工业出版社,2004.
[20] 王彤,高俊发,王宗祥,等. 给水排水计算机应用. 北京:人民交通出版社,2009.
[21] 建设部工程质量安全监督与行业发展司. 全国民用建筑工程设计技术措施——给水排水(2009 年版). 北京:中国计划出版社,2009.